重庆市臭氧实时在线综合来源解析技术体系及平台构建

蒋昌潭　刘芮伶　陈　思　熊桂洪　等　著

科学出版社

北　京

内 容 简 介

本书以构建基于观测和基于源排放的多维综合臭氧实时来源解析技术方法为核心，重点介绍重庆市 VOCs 源成分谱库的构建方法、多维立体光化学监测网络搭建设计及组网监测实施情况，开展 PMF、CMB、NAQPMS 和 CAMx 等不同来源解析模式的应用，并根据不同模式的解析适配度赋予相应的权重系数，创新性地提出多模式臭氧综合来源解析技术的构建方法，降低单一模型来源解析结果的偏差和不确定性，提高最终来源解析结果的准确性和稳定性。本书还翔实记载臭氧实时综合来源解析平台的搭建设计，以及业务化运行成功案例，为川渝地区绿色发展和地区空气质量改善提供快速精准的溯源技术参考。

本书可作为臭氧污染机理研究、臭氧及其前体物来源解析研究等方面的参考书，还可供从事大气科学、环境科学、大气污染控制等研究工作的科研人员以及从事生态环境事业的管理人员阅读参考。

图书在版编目（CIP）数据

重庆市臭氧实时在线综合来源解析技术体系及平台构建 / 蒋昌潭等著. -- 北京 : 科学出版社, 2025. 6. -- ISBN 978-7-03-081856-0

Ⅰ. X831

中国国家版本馆 CIP 数据核字第 202529N52V 号

责任编辑：郑述方　韩雨舟 / 责任校对：彭　映
责任印制：罗　科 / 封面设计：墨创文化

科学出版社 出版
北京东黄城根北街 16 号
邮政编码：100717
http://www.sciencep.com

成都锦瑞印刷有限责任公司印刷
科学出版社发行　各地新华书店经销

*

2025 年 6 月第　一　版　开本：787×1092　1/16
2025 年 6 月第一次印刷　印张：11 3/4
字数：279 000

定价：198.00 元

（如有印装质量问题，我社负责调换）

前　言

国务院“大气十条”实施之后，全国重点城市空气质量得到了有效改善，其中细颗粒物（$PM_{2.5}$）浓度得到了明显下降，但以臭氧（O_3）为标志的区域性大气复合污染问题日益突出，逐渐成为阻碍我国城市和区域空气质量达标的主要因素。厘清臭氧污染成因及来源，形成综合性的管控策略，有效降低本地臭氧浓度是当前环境管理部门重点考虑的问题之一。区域臭氧生成及其敏感性分析的研究方法主要分为两类：基于源排放的模型（EBM）与基于观测的模型（OBM）。其中，基于源排放的模型主要根据源清单、气象数据、光化学反应机理等因素对大气污染过程进行模拟，并预测污染物浓度，对制定控制策略有很大优势；基于观测的模型主要运用实际观测资料作为模型的输入条件来分析光化学污染过程，该方法不依赖于源清单，较少依赖于模型假设。本书采用两者并用的技术路线，科学分析区域臭氧的形成机理和途径，减少两种模式解析结果的偏差，使解析结果更加科学准确。本书通过建立臭氧前体物——挥发性有机物（VOCs）本地化源谱库，应用空气质量模式，构建基于源排放的臭氧数值模拟溯源系统；利用物联网技术，集成臭氧立体观测、VOCs、过氧酰基硝酸酯（PAN）、氮氧化物-总活性氮（NO_x-NO_y）、光解光谱仪监测等光化学污染立体监测网络，构建基于观测的臭氧及其前体物实时来源解析系统；综合以上两种模型集成多模式综合溯源系统，形成集多源多维环境及污染源监测数据模块、多元光化学污染分析模块、臭氧综合来源解析分析模块于一体的臭氧实时在线综合来源解析平台，以实现“区域、排放源、前体物”三维动态溯源，实时分析污染源贡献率，既可进一步加强臭氧污染的日常管理，也能为臭氧污染的应急管理提供及时有力的技术支持。

本书共 8 章，主要包括重庆市 VOCs 源成分谱库构建、光化学污染立体监测网络设计和搭建、臭氧形成机理及来源解析、臭氧实时在线综合来源解析平台建设、平台应用示范案例等内容。全书由蒋昌潭负责总体设计、撰写、修改、审校和定稿工作。第 1 章介绍研究背景、国内外研究现状，说明本书的研究思路及技术路线，由蒋昌潭、刘芮伶、陈思、熊桂洪等撰写；第 2 章介绍重庆市臭氧污染现状评估，由熊桂洪、刘芮伶、叶堤等撰写；第 3 章介绍重庆市 VOCs 源成分谱库构建，由陈阳、李振亮、陈思、刘芮伶、赵昕等撰写；第 4 章介绍重庆市臭氧及其前体物监测，由蒋昌潭、刘芮伶、陈思、王军等撰写；第 5 章介绍重庆市环境空气 VOCs 污染特征，由刘芮伶、陈思、赵昕、王军等撰写；第 6 章介绍重庆市臭氧形成机理及来源解析，由蒋昌潭、刘芮伶、陈思、熊桂洪、蒲茜等撰写；第 7 章介绍重庆市臭氧实时在线综合来源解析平台建设，由蒋昌潭、陆涛、于洋、王帅等撰写；第 8 章介绍重庆市臭氧实时在线综合来源解析平台示范应用，由刘芮伶、陈思、熊桂洪、赵洁等撰写；后记基于以上研究成果，提出对今后臭氧污染防控的技术方针与建议，由蒋昌潭、刘芮伶、陈思、熊桂洪撰写。

本书的主要内容均是基于“十三五”期间重庆市技术创新与应用示范项目（重点研发）（项目编号：cstc2018jszx-zdyfxmX0015）的研究成果集成所得。在此感谢重庆市科学技术局的资助，也感谢重庆市生态环境局、重庆市大渡口区生态环境局、重庆市北碚区生态环境局、重庆市沙坪坝区生态环境局等单位在项目开展过程中的大力支持。

臭氧实时在线来源解析平台建设及应用示范研究是目前环境科学研究及管理的重点和难点，囿于研究条件和作者学术水平，书中难免存在疏漏，恳请同行专家和广大读者指正。

作　者

2025 年 2 月

目　录

第1章　绪　　论

1.1　研究背景

最近几十年，我国处于经济快速发展的黄金时期，工业的发展、机动车数量的增加等使得对化石燃料的消耗量大幅度增加，进而导致了我国以煤烟尘、酸雨、颗粒物污染为主要特征的大气环境质量问题。为了改善大气污染状况和保障公民的身心健康，政府和环保部门相继颁布了多项法令措施以减少前体物的排放。我国于 1995 年修订了《中华人民共和国大气污染防治法》，以强化酸雨和燃煤污染控制。"十一五"期间，国家以二氧化硫总量排放控制为目标，成功控制了二氧化硫排放上升的趋势，环境中二氧化硫浓度日趋下降，酸雨污染持续好转。2012 年，我国修订了《环境空气质量标准》，将细颗粒物（$PM_{2.5}$）纳入监测范围。大气复合污染形势日趋复杂，需要多部门、多区域共同努力，实现多种污染物的协同减排。在这个背景下，国家出台了《大气污染防治行动计划》（即"大气十条"），强调对燃煤源、工业源、移动源、扬尘源和居民源等多部门、多种污染前体物的排放控制。党的十九大报告中明确部署："坚持全民共治、源头防治，持续实施大气污染防治行动，打赢蓝天保卫战"，将空气质量污染防控推向新的阶段。随着一系列污染控制措施的推行，我国以颗粒物（particulate matter，PM）为代表的空气质量问题得到一定缓解，然而臭氧是常规大气污染物组分中唯一的浓度不减反而升高的污染物，污染发展的严峻形势超过历史上任何一个时期。党的二十大报告中指出，污染防治攻坚向纵深推进，持续深入打好蓝天保卫战。

重庆市是我国西部地区唯一的直辖市、国家中心城市、长江上游地区经济中心城市，在经济迅速发展的同时，粗犷的经济发展方式、密集的人口产业分布、高强度的污染源排放、不断增长的汽车保有量，均对当地环境空气质量带来了巨人压力。近年来，重庆市采取了系列措施改善环境质量，取得了一定成绩，大气颗粒物得到了明显的有效控制，但是臭氧污染凸显。2018～2020 年，全市臭氧超标天数连续 3 年超过 $PM_{2.5}$ 超标天数，臭氧成为制约重庆市空气质量持续改善的决定性因素。面对臭氧污染问题，还有如下关键技术问题待解决。

一是臭氧污染形势严峻，且机理来源不清。近年来，重庆市大气颗粒物得到了明显的有效控制，但臭氧污染凸显。臭氧作为典型的二次污染物，目前对其形成机制、环境来源等方面的认识并不十分清晰。因此要解决重庆市臭氧污染问题，关键在于弄清重庆市臭氧形成机制、前体物——挥发性有机物（volatile organic compounds，VOCs）的污染现状，包括浓度水平、化学组成和时空演变规律，量化臭氧外来传输情况，并进行 VOCs 活性评估，筛选出对臭氧生成贡献较高的 VOCs 关键组分，明确臭氧污染控制重点，并制定有效的管理政策。厘清臭氧的机理来源，对臭氧污染控制、持续改善空气质量、保障民众健康具有重要意义。

二是臭氧污染控制仍是当今世界空气质量管理的共同难题。发达国家的臭氧污染控制经验表明，臭氧污染是空气质量管理工作中最具挑战性的难题之一。臭氧污染防治困难主要源于三个方面的因素：第一，臭氧的化学生成机制复杂，与前体物的关系呈非线性，削减臭氧前体物排放需符合一定的科学比例且因地制宜，不合理的减排反而可能导致局地臭氧污染的加重；第二，臭氧的 VOCs 来源复杂、种类繁多、活性差异大，精准控制难度大；第三，臭氧的大气寿命较长，可以远距离传输，形成区域性污染，控制臭氧污染必须厘清不同区域间的相互贡献，实行区域联防联治。以上因素的存在，对管理部门提出了很高的科学和技术要求。因此，需采取不同的技术路线，对臭氧的来源和形成机理进行解析，形成综合性的管控策略，以服务本地的空气质量改善。区域臭氧生成及其敏感性分析的研究方法主要分为两类：基于源排放的模型（emission-based model，EBM）与基于观测的模型（observation-based model，OBM）（郭海涛，2013）。基于源排放的模型主要根据源清单、气象数据、光化学反应机理等因素对大气污染过程进行模拟，并预测污染物浓度，对制定控制策略有很大优势。但是，基于源排放的模型具有很大的不确定性，特别是污染源清单的误差会对模型结果产生很大的影响。近年来，随着各地观测网络的逐步完善，基于观测的模型逐渐受到关注。该模型主要运用实际观测资料作为模型的输入条件来分析光化学污染过程，对空气质量预测与源排放清单的精度进行基于观测的评价。较基于源排放的模型而言，基于观测的模型不依赖于源清单，较少依赖于模型假设，与实地观测资料密切相连，且能分析整个季节的发展趋势。因此，本书采用两者并用的技术路线，科学分析区域臭氧的形成机理和途径。

三是重庆市是典型的山地城市，其复杂的地形和气象条件对臭氧消长的影响机制尚不明晰。从 2012 年开始，重庆市便陆续开展臭氧的形成机理和来源分析等研究，开展了臭氧雷达立体监测、VOCs 组分监测等工作，编制完成了以 2015 年为基准年的 VOCs 源清单，并初步识别了臭氧生成的关键性组分，绘制了部分区域臭氧生成等浓度曲线（EKMA①曲线），但对臭氧的来源没有做深入的系统分析。由于研究成果对臭氧的成因和来源尚未厘清，其对臭氧污染控制的环境管理的技术支持力度较弱。

本书综合基于空气质量模型构建的臭氧数值模拟溯源系统和基于观测的实时受体分析来源解析系统，进行臭氧综合来源解析，降低单一模型结果的不确定性，而且利用多模式评估优先控制的重点行业、区域和关键活性组分，能够有效减少由于盲目减排造成的经济损失。同时把臭氧综合来源解析技术方法集成到软件平台上，并业务化运行，既可进一步加强臭氧污染的日常管理，也能为臭氧的应急管理提供及时有力的技术支持。

1.2 国内外研究现状

20 世纪 40 年代初期，发生在美国洛杉矶的光化学烟雾事件引起了世界范围内对大气

① EKMA 指经验动力学模拟方法，empirical kinetics modeling approach。

污染的关注（刘向阳和王晶苹，2016），随着城市化和工业化进程的加速，光化学烟雾成为当前全球尺度上最严重的区域性空气污染问题之一（杨昆等，2018）。臭氧作为光化学烟雾的重要组成部分，对于其形成机理和途径，已经有了数十年的研究历史（张远航等，1998；刘峰等，2008；张青等，2017）。

臭氧生成的机理十分复杂，一直是国际大气科学领域的前沿和难点之一。近地面臭氧产生的机理研究始于 20 世纪 40 年代。美国加州理工学院的化学家哈根-斯密特（Haagen-Smit）最先提出光化学烟雾污染中的臭氧是炼油厂和机动车排放的 VOCs 与燃烧过程排放的 NO_x 在阳光下光化学反应的产物（李金凤，2013）。臭氧生成与前体物（NO_x 和 VOCs）之间的关系，是光化学污染研究的核心问题。VOCs 在大气中主要被 OH 自由基氧化，生成 RO_2 自由基，RO_2 自由基氧化 NO 生成 NO_2，NO_2 则在大气中光解生成臭氧和 NO，因此 VOCs 在大气中不断推动 OH/HO_2 和 NO/NO_2 的循环，使臭氧及二次有机气溶胶（secondary organic aerosol，SOA）等二次氧化产物得到累积，是区域尺度的光化学污染及灰霾污染形成的核心大气化学过程。可见，VOCs 及 NO_x 反应产生臭氧的过程并非简单的线性过程，通常使用 EKMA 曲线来描述三者间的关系（李用宇等，2013），并确定最佳减排比例，避免盲目控制导致臭氧浓度升高。

我国关于臭氧污染的研究多集中在长三角或珠三角等发达地区（陈皓等，2015；王宇骏等，2016；沈劲等，2017）。2017 年 12 月，环境保护部针对 15 个省（直辖市）下发《2018 年重点地区环境空气挥发性有机物监测方案》，以提升臭氧等大气污染防治工作的科学化、精细化水平。广东省开展珠三角区域空气质量达标管理关键支撑技术研究等环保公益性行业科研专项，于 2017 年起开展珠三角区域秋季臭氧削峰专项行动；海南省建立北部湾大气污染联防联控合作机制，推动北部湾地区空气质量区域综合观测站建设，完善区域综合观测站的激光雷达、臭氧前体物 VOCs 等研究性监测手段；福建省利用 2017 年“金砖五国”会议契机，也大力推进臭氧研究和 VOCs 排放管控，并于 2018 年 5 月出台了《福建省臭氧污染防控指南（试行）》。

研究结果表明，光化学烟雾控制是一个长期和复杂的系统工程，不同城市地区的臭氧生成机制不同，同一地点不同时间的臭氧生成机制也不同，这是由于光化学反应机理十分复杂，其前体物来源各异，不仅可以来自天然源和人为源的直接排放，还可以通过光化学反应生成（杨利娴，2012）。

臭氧在对流层中的生消变化及传输涉及局地、跨区域的大气污染乃至全球气候变化等重要环境问题，到目前为止仍然是国际大气科学领域的前沿和难点之一（高晋徽，2012）。研究结果显示，对流层的臭氧来源包括：①本地的光化学反应，通过氮氧化物（NO_x）、一氧化碳（CO）、甲烷（CH_4）和其他挥发性有机物（VOCs）在强光下经过一系列复杂的化学反应生成，这些前体物来自天然源（如土壤、植物、火灾）和人为源（如汽车、电厂）；②区域和大洲之间的传输，从上风向地区传来的 NO_x 储库[过氧酰基硝酸酯（peroxyacyl nitrate，PAN）]的降解；③平流层臭氧向下输送。它的汇包括：① $O_3 + NO$、$O^1D + H_2O$、$O_3 + HO_2$、$O_3 + OH$ 等化学反应；②沉降到地球表面造成损失；③卤素（短寿命的卤代烃、活性的溴和碘）通过催化反应，与 HO_x、NO_x 的耦合化学反应引发的臭氧损耗等。美国亚特兰大的研究结果表明，控制人为源排放 VOCs 不能有效

控制 O_3 浓度水平，而只有将 NO_x 排放削减至现有排放量的 80%时才能实现 O_3 浓度的达标（马超等，2012）。

研究表明，采用 EBM 和 OBM 两者并用的技术路线，科学分析区域臭氧的形成机理和途径，可以减少两种模式解析结果的偏差，使解析结果更加科学准确（钟流举等，2007；陆克定等，2010）。

作为臭氧的主要前体物，VOCs 组分繁多，分为人为源和天然源。来源解析方法多样，如排放源清单法、受体模型法等。有大量研究表明排放源清单法的不确定性较为突出，单一的方法已无法确保结果的可靠性。受体模型来源解析验证方法是基于污染物浓度，结合排放源化学组分特征，定性识别污染来源并定量计算各污染源贡献（陆克定等，2010；苏雷燕等，2013）。一些 VOCs 是某类污染源区别于其他排放源的特征性组分，可以作为示踪物判断受体点污染的主要来源，如乙腈主要来自生物质燃烧或工业排放，异戊烷主要来自汽油挥发，异戊二烯主要来自植被排放等。针对 VOCs 的来源分析，国内外许多研究还发现，城市大气中异-丁烯、顺-2-丁烯和反-2-丁烯、顺-2-戊烯和反-2-戊烯、1-己烯和 1-戊烯这些活泼烯烃组分的主要来源是机动车尾气排放（邵敏等，2005；邓媛元等，2018）。

近年来，我国针对近地面臭氧污染和 VOCs 来源解析问题的研究引起了专家和学者的重视。我国开展臭氧区域性来源解析的地区主要有珠三角、长三角、京津冀地区，以及贵州省和福建省，部分城市也开展了臭氧来源解析工作。据不完全统计，2014 年起，西安市（2014 年）、佛山市（2015 年）、大连市（2016 年）、常州市（2017 年）、中山市（2017 年）、武汉市（2018 年）等城市相继开展和正在开展针对本城市臭氧污染的成因分析及防治对策研究。重庆市也于 2012 年开始陆续开展臭氧的形成机理和来源分析等研究，开展了臭氧雷达立体监测、VOCs 组分监测等工作，同时编制完成了以 2015 年为基准年的 VOCs 源清单；初步识别了臭氧生成的关键性组分，绘制了部分区域的 EKMA 曲线。但对臭氧的来源尚未做进一步的深入分析研究（刘芮伶等，2017a，2017b，2017c）。

在臭氧综合来源解析业务化平台建设方面，国内其他城市也做了一些尝试。目前，珠三角、长三角、京津冀、武汉城市群等地已经建立部分臭氧来源解析应用平台，这些平台主要运用单一的来源解析技术，尚未集成多模式溯源系统，以实时分析臭氧前体物污染来源贡献率、臭氧及其前体物控制决策管理等。

1.3 研究思路及技术路线

本书通过对城市臭氧以及臭氧主要前体物氮氧化物（NO_x）和 VOCs、光化学反应中间体 PAN 的监测，分析研究臭氧前体物在光化学反应过程中的作用，探讨区域臭氧形成机理；建立臭氧前体物 VOCs 本地化的源成分谱库，同时形成区域高精度 VOCs 排放源清单；在明晰区域臭氧形成机理的前提下，建立基于观测的和基于源排放的多维臭氧及其前体物来源解析技术方法体系；利用物联网技术，集成臭氧立体观测、VOCs、PAN、NO_x-NO_y、光解光谱仪监测等自动监测网络，利用已建立的来源解析技术方法，构建重庆市臭氧及其前体物实时综合来源解析平台；对综合来源解析平台在部分区县进行示范性应用，并针对不同情景提出臭氧污染控制对策。具体技术路线如图 1.3-1 所示。

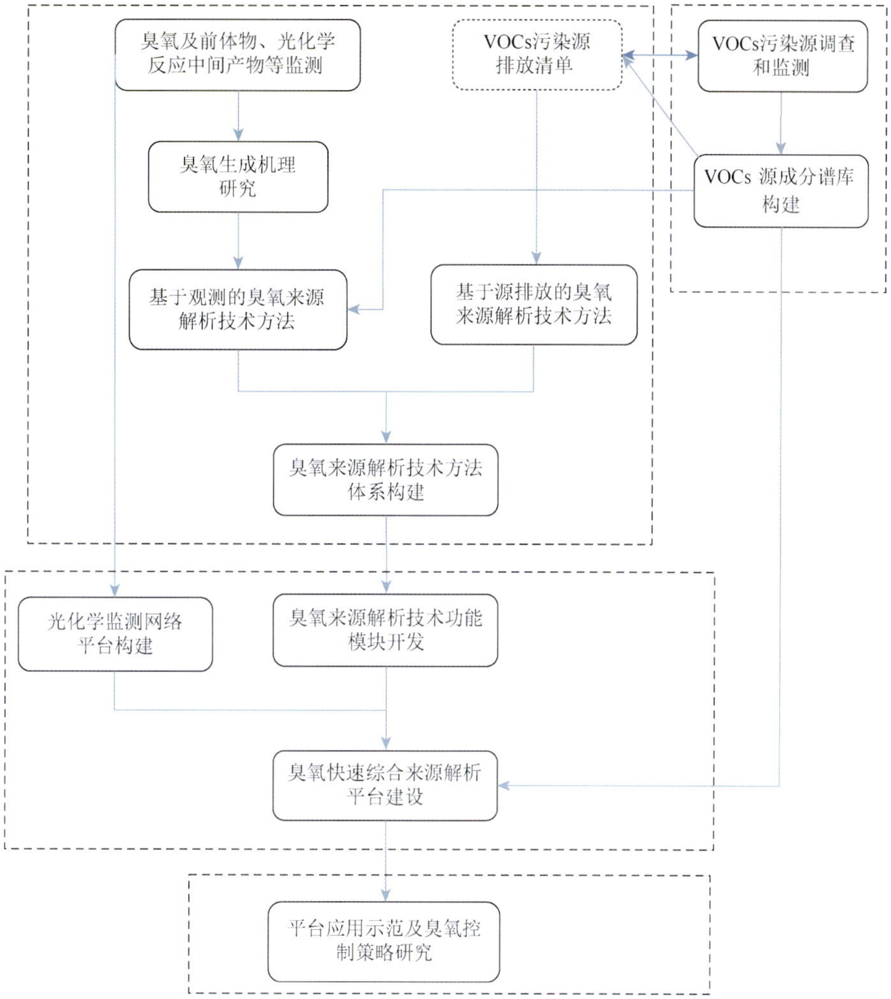

图 1.3-1 技术路线图

参 考 文 献

陈皓，王雪松，沈劲，等，2015. 珠江三角洲秋季典型光化学污染过程中的臭氧来源分析[J]. 北京大学学报（自然科学版），51（4）：620-630.

邓媛元，李晶，李亚琦，等，2018. 成都双流夏秋季环境空气中 VOCs 污染特征[J]. 环境科学，39（12）：5323-5333.

高晋徽，2012. 长江三角洲典型地区气体污染物的观测和数值模拟研究[D]. 南京：南京信息工程大学.

郭海涛，2013. 对流层臭氧前体物敏感性分析综述[J]. 产业与科技论坛，12（11）：66-67.

李金凤，2013. 珠江三角洲大气臭氧的变化趋势和敏感性分析[D]. 北京：北京大学.

李用宇，朱彬，安俊琳，等，2013. 南京北郊秋季 VOCs 及其光化学特征观测研究[J]. 环境科学，34（8）：2933-2942.

刘峰，朱永官，王效科，2008. 我国地面臭氧污染及其生态环境效应[J]. 生态环境，17（4）：1674-1679.

刘芮伶，翟崇治，李礼，等，2017a. 重庆市 VOCs 浓度特征和关键活性组分[J]. 中国环境监测，33（4）：118-125.

刘芮伶，翟崇治，李礼，等，2017b. 重庆主城区夏秋季挥发性有机物（VOCs）浓度特征及来源研究[J]. 环境科学学报，37（4）：1260-1267.

刘芮伶，李礼，余家燕，等，2017c. 重庆市夏秋季 VOCs 对臭氧和二次有机气溶胶生成潜势的估算[J]. 环境科学研究，

30（8）：1193-1200.
刘向阳，王晶苹，2016. 美国加州空气污染治理的历史演进及其实质[J]. 河北师范大学学报（哲学社会科学版），39（4）：125-136.
陆克定，张远航，苏杭，等，2010. 珠江三角洲夏季臭氧区域污染及其控制因素分析[J]. 中国科学（化学），40（4）：407-420.
马超，薛志钢，李树文，等，2012. VOCs排放、污染以及控制对策[J]. 环境工程技术学报，2（2）：103-109.
邵敏，付琳琳，刘莹，等，2005. 北京市大气挥发性有机物的关键活性组分及其来源[J]. 中国科学（D辑：地球科学），35（S1）：123-130.
沈劲，黄晓波，汪宇，等，2017. 广东省臭氧污染特征及其来源解析研究[J]. 环境科学学报，37（12）：4449-4457.
苏雷燕，李岩，赵明，2013. 环境空气中挥发性有机物（VOCs）来源解析的研究进展[J]. 绿色科技，15（5）：168-171.
王宇骏，黄新雨，裴成磊，等，2016. 广州市近地面臭氧时空变化及其生成对前体物的敏感性初步分析[J]. 安全与环境工程，23（3）：83-88.
杨昆，黄一彦，石峰，等，2018. 美日臭氧污染问题及治理经验借鉴研究[J]. 中国环境管理，10（2）：85-90.
杨利娴，2012. 我国工业源VOCs排放时空分布特征与控制策略研究[D]. 广州：华南理工大学.
张青，宫正宇，孟晓艳，等，2017. 成渝地区臭氧污染特征分析[J]. 环境科学与技术，40（S1）：9-11.
张远航，邵可声，唐孝炎，等，1998. 中国城市光化学烟雾污染研究[J]. 北京大学学报（自然科学版），34（Z1）：260-268.
钟流举，郑君瑜，雷国强，等，2007. 大气污染物排放源清单不确定性定量分析方法及案例研究[J]. 环境科学研究，20（4）：15-20.

第 2 章　重庆市臭氧污染现状评估

2.1　重庆市基本情况

2.1.1　自然地理

1. 地理位置

重庆市地处中国西南部、长江上游三峡库区及四川盆地东南部，处于青藏高原与长江中下游平原的过渡地带，位于 28°10′N～32°13′N、105°17′E～110°11′E，东邻湖北、湖南，南接贵州，西靠四川省泸州市、内江市、资阳市、遂宁市，北连陕西省以及四川省广安市、达州市，是长江上游最大的经济中心、西南地区水陆交通枢纽。全市东西长 470km，南北宽 450km，辖区面积 8.24 万 km^2，约占全国陆地面积的 0.86%，是我国面积最大的直辖市。

2. 地形地貌

重庆市地貌类型复杂多样，有山地、丘陵、台地和平坝等，其中山地和丘陵的面积分别占全市总面积的 76.4%和 17.7%，素有“山城”之称。重庆市东与秦巴山地、武陵山地相连，西向川中丘陵过渡，北部、东部及南部分别有大巴山、巫山、武陵山、大娄山环绕，受长江、嘉陵江、乌江水系切割。由于地貌发育的阶段性差异和新构造运动间歇性大面积抬升，重庆市地势起伏较大，海拔范围为 300～2600m，整体东高西低。东部为低山、中山，西部是独具特色的川东平行岭谷，以低山、丘陵为主，也是世界上最典型的褶皱山地。

重庆市总体南高北低，重要山体较多，主要包括“四山”和“两脊”。“四山”是指缙云山、中梁山、铜锣山、明月山。四山纵贯城市南北的平行山岭。“两脊”是指从枇杷山延伸至鹅岭，到平顶山的山脊线，以及从龙王洞山到照母山，延伸至石子山的山脊线。中心城区靠近山体和坡地，被河流切割成多个城市组团。海拔在 100～1000m 不等，河谷、坡地、山脊交错分布，将近一半的建成区分布在辖区内 25%的坡地（骆畅，2018）。

3. 土地资源

重庆市土地资源有限，山地多、平地少，土地利用限制因素多，是国内人多地少的地区之一。2023 年末，全市发现矿产资源 72 种，其中查明资源储量 46 种。矿产资源总体不丰富但颇具特色，天然气、页岩气丰富，非金属矿产多、金属矿产少，大矿少、小矿多，富矿少、贫矿多。

优势矿产为页岩气、天然气、地热、锰矿、铝土矿、镁矿、铅锌矿、锶矿、毒重石、重晶石等，分带明显，分布相对较集中。其中，页岩气主要分布于涪陵、南川、大足、永川、武隆、彭水等区县；天然气主要分布于江津、永川、綦江、长寿、万州、梁平等区县；地热主要分布于主城及周边地区；锰矿主要分布于城口、秀山，秀山锰矿区是黔东-湘西锰矿资源基地的一部分；铝土矿主要分布于南川、武隆、黔江等区县；镁矿主要分布于秀山、酉阳、彭水、万盛等区县；铅锌矿主要分布于石柱；锶矿主要分布于大足、铜梁和合川等区县；毒重石主要分布于城口的北大巴山地区；重晶石主要分布于黔江、丰都、武隆、酉阳、彭水等区县。

4. 植被覆盖

重庆市自然条件复杂，地形复杂多样，适于各类植物的生存与繁衍，植被类型多样，植物资源非常丰富（张宏达，1997）。常见的植物有润楠（*Machilus nanmu*）、栲（*Castanopsis fargesii*）、楠木（*Phoebe zhennan*）、四川大头茶（*Polyspora speciosa*）等（易思荣，2008）。重庆市自然环境条件适合喜温暖高湿的植物生长，主要的植被类型有 6 种，分别为常绿阔叶林、常绿与落叶阔叶混交林、落叶阔叶林、暖性针叶林、竹林、灌丛，典型植被为亚热带常绿阔叶林（王月，2019）。

2.1.2　气候条件

重庆市位于青藏高原与长江中下游平原的过渡地带、长江上游三峡库区及四川盆地东南部，属亚热带湿润季风性气候，具有季节特点鲜明、空间分布差异显著、立体气候复杂多样的特点。

2018 年重庆市年平均气温为 17.6℃，年降水量为 1134.9mm，年日照时数为 1180.7h。2018 年，重庆市高温开始早、日数多，35℃以上高温日数为 43.1 天，约为常年（24.5 天）的 1.8 倍，出现 6 段区域高温过程，其中 7 月 10～29 日为年内最强高温过程，年度高温强度总体为重度。年内各月气温波动较大，其中 6 月、7 月和 8 月分别偏高 0.5℃、1.8℃和 1.0℃。降水量各月分布不均，其中 6 月、7 月分别偏少 42%、22%。9 月日照时数偏少 3～5 成，8 月偏多 2～5 成。2018 年，除酉阳县外，其余 33 个区县均出现≥35℃的高温天气，其中沙坪坝区、北碚区、丰都县、万州区、云阳县、开州区、奉节县、巫溪县高温天数为 60～69 天。全市极端最高气温为 43.2℃（巫山县，7 月 19 日），为当地历史第三高值（重庆市气候中心，2019）。

2019 年重庆年平均气温为 17.6℃，年降水量为 1124.7mm，年日照时数为 1062.3h。年内共出现 6 段区域高温天气过程，分别为 6 月 3～4 日、7 月 21～22 日、7 月 26～29 日、8 月 1～2 日、8 月 10～27 日、9 月 11～13 日，据区域高温过程评估模型评估，8 月 10～27 日高温强度指数为 1.471，强度为特重，为年内最强的高温过程。2019 年 8 月偏高 1.1℃，6 月、7 月分别偏低 0.6℃、1℃。降水量各月分布不均，8 月、9 月分别偏少 38%、37%，6 月偏多

20%。6月日照时数偏少2～5成。2019年，全市≥35℃高温日数平均为26.6天，接近常年（24.5天），较2018年（43.1天）显著偏少16.5天。盛夏期间，沙坪坝区、北碚区、江津区、丰都县、万州区、云阳县、奉节县、开州区8个区县均出现≥40℃的高温天气。全市极端最高气温为42.4℃（奉节县，8月17日），为当地历史最高值（重庆市气候中心，2020）。

2020年重庆市平均气温为17.4℃，年降水量为1367.7mm，年日照小时数为1031.8h。2020年高温开始偏晚，主要集中于8月。2020年平均植被覆盖度为68.39%，较2019年增加3.2%，夏季热岛面积低于2015～2020年这五年均值。有效降水量较常年和2019年偏多5～6成。2020年8月气温显著偏高1℃以上，7月、9月偏低1℃以上，年极端气温最高为41℃（江津区，8月23日）。8月降水量偏少61.9%，7月、9月降水量偏多86.8%和53.6%。7月、9月日照时数偏少5～7成。2020年全市各区县≥35℃高温日数平均为23.9天，接近常年（24.5天），较2019年（26.6天）偏少2.7天。高温开始期略晚，阶段性高温集中在7月27日～8月31日（重庆市气候中心，2021）。

2.1.3　行政区划和人口密度

2023年末重庆市下辖38个区县（包含26个市辖区、8个县、4个自治县），有245个街道、625个镇、147个乡、14个民族乡，合计1031个乡镇（街道）。根据重庆市经济发展规划，重庆分为“一区两群”3大片区，分别为主城都市区、渝东北三峡库区城镇群、渝东南武陵山区城镇群。主城都市区包含中心城区和主城新区，其中中心城区包含渝中区、大渡口区、江北区、沙坪坝区、九龙坡区、南岸区、北碚区、渝北区、巴南区；主城新区包含涪陵区、长寿区、江津区、璧山区、合川区、永川区、綦江区、南川区、大足区、潼南区、铜梁区和荣昌区。

2023年末全市常住人口3191.43万人，比2022年末减少21.91万人。从城乡构成看，城镇常住人口2287.45万人，乡村常住人口903.98万人，全年常住人口城镇化率为71.67%，比2022年末提高0.7个百分点。全年出生人口17.88万人，人口出生率为5.58‰；死亡人口28.5万人，人口死亡率为8.9‰；人口自然增长率为−3.32‰。全市常住人口性别比（以女性为100，男性对女性的比例）为101.55，出生婴儿性别比为108.43。城镇新增就业人员73.86万人，比2022年增加4.5%。全年城镇调查失业率平均值为5.4%。全市农民工总量756.4万人，比2022年增长0.7%。其中，外出农民工515.4万人，增长1.3%；乡内农民工241.0万人，下降0.6%。

2.1.4　经济发展

1. 经济发展指标

近年来，重庆市社会经济发展迅速，社会经济活力不断提高，在1989～1992年、1999～2004年两次出现GDP连续快速增长；2010年以来，全市GDP增速逐年放缓，但仍保持总量持续增长。“十三五”期间，全市GDP年均增长7.2%，2020年GDP迈上2.5万亿元台阶，是2015年的1.6倍，人均GDP超过1万美元。

“十三五”期间，全市深入贯彻习近平生态文明思想，提高站位、挂图作战，“十三五”规划纲要确定的生态环境保护 9 项约束性指标全面完成，污染防治攻坚战取得决定性进展，山清水秀美丽之地建设成效显著。截至 2020 年底，长江干流重庆段水质为优，42 个国考断面水质优良比例达到 100%，优于国家考核目标 4.8 个百分点，较 2015 年提升 14.3 个百分点；年空气质量优良天数达 333 天，同比增加 17 天，较 2015 年增加 41 天；$PM_{2.5}$ 平均浓度五年下降 42.1%，评价空气质量六项指标首次全面达标，不断满足人民日益增长的优美生态环境需要。

2. 产业结构

“十三五”期间，重庆市持续推进供给侧结构性改革，推动产业升级发展，产业现代化水平逐步提升，产业结构不断优化。2020 年地区生产总值 25002.79 亿元，比 2016 年增长 42.39%。按产业分，第一产业增加值 500.09 亿元，增长 38.37%；第二产业增加值 2237.05 亿元，增长 28.85%；第三产业增加值 4706.89 亿元，增长 55.37%。

3. 产业布局

重庆是中国老工业基地之一和国家重要的现代制造业基地，1891 年开埠至今，重庆工业大致经历了 4 个重要的发展阶段：一是开埠通商的萌芽发展期；二是抗战时期大量企业搬迁到重庆的基础培育期；三是依托三线建设布局一批重大项目的巩固发展期；四是直辖以来的快速发展期，形成了全球最大电子信息产业集群和中国国内最大汽车产业集群，也形成了装备制造、综合化工、材料、能源和消费品制造等千亿元级产业集群，还是全球最大的笔记本电脑生产基地、全球第二大的手机生产基地。同时重庆是中国重要的现代服务业基地，已形成金融、商贸物流、服务外包、旅游等现代服务业。

2.1.5 能源消耗

“十三五”时期，全市深入贯彻“四个革命、一个合作”重大能源战略思想，全市能源生产和消费发生巨大变革，发展动力由传统能源加速向新能源转变，供需结构由煤炭为主加速向多元化转变，节能降耗取得显著成效（重庆市统计局，2021）。一是从 2015 年以来的具体数据看，一次能源生产总量从 1128.50 万吨标准煤增至 3251.60 万吨标准煤，年均增长 2.7%。能源生产构成由以原煤为主，占一次能源生产总量的 90.5%，发展为原煤、天然气、电力及其他能源齐头并进，分别占一次能源生产总量的 31.6%、43.7%和 24.7%。二是“十三五”时期全市能源消费量标准煤年均增速比“十二五”时期低了 3.7 个百分点，且煤炭消费占比从 2015 年的 49.1%降低至 45.8%，降低了 3.3 个百分点。三是单位 GDP 能耗强度逐年降低、能源利用效率明显提高、主要耗能产品单耗大幅下降。四是能源保障体系逐步完善，储运能力极大增强，建成千万千瓦工程、骨干电网建设等项目，西南首座天然气地下储气库建成，储气库容量达到 42.6 亿 m^3。市内跨区域输气干线管道约为 5000km，基本形成以主城片区天然气环网为中心，向渝西、渝东北和渝东南片区延伸的区域输气网络。

2.1.6　交通运输

“十三五”期间，重庆市交通运输业发展迅猛。2020 年全市高速公路通车总里程 3402km，较“十二五”末期增长 34.7%；路网密度 4.13km/100km^2，较“十二五”末期增长 34.9%；铁路运营里程 2394km，较“十二五”末期增长 24.1%；轨道交通运营里程 343km，较“十二五”末期增长 69.8%。2020 年，中心城区新增城区道路 362.0km，其中新增快速路 23.3km、主干路 86.0km、次干路 151.9km、支路 100.8km，总里程为 5690km。新建成通车立交 7 座，总数达 249 座；新建成跨两江桥梁 1 座，即曾家岩大桥，总数共 30 座；新建成穿两山隧道 1 座，即歇马隧道，总数共 19 座（重庆市交通规划研究院，2021）。

据公安部统计，截至 2020 年，重庆市汽车保有量超过 500 万辆，是除北京、成都外的第三大汽车保有量城市。根据百度地图发布的《中国城市交通报告》，2020 年度重庆市通勤高峰拥堵指数为 2.260，拥堵指数超过北京、上海等特大城市，位居第一，通勤高峰实际速度仅为 24.06km/h，是全国通勤高峰行驶速度最慢的城市。

2.2　空气质量状况

2.2.1　“十三五”期间重庆市空气质量变化情况

1. 重庆市环境空气质量现状

2020 年，重庆市环境空气质量优良天数为 333 天，同比增加 17 天，其中 135 天为优，198 天为良。超标天数为 33 天（轻度污染 28 天、中度污染 5 天），其中细颗粒物超标 13 天，臭氧超标 20 天，全年无重度及以上污染天数。

据统计，2020 年全市环境空气中细颗粒物（$PM_{2.5}$）年均浓度为 33μg/m^3、可吸入颗粒物（PM_{10}）年均浓度为 53μg/m^3、二氧化氮（NO_2）年均浓度为 38μg/m^3、二氧化硫（SO_2）年均浓度为 8μg/m^3、臭氧（O_3）日最大 8 小时平均第 90 百分位浓度 O_3-8h(P)为 150μg/m^3、一氧化碳（CO）日均值第 95 百分位浓度 CO(P)为 1.1mg/m^3（图 2.2-1）。其中 $PM_{2.5}$、PM_{10}、SO_2、NO_2、O_3、CO 六项污染物年均浓度（百分位浓度）首次全部达到国家二级标准。与上年相比，$PM_{2.5}$、PM_{10}、NO_2、O_3 和 CO 浓度同比分别下降 13.2%、11.7%、5.0%、4.5% 和 8.3%，仅 SO_2 浓度上升 14.3%。

按照优良天数、$PM_{2.5}$ 年均浓度、环境空气综合质量指数评价，2020 年全市空气质量在 169 个重点城市、31 个省会城市、长江经济带 11 个城市、周边 6 个城市的排名总体提升，仅个别持平和下降（表 2.2-1）。

表 2.2-1　2020 年重庆市城市环境空气质量排名

排名指标	169 个重点城市			4 个直辖市			31 个省会城市			周边 6 个城市			长江经济带 11 个城市		
	2020 年	2019 年	同比	2020 年	2019 年	同比	2020 年	2019 年	同比	2020 年	2019 年	同比	2020 年	2019 年	同比
优良天数	39	34	+5	1	1	持平	0	0	持平	2	2	持平	5	4	+1
$PM_{2.5}$ 年均浓度	44	47	–3	2	2	持平	11	13	–2	2	2	持平	6	5	+1
环境空气综合质量指数	74	55	+19	2	2	持平	12	11	+1	3	2	+1	7	5	+2

注：长江经济带 11 个城市指重庆市、上海市、杭州市、南京市、合肥市、南昌市、武汉市、长沙市、成都市、贵阳市、昆明市。

周边 6 个城市指重庆市、长沙市、西安市、武汉市、贵阳市、成都市。

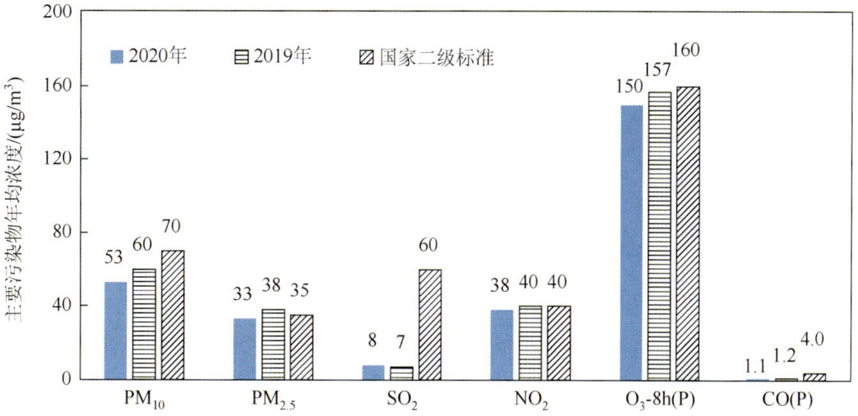

图 2.2-1　2020 年重庆市环境空气主要污染物年均浓度

2. 重庆市“十三五”期间环境空气质量及变化趋势

“十三五”期间，除 O_3、SO_2 外，重庆市空气中其他 4 项污染物年均浓度均逐年降低，$PM_{2.5}$ 浓度首次达到二级标准。与 2015 年相比，2020 年 CO、SO_2、NO_2、PM_{10} 和 $PM_{2.5}$ 年均浓度分别下降 26.7%、50.0%、13.3%、39.1%和 42.1%，O_3 年均值上升 18.1%。

“十三五”期间，重庆市环境空气质量持续改善，优良天数稳定保持在 300 天以上并逐年上升，综合质量指数逐年下降（图 2.2-2）。

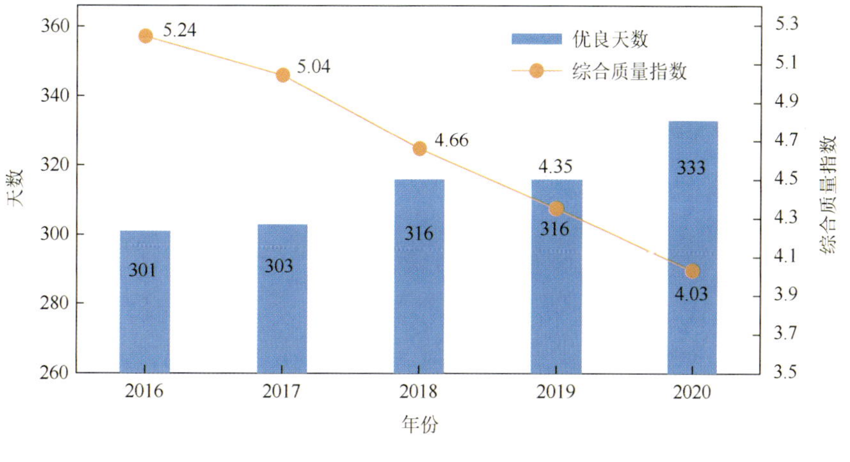

图 2.2-2　“十三五”期间重庆市优良天数及综合质量指数年际变化

“十三五”期间，重庆市空气质量达标天数比例、重度污染天数比例逐年变化情况见图 2.2-3。由图可知，2016 年以来重庆市空气质量达标天数比例呈逐年上升趋势，与此同时，重度污染天数比例逐年下降，至 2018 年无重度污染天气。与 2016 年相比，2020 年重庆市空气质量达标天数上升 8.8 个百分点，增加 32 天；轻度污染天数下降 7.6 个百分点，减少 28 天；中度污染天数下降 0.5 个百分点，减少 2 天；重度污染天数由 2 天改善至 0 天。

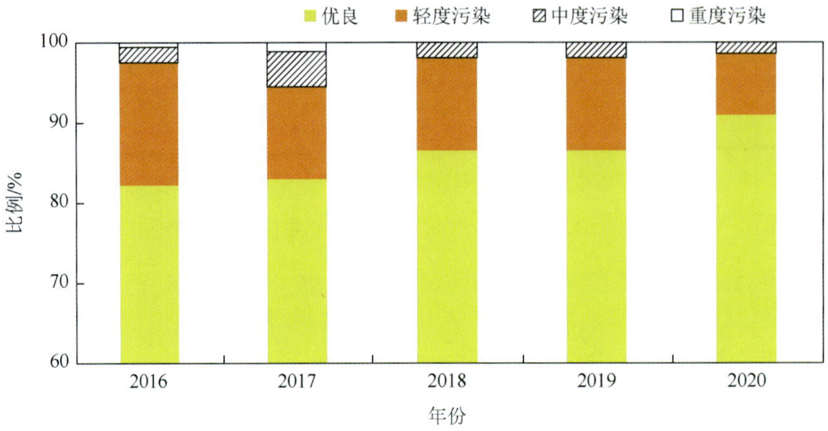

图 2.2-3 “十三五”期间重庆市空气质量等级比例

“十三五”期间，全市污染物污染负荷比如图 2.2-4 所示，可明显看出，CO 和 SO_2 负荷比相对较低，2016～2020 年较为平稳；PM_{10} 负荷比呈逐年下降趋势，2020 年较 2016 年下降了 2.1 个百分点；$PM_{2.5}$ 负荷比呈波动下降趋势，2019 年小幅反弹。相对地，O_3 负荷比呈逐年上升趋势，“十三五”以来累计上升 6.6%；NO_2 呈波动上升趋势，2020 年较 2016 年上升了 2.4 个百分点。

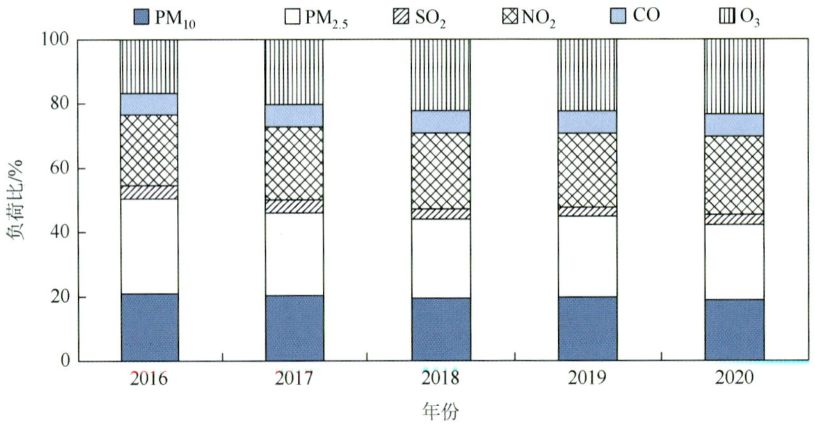

图 2.2-4 “十三五”期间重庆市污染物污染负荷比年际变化

“十三五”期间，重庆市超标天数减少较为明显，尤其是 $PM_{2.5}$，由 53 天（2016 年）减少至 13 天（2020 年），并且基本消除了重度污染天气。然而 O_3 超标天数为增加趋势，O_3 超标天数占全年超标天数的比例也不断增加，2018 年开始 O_3 超标天数超过 $PM_{2.5}$ 超标天数，成为影响重庆市优良天数的首要污染物；对污染等级而言，中度污染的天数出现增加趋势，O_3 污染形势突出（图 2.2-5）。加强 $PM_{2.5}$ 和 O_3 的协同控制势在必行，控制 $PM_{2.5}$、NO_x 和挥发性有机物成为当前治理重点。

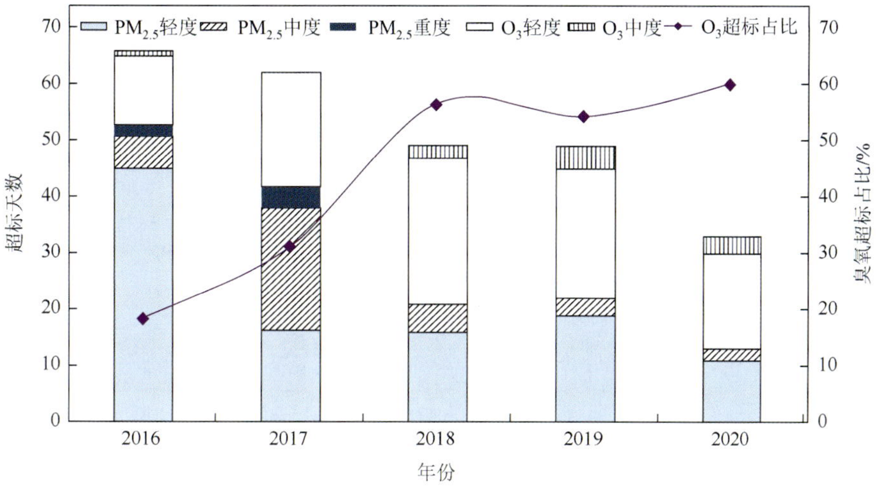

图 2.2-5　“十三五”期间重庆市超标天数及臭氧超标占比构成

2.2.2 臭氧及其前体物变化特征

重庆市人民政府按照 38 个区县以及两江新区、西部科学城重庆高新区（以下简称高新区）和万盛经开区开展空气质量分区评价，并以此为基础数据综合评价重庆市空气质量，以下均按照该原则开展臭氧及其前体物变化特征分析。

1. 臭氧及其前体物空间分布特征

1）臭氧

（1）年均浓度空间分布。2020 年，重庆市 O_3 日最大 8 小时平均第 90 百分位浓度在 96～174μg/m³，城口县最低，沙坪坝区最高。沙坪坝区、璧山区、永川区、合川区和巴南区 5 个区县年均浓度未达到二级标准。

（2）日均浓度空间分布。2020 年，全市 O_3 日最大 8 小时平均浓度在 3～28μg/m³，最高值出现在沙坪坝区（超标 0.75 倍）。除城口县、南川区、彭水县、黔江区、巫山县、巫溪县、秀山县和酉阳县 8 个区县外，其余 33 个区县均出现不同程度的超标，超标率为 0.3%～11.8%，其中九龙坡区和沙坪坝区超标率大于 10%。2020 年重庆市各区县 O_3 浓度超标情况见图 2.2-6。

（3）日均浓度频率分布。2020 年，重庆市各区县 O_3 日最大 8 小时平均浓度在小于等于 100μg/m³（一级标准）范围的频率为 79.0%，在 101～160μg/m³（二级标准）范围的频率为 17.3%。各区县 O_3 日均浓度频率分布见图 2.2-7。

（4）“一区两群”小时浓度变化趋势。“一区两群” O_3 小时浓度变化趋势一致，尤其是渝东北三峡库区城镇群和渝东南武陵山区城镇群变化趋势和浓度值都十分接近，白天“一区”高于“两群”，而夜间受滴定作用影响，“一区”低于“两群”。2020 年重庆市各区县 O_3 小时浓度变化趋势如图 2.2-8 所示。

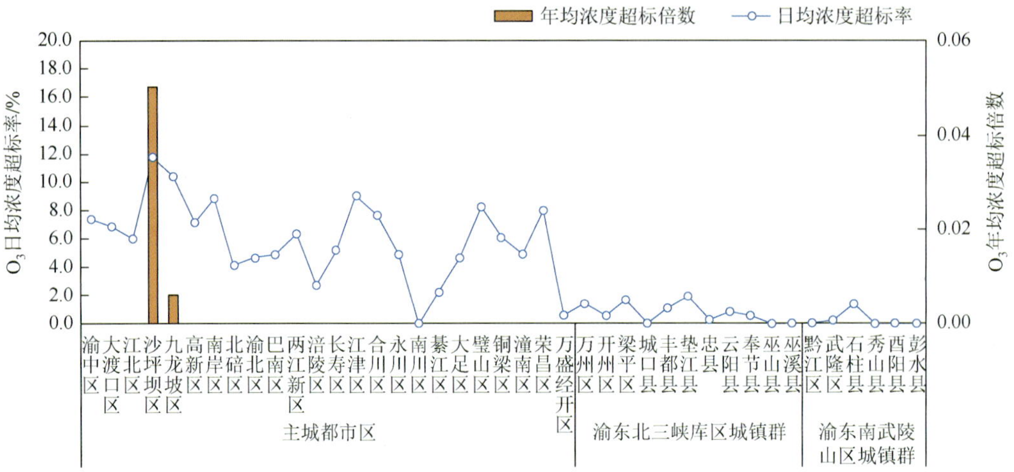

图 2.2-6　2020 年重庆市各区县 O_3 浓度超标情况

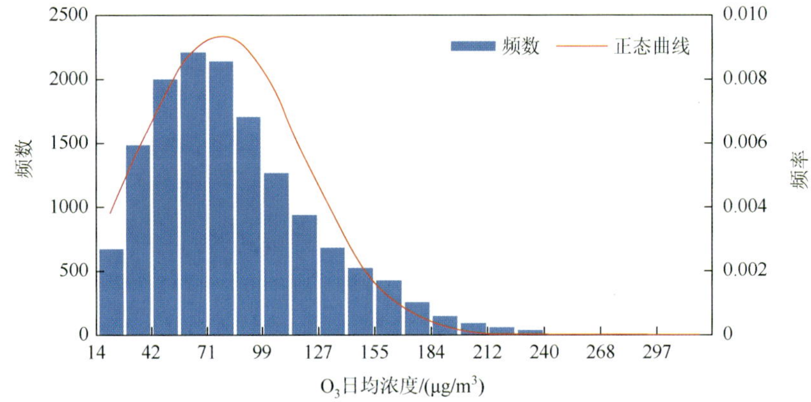

图 2.2-7　2020 年重庆市各区县 O_3 日均浓度频率分布

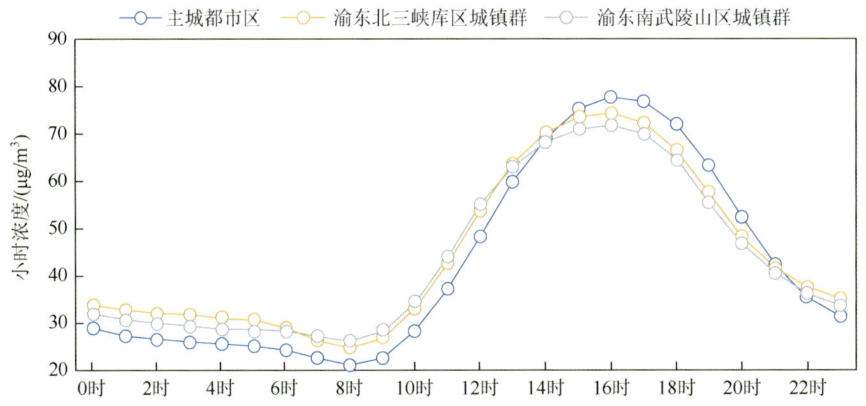

图 2.2-8　2020 年重庆市各区县 O_3 小时浓度变化趋势

2）NO_2

（1）年均浓度空间分布。2020 年，全市 NO_2 年均浓度在 12～46μg/m^3，秀山县最低，渝中区最高。渝中区、九龙坡区、大渡口区和两江新区 4 个区年均浓度未达到二级标准。各区县 NO_2 超标情况见图 2.2-9。

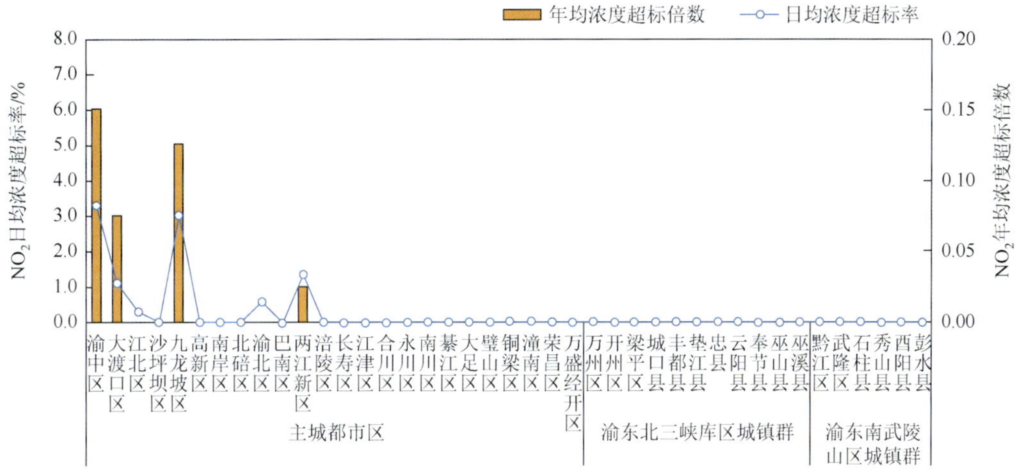

图 2.2-9　2020 年重庆市各区县 NO_2 浓度超标情况

（2）日均浓度空间分布。41 个区县 NO_2 日均浓度在 2～105μg/m^3，最高值出现在渝中区（超标 0.31 倍）。6 个区县出现不同程度的超标，超标率为 0.3%～3.3%，九龙坡区和渝中区超标率大于 3.0%。

（3）日均浓度频率分布。2020 年，重庆市各区县 NO_2 日均浓度在 0～40μg/m^3（一级标准）范围的频率为 87.2%，在 41～80μg/m^3（二级标准）范围的频率为 12.5%。各区县 NO_2 日均浓度频率分布见图 2.2-10。

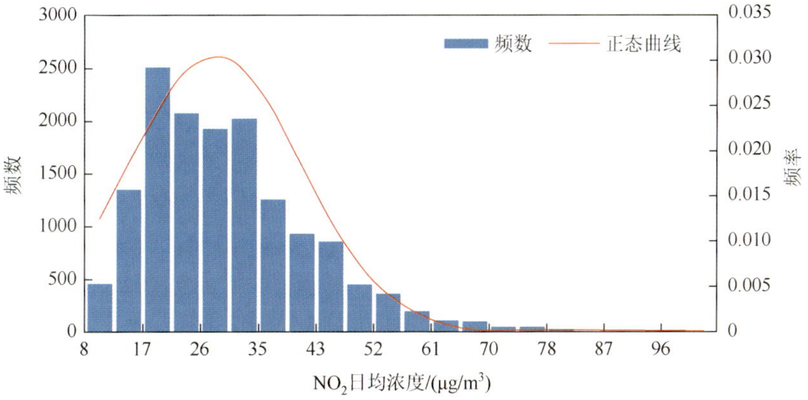

图 2.2-10　2020 年重庆市各区县 NO_2 日均浓度频率分布

（4）“一区两群”小时浓度变化趋势。“一区两群”NO_2小时浓度变化趋势一致，主城都市区＞渝东北三峡库区城镇群＞渝东南武陵山区城镇群（图 2.2-11）。

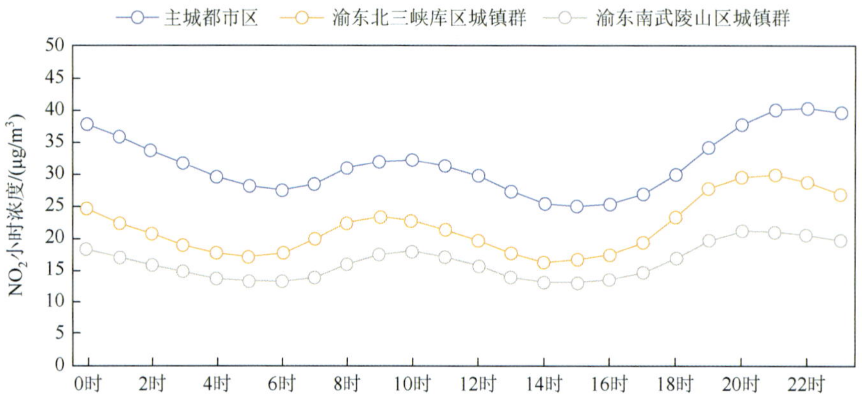

图 2.2-11　2020 年重庆市各区县 NO_2 小时浓度变化趋势

3）CO

（1）年均浓度空间分布。2020 年，重庆市 41 个区县 CO 年均浓度在 0.8～1.5mg/m^3，均达到一级标准，万州区和黔江区最低，巫溪县最高。

（2）日均浓度空间分布。41 个区县 CO 日均浓度在 0.2～2.4mg/m^3，均达到二级标准，最高浓度出现在开州区。

（3）日均浓度频率分布。各区县 CO 日均浓度在 0～2mg/m^3（一级标准）范围出现的频率为 100%（仅 3 次超过 2mg/m^3）。各区县 CO 日均浓度频率分布见图 2.2-12。

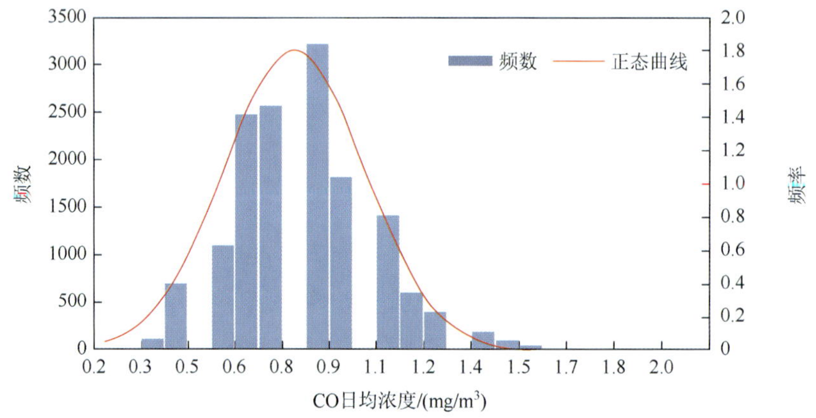

图 2.2-12　2020 年重庆市各区县 CO 日均浓度频率分布

（4）“一区两群”小时浓度变化趋势。“一区两群”CO 小时浓度变化趋势一致，主城都市区＞渝东北三峡库区城镇群＞渝东南武陵山区城镇群，见图 2.2-13。

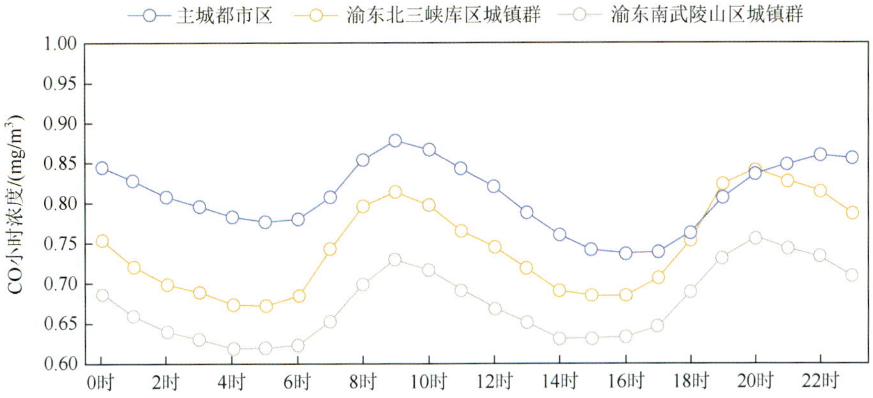

图 2.2-13　2020 年重庆市各区县 CO 小时浓度变化趋势

2. “十三五”期间臭氧及其前体物空间变化特征

1）臭氧

“十三五”期间，全市环境空气中臭氧均值为 155μg/m^3，日均值范围为 5～289μg/m^3，日均值超标率为 8.2%，最大日均值超标 0.81 倍。重庆市各区县臭氧均值见图 2.2-14，沙坪坝区、璧山区、江津区 3 个区年均浓度未达到二级标准，沙坪坝区最高，城口县最低。

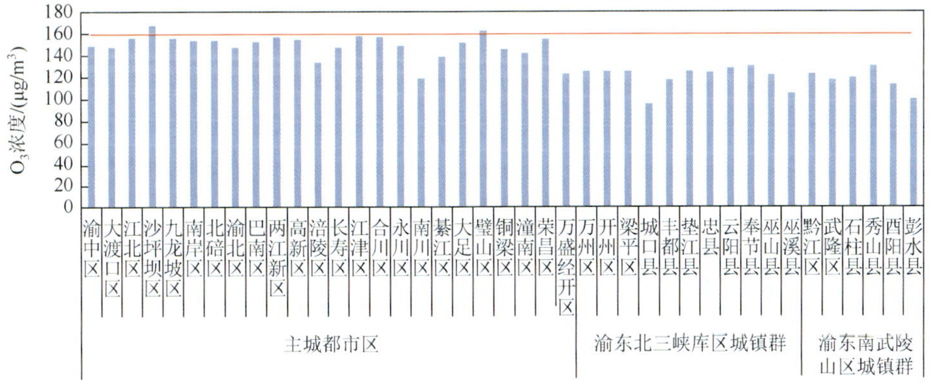

图 2.2-14　“十三五”期间重庆市各区县 O_3 浓度比较

“十三五”期间，O_3 以主城都市区为主要污染区域，2017～2019 年 O_3 年际浓度逐年升高，2019 年污染状况较为明显，2020 年有明显改善。2017～2020 年 O_3 年际浓度空间变化的起伏趋势，一定程度上说明了重庆市 O_3 污染防控的复杂性、艰巨性、长期性。

2）NO_2

“十三五”期间，全市环境空气中 NO_2 均值为 43μg/m^3，超过国家二级标准 7.5%；日均值范围为 9～101μg/m^3，日均值超标率为 0.6%，最大日均值超标 0.26 倍。全市各区县 NO_2 均值见图 2.2-15，渝中区、大渡口区、两江新区、九龙坡区、渝北区 5 个区年均浓度未达到二级标准，渝中区最高，秀山县最低。

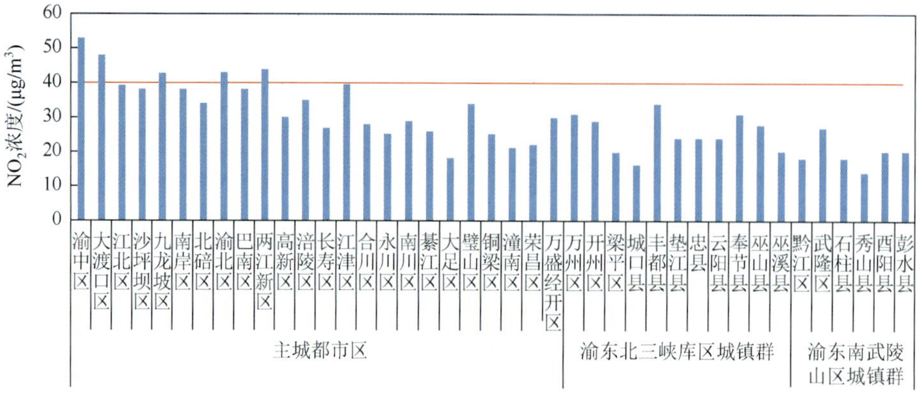

图 2.2-15　“十三五”期间重庆市各区县 NO_2 浓度比较

“十三五”期间，NO_2 以主城中心城区为主要污染区域，全市年际浓度整体情况稳定。在 2020 年“十三五”收官之年，NO_2 浓度值（38μg/m^3）达到了国家二级标准值（40μg/m^3）以下。

3）CO

“十三五”期间，重庆市环境空气中 CO 均值为 1.3mg/m^3，日均值范围为 0.4～2mg/m^3。重庆市各区县 CO 均值见图 2.2-16，41 个区县均达二级标准，巫溪县最高，高新区最低。

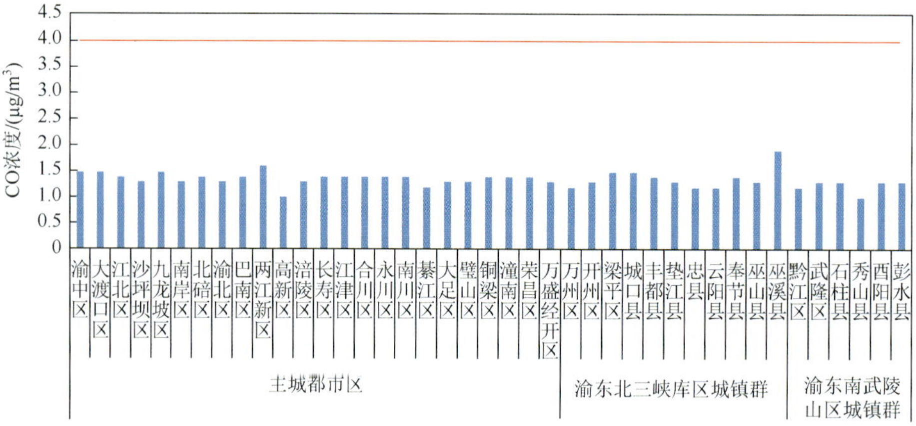

图 2.2-16　“十三五”期间重庆市各区县 CO 浓度比较

“十三五”期间，CO 总体呈现较低水平，变化不大。仅 2018 年渝东北巫溪县略有突出，2020 年 CO 年际浓度在之前基础上仍有所减少。

3. 污染物时间变化特征

将时间拉长来看，利用 2013～2019 年 O_3 和 NO_2 小时浓度进行日变化曲线绘制，结果见图 2.2-17。从图中可以看出，O_3 在一天中高值区间主要集中在 9:00～21:00，呈“单峰”特征，峰值主要出现在 16:00，夜间至第二天早间 8:00 均维持在低浓度（<50μg/m^3）。相较

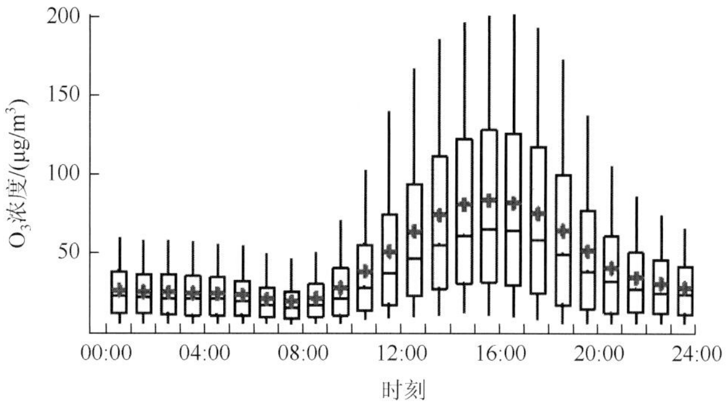

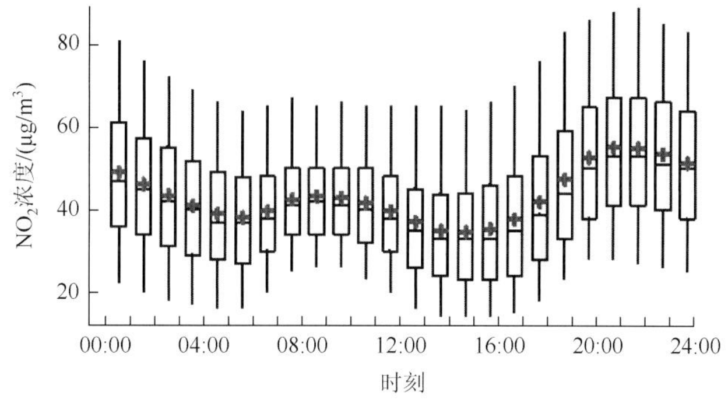

图 2.2-17　重庆市 O_3 及其前体物 NO_2 浓度的日变化特征

于 O_3 日变化趋势，重庆市 NO_2 在一天中主要呈现“双峰”特征，峰值主要出现在 8:00～9:00 和 20:00～21:00，凸显早晚交通高峰影响，谷值出现在 15:00～16:00，稍早于 O_3 的峰值时刻，指示出 NO_2 是 O_3 生成的重要前体物。此外，NO_2 高值区间正好对应 O_3 的低值区间，指示出城区 NO_x 对 O_3 的滴定作用。与前述结果一致。

六项污染物质量浓度季节变化曲线见图 2.2-18。为了研究六项污染物在 4 个季节有无

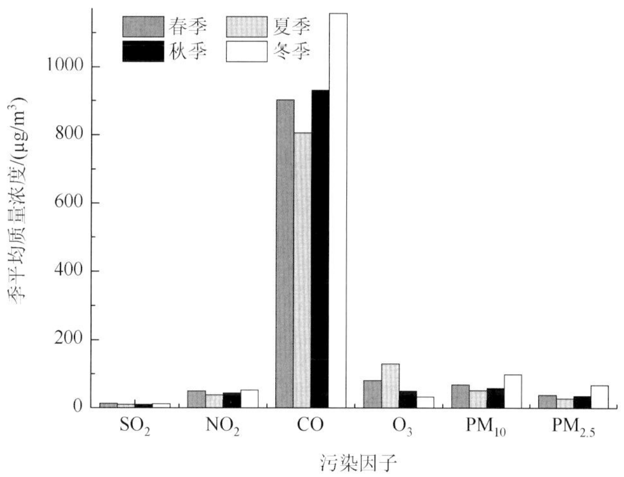

图 2.2-18　4 个季节大气污染物（SO_2、NO_2、CO、O_3、PM_{10} 和 $PM_{2.5}$）浓度水平

显著性差异，首先利用 SPSS 19.0 软件对 4 个季节六项污染物进行克鲁斯卡尔-沃利斯（Kruskal-Wallis）检验（又称 H 检验）。CO 计算结果显示，各污染物 p 值均小于 0.05，即各污染物在 4 个季节存在显著性差异。然后进行各季节浓度变化分析，SO_2、NO_2、CO、PM_{10}和 $PM_{2.5}$的浓度变化趋势均呈“U”形，其中 SO_2浓度极低值出现在秋季，极高值出现在春季，表现出与学者研究不同的特征（龙帅等，2013；王妮，2017），可能原因为各项环保措施的持续推进引起 SO_2的持续降低；NO_2、CO、PM_{10}和 $PM_{2.5}$浓度极低值出现在夏季，极高值出现在冬季，可能原因为夏季是重庆市的雨季，夏季多雨、潮湿，对大气污染物的稀释作用明显（高超群等，2017），同时夏季太阳辐射较强，大气湍流运动增强，污染物浓度降低（李礼等，2017）。冬季降雨较少，大气层结稳定，不利的气象条件不易引起污染物扩散，导致污染物浓度升高（刘芮伶等，2016）。O_3浓度变化趋势为倒“U”形，其中夏季最高，冬季最低。夏季太阳辐射强，气温高，光化学反应强烈，导致 O_3浓度较高。

图 2.2-19 是 2013～2019 年重庆市 O_3月均浓度和超标天数变化趋势，可以看到 1～8 月臭氧浓度主要呈上升的趋势，8～12 月则呈下降的趋势，其中，4～6 月的上升趋势较为平缓，而 6～8 月上升趋势最为明显，且在 8 月达到全年的峰值浓度。结合这几年气象数据来看（图 2.2-20），可以发现 1～4 月随着气温的回升，逐渐开始出现 O_3超标现象；4～6 月气温持续攀升，同时由于进入汛期后，降水过程偏多，超标天数虽仍然有所增加，但是 O_3月均浓度上升趋势整体较 1～4 月减缓；随后 7～8 月气温处于一年中的最高水平，同时降水也较前期明显减少，使得 O_3浓度和超标天数都明显增加；进入 9 月，季节转换，温度逐渐下降，同时阴雨天气较多，污染态势逐渐减弱。从全年来看，3～10 月都有可能出现 O_3超标天气，其中主要集中在 4～9 月，8 月则是全年 O_3污染的峰值月份。

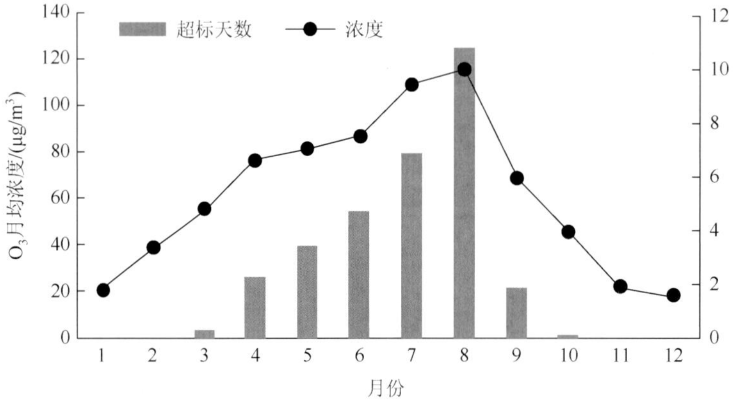

图 2.2-19　2013～2019 年重庆市 O_3月均浓度和超标天数月际分布

2.2.3　气象条件对臭氧生成的影响

O_3是其前体物在紫外光存在的条件下发生光化学反应的产物，前体物排放对 O_3浓度

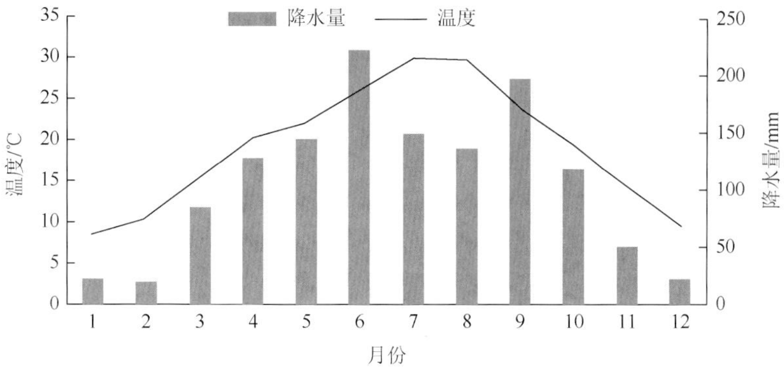

图 2.2-20　2013～2019 年重庆市平均温度和降水量月际分布

具有关键性的影响作用（Zheng et al.，2009；Mazzuca et al.，2016；Sharma et al.，2017；He et al.，2017；Henneman et al.，2017），与此同时，O_3浓度还受气象要素的影响，如温度、太阳辐射等不仅会直接影响光化学过程，还可能通过间接影响前体物的排放量来影响 O_3 的生成情况。风速、边界层高度和相对湿度等可以通过影响 O_3 的稀释、扩散状况等来影响 O_3 最终的累积量，前体物排放和气象因素是导致近地面 O_3 浓度产生昼夜、日际、季节变化重要的驱动因素（Topcu and Incecik，2002；Dueñas et al.，2002；Kalabokas et al.，2008）。关于气象对 O_3 浓度的影响，研究重点在于基于历史观测数据分析 O_3 浓度与不同气象因素之间的关联性，特别是针对 O_3 高污染事件，分析其所处的气象条件。

考虑近些年 O_3 污染愈加严重，超标日增加明显，本小节主要针对 2018～2019 年的气象数据来讨论气象因子对 O_3 浓度的影响。

1. 温度的影响

图 2.2-21 是 2018～2019 年日最高温度和当日 O_3 浓度的回归分析图，可以发现随着温度的升高，O_3 浓度呈上升趋势，说明温度与 O_3 浓度总体呈正相关关系。将日最高温度分为 35℃及以上（黑色部分）和 35℃以下（灰色部分）分别同当日 O_3 浓度作回归分析，可以发现 35℃以上的高温与 O_3 浓度之间的相关性不如 35℃以下二者的相关性，说明日最高温度在 35℃以下时，温度条件对 O_3 浓度影响更为显著。

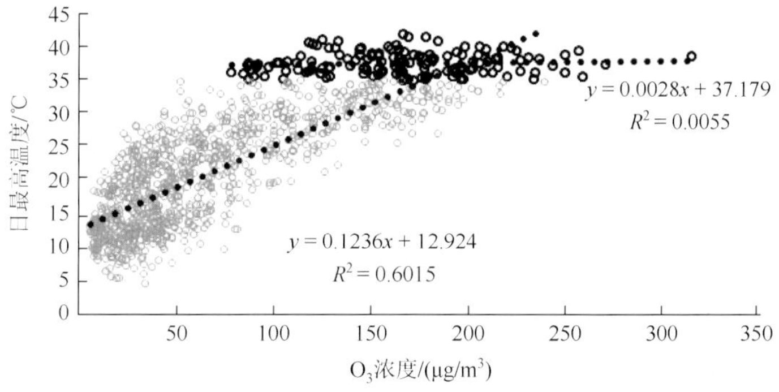

图 2.2-21　2018～2019 年重庆市日最高温度和 O_3 浓度的回归分析图

为了更细致地了解不同日最高温度区间对 O_3 浓度的影响，图 2.2-22 就不同日最高温度区间对应的 O_3 浓度和 O_3 超标率做了相关分析，研究表明，同图 2.2-21 结论较为一致，高温段（≥35℃）区间 O_3 浓度明显高于低温段（＜35℃）区间 O_3 浓度，同时日最高温度在超过 35℃之后，不同温度区间的 O_3 浓度变化不大。此外，当日最高温度超过 25℃时，开始出现 O_3 超标天，日最高温度在 25℃和 38℃区间时，臭氧超标率升幅最大，从 6.7%升至 59.0%；当日最高温度在 35～38℃时，O_3 超标率有小幅度上升，从 59.0%上升至 61.5%；超过 38℃之后，O_3 超标率反倒呈小幅度的下降，从 61.5%降至 50.0%。说明当日最高温度超过 40℃时，还有其他因素影响 O_3 超标。

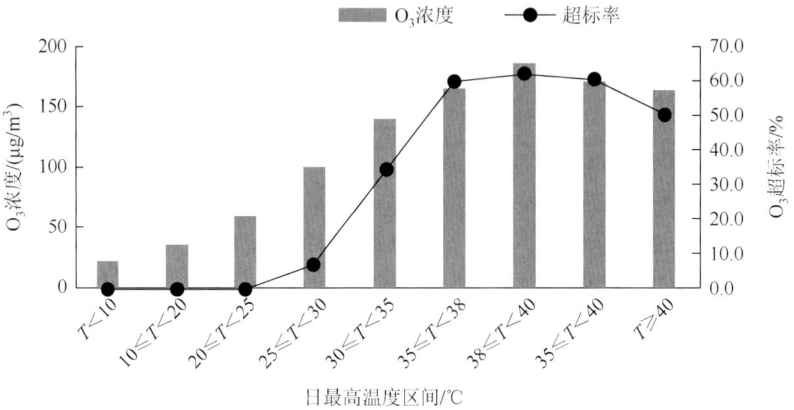

图 2.2-22　不同日最高温度区间下的 O_3 浓度和 O_3 超标率分布

2. 湿度的影响

图 2.2-23 是不同日均相对湿度区间对 O_3 超标率和 O_3 浓度的影响，可以发现随着平均相对湿度的增加，O_3 浓度和超标率整体呈降低的趋势；此外，当日均相对湿度在 50%以下时，O_3 超标率最高，超过 50%，且 O_3 平均浓度也超过了 160μg/m^3；总体来看，日均相对湿度低于 70%时，O_3 超标率较大，超过 30%；当日均相对湿度高于 70%时，O_3 超标率和 O_3 浓度都相对较低。

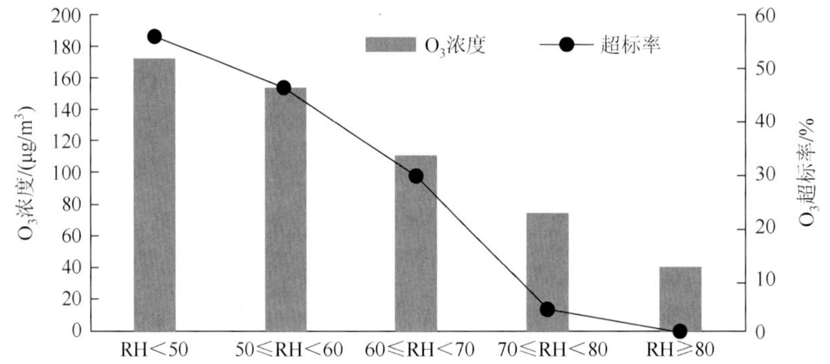

图 2.2-23　不同日均相对湿度区间下的 O_3 浓度和 O_3 超标率分布

RH 代表相对湿度，%

针对 2017 年 7 月～2021 年 5 月中 O_3 高发的 3～10 月，筛选日最高温度、日最大辐射指数和风速条件具有相似条件的案例共计 47 组，比较日均相对湿度较小（小于 70%）和日均相对湿度较大（大于 70%）天 O_3 浓度大小。40 组数据日均相对湿度较小所在天 O_3 浓度＞日均相对湿度较大所在天 O_3 浓度，占比约 85%，表明在日最高温度、日最大辐射指数和风速等类似条件下，相对湿度较低（低于 70%）天 O_3 浓度相对更高。按最高温度、最大辐射指数进行排序后，部分案例组详见表 2.2-2。

表 2.2-2　部分案例组一览表

案例组	监测日期	日最高温度/℃	平均风速/(m/s)	日均相对湿度/%	O_3 浓度/(μg/m^3)
1	2018-9-18	26	1.0～1.5	88.6	42
	2020-9-4			83.7	64
	2020-3-19			54.3	129
2	2019-7-12	26	1.5～2.0	88.8	71
	2020-5-28			70.3	88
	2018-3-15			69.0	101
	2020-5-12			63.8	107
3	2021-5-27	26	1.5～2.0	81.6	70
	2020-4-9			67.4	99
	2018-4-8			50.9	119
4	2018-5-25	27	1.0～1.5	79.5	95
	2018-4-26			74.3	98
	2018-5-28			72.1	113
	2020-4-26			61.8	134
5	2019-6-21	30	1.0～1.5	86.2	74
	2020-5-1			67.5	151
	2020-4-27			57.5	170
6	2017-9-26	31	2.0～2.5	76.4	75
	2017-9-8			73.3	87
	2019-8-30			61.1	124
7	2020-7-9	33	1.0～1.5	76.0	103
	2020-5-2			56.9	177
8	2019-9-10	34	1.5～2.0	81.7	85
	2018-8-18			65.1	137
9	2018-8-1	35	1.5～2.0	73.8	105
	2020-7-27			68.0	151
	2018-8-12			65.8	144
10	2018-8-8	35	1.5～2.0	73.5	102
	2018-8-7			69.7	111
	2017-8-14			65.3	134

注：表中划线部分表征在日最高温度、日最大辐射指数以及风速条件相似情况下，相对湿度较低的天气对应着相对较高浓度的 O_3。

3. 紫外辐射和风速的影响

根据统计数据分析发现，当日最大紫外辐射超过 35W/m^2 时，O_3 开始出现超标（>160μg/m^3）。图 2.2-24 是日最大紫外辐射与当日 O_3 浓度的回归分析图，可以发现当日最大紫外辐射低于 50W/m^2 时，随着紫外辐射的增加，O_3 浓度整体呈增长的趋势，说明此时 O_3 浓度与紫外辐射成正相关关系；当日最大紫外辐射超过 50W/m^2 时，发现 O_3 浓度不是随着紫外辐射的增强而增加，说明此时紫外辐射与 O_3 浓度不是显著相关，在强紫外辐射条件下还有其他因素影响 O_3 浓度。将当日 9:00～21:00 的平均风速进行叠加分析发现，在风速大于 3m/s 时，即使当日最大紫外辐射超过 50W/m^2 时，O_3 浓度大部分也低于 160μg/m^3，说明强紫外辐射条件下（>50W/m^2）风速的增大，有利于 O_3 浓度的下降。

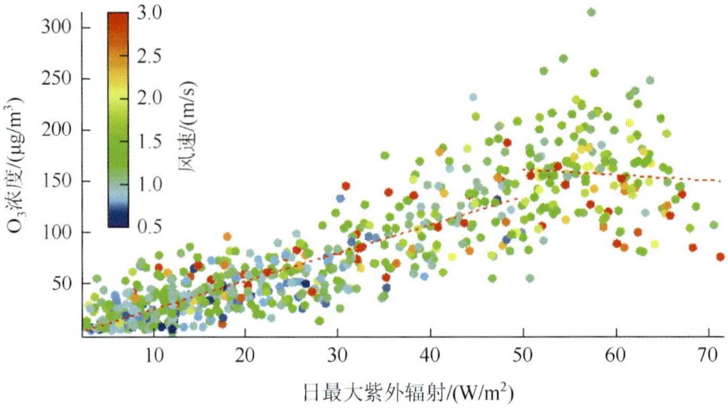

图 2.2-24　日最大紫外辐射与当日 O_3 浓度的回归分析图

4. 风向的影响

上文就强辐射条件下风速对 O_3 浓度的影响作了相关分析，表明随着风速的增加，强辐射天气下 O_3 超标率有下降趋势，除此之外，风向也会影响 O_3 的空间分布。图 2.2-25

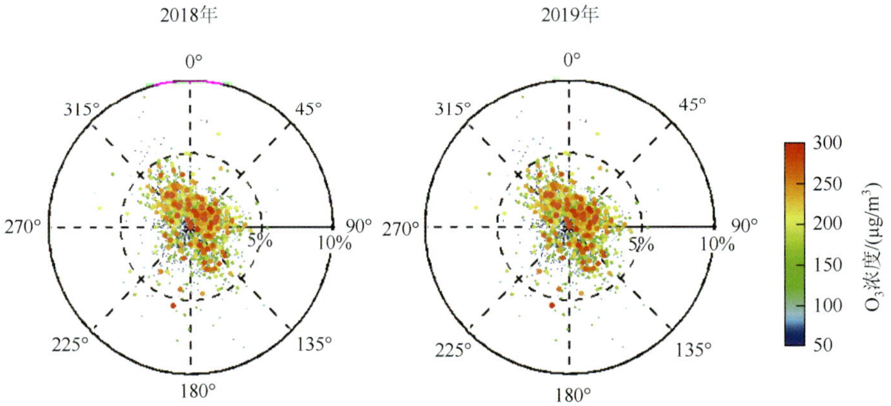

图 2.2-25　O_3 小时浓度与风向的关系图

半径上的百分比代表该风向上的风频

是 2018 年和 2019 年 4～9 月 O_3 小时浓度与风向的关系图。从图中可以看出，当主导风向为偏东风时，中心城区容易出现 O_3 高值，这可能与重庆市的污染排放分布情况有关。从工业布局来看，重庆市中心城区的偏东区域是长寿区、涪陵区，这两个区有着相对集中的钢铁冶金、装备制造、生物医药、电子信息等产业集群（王丹丹，2017），这几个行业也是重庆市 O_3 前体物 VOCs、NO_x 的重点排放行业。因此，在主导风向为偏东风时，上风向前体物会对中心城区及偏西区域产生输入性影响。

2.2.4 国内外臭氧污染概况

1. 国内外臭氧污染概况

20 世纪 40 年代，洛杉矶光化学烟雾事件引发了人们对近地面臭氧污染的关注（李家才，2010；Wang et al.，2017，杨昆等，2018）。美国对 O_3 污染的治理经历了盲目期（20 世纪 40～50 年代）、推责期（20 世纪 50～60 年代）、改善期（20 世纪 70～90 年代）和改善后期（20 世纪 90 年代初以来）4 个不同阶段（杨昆等，2018）。20 世纪 90 年代初以来，美国 O_3 浓度大幅下降，光化学烟雾基本消失（夏越青和王健华，2012；姜欢欢等，2015；杨昆等，2018）。1971 年，美国环保署（Environmental Protection Agency，EPA）制定了 O_3 浓度的“一级标准”和“二级标准”，排放上限为 0.08ppm①。2015 年，EPA 进一步收紧 8 小时 O_3 标准降至 0.07ppm（李媛媛和黄新皓，2018）。1980 年起，美国 O_3 污染水平逐年下降。中国 O_3 浓度在 2015～2018 年呈上升趋势。2015～2018 年，中国 O_3 年度平均日最大 8 小时浓度均值（AVGMDA8）为 91μg/m^3，略高于美国（88μg/m^3）；中国全年第 4 大日最大 8 小时浓度均值（4MDA8）、全年第 90 百分位日最大 8 小时浓度均值（MDA8-90PER）分别为 201μg/m^3、150μg/m^3，分别较美国高出 40.6%、26.1%。此外，京津冀、长三角、珠三角地区 2015～2018 年 O_3 AVGMDA8、4MDA8 和 MDA8-90PER 平均值均高于全国平均值，四川盆地 2018 年 O_3 4MDA8、MDA8-90PER 也高于全国平均水平，表明中国上述 4 个区域的 O_3 污染较为显著（Lu et al.，2018）。

2015～2018 年，中国 O_3 AVGMDA8、MAXMDA8、4MDA8 和 MDA8-90PER 整体呈快速增长趋势，其中，MAXMDA8 和 4MDA8 分别在 2015～2016 年和 2017～2018 年略有下降；1980～2018 年，美国 O_3 MAXMDA8、4MDA8 和 MDA8-90PER 整体表现出显著的下降趋势。2015～2018 年，中国 O_3 MAXMDA8、4MDA8、MDA8-90PER 分别为 232μg/m^3、200μg/m^3、149μg/m^3，接近美国 1980～1990 年的平均值（221μg/m^3、190μg/m^3、157μg/m^3），表明当前中国 O_3 污染极值处于美国 20 世纪 80 年代水平。综上，国家尺度上，中国 AVGMDA8 水平与美国同期水平相当，4MDA8 和 MDA8-90PER 水平处于美国 20 世纪 80 年代水平（高澜等，2021）。

20 世纪 50 年代，欧洲开始开展 O_3 监测，是世界上最早关注 O_3 污染问题的地区之一。

① 1ppm=10^{-6}。

尽管早期欧洲的 O_3 浓度逐年上升，但在制定持续削减 O_3 前体物排放措施和实行环境经济政策等一系列努力下，近年来欧洲国家已经出现了 O_3 浓度下降的趋势，尤其是郊区站点。1876～1886 年，在欧洲西北部发现普遍存在 O_3 背景浓度水平升高的现象，这一时期 O_3 浓度 24h 平均值为 20μg/m^3。在 20 世纪 50 年代，欧洲的 O_3 浓度增至 30～40μg/m^3，到 20 世纪 80 年代增至 60μg/m^3。自 20 世纪 90 年代以来，欧洲为控制 O_3 污染制定了一系列减排措施，主要 O_3 前体物如 NO_x、VOCs 的排放量均显著下降，环境空气质量得到了显著改善，但是近地面 O_3 年均浓度却没有明显的下降趋势（Solberg et al.，2005；Parrish et al.，2012；Lu et al.，2018）。进一步对欧洲环境空气 O_3 浓度长期监测数据进行分析（鲍捷萌等，2021），发现在 1980～2019 年间欧洲 O_3 AVGMDA8 的第 93.15 百分位数和超标天数均呈波动下降趋势。该现象表明，O_3 浓度的峰值呈下降趋势，O_3 的生成逐渐减少。

2. 全国臭氧污染概况

“十三五”以来，全国细颗粒物浓度逐年改善，重污染天气大幅度减少（孟露露等，2017；孟晓艳等，2018）。但同时发现很多地区在春末和夏季，O_3 已超细颗粒物成为影响城市环境空气质量的首要污染物（孟晓艳等，2013；张倩倩和张兴赢，2019），对空气质量优良天数比例影响显著。

2017～2019 年，全国 337 个城市 O_3 第 90 百分位平均浓度分别为 137μg/m^3、139μg/m^3、148μg/m^3，O_3 超标城市个数分别为 67 个、67 个、103 个，O_3 浓度和超标城市个数均呈现上升趋势（孟晓艳等，2021）。从 337 个城市 O_3 各百分位浓度统计结果来看，第 20～70 百分位浓度逐年增幅相对稳定，第 80～95 百分位浓度逐年上升速率最快，平均每年升高 5.5μg/m^3：O_3 第 85、90、95 百分位浓度 2017 年分别为 126μg/m^3、137μg/m^3、152μg/m^3，2018 年分别为 128μg/m^3、139μg/m^3、153μg/m^3，2019 年分别为 137μg/m^3、148μg/m^3、163μg/m^3，2019 年同比增幅超过 2018 年 5～6 个百分点。

从 337 个城市臭氧峰值浓度来看，2017～2019 年全国臭氧峰值浓度分别为 314μg/m^3、318μg/m^3、339μg/m^3，2019 年共计出现 4 天臭氧浓度超过 300μg/m^3 的情况，高于 2017 年（2 天）和 2018 年（1 天）。

2017～2019 年 337 个城市 O_3 浓度高值主要集中在 5～9 月，历年全国 O_3 月度最高值分别为 159μg/m^3（5 月）、160μg/m^3（6 月）和 157μg/m^3（9 月）。2019 年 8～9 月浓度值明显高于 2017～2018 年同期（平均偏高 11.9%、22.7%）。

从重点区域 O_3 第 90 百分位平均浓度看，“2 + 26”城市（186μg/m^3）＞苏皖鲁豫交界（169μg/m^3）＞汾渭平原交界（168μg/m^3）＞珠三角（159μg/m^3）＞长三角地区（156μg/m^3）＞成渝地区（139μg/m^3）。“2 + 26”城市是 O_3 污染最为严重的区域，其次是苏皖鲁豫交界和汾渭平原交界，珠三角 2017～2018 年 O_3 浓度（151μg/m^3、150μg/m^3）均低于长三角地区（152μg/m^3、153μg/m^3），2019 年珠三角高于长三角地区 7.3%。除成渝地区 O_3 和 NO_2 浓度均呈现下降外，其他重点区域 O_3 浓度均呈现上升趋势，珠三角、苏皖鲁豫交界、“2 + 26”城市 O_3 浓度上升速度相对较快；重点区域 NO_2 呈现下降趋势，“2 + 26”城市和汾渭平原交界 O_3 和 NO_2 浓度反相关系数最高。

参考文献

鲍捷萌，曹娟，高锐，等，2021. 欧洲环境空气臭氧污染防治历程、经验及对我国的启示[J]. 环境科学研究，34（4）：890-901.

重庆市交通规划研究院，2021. 2020年重庆市中心城区交通发展年度报告[R]. 重庆：重庆市交通规划研究院.

重庆市气候中心，2019. 2018年重庆市气候公报[R]. 重庆：重庆市气候中心.

重庆市气候中心，2020. 2019年重庆市气候公报[R]. 重庆：重庆市气候中心.

重庆市气候中心，2021. 2020年重庆市气候公报[R]. 重庆：重庆市气候中心.

重庆市统计局，2021. "十三五"时期重庆市能源发展报告[R]. 重庆：重庆市统计局.

高超群，秦媛，易秀，2017. 关中地区大气污染现状及特征分析[J]. 应用化工，46（7）：1394-1397.

高澜，孟晓艳，乐旭，等，2021. 中国和美国地面臭氧污染对比分析[J]. 中国环境监测，37（1）：40-48.

姜欢欢，李瑞娟，高颖楠，2015. 美国机动车污染控制经验及其对中国的启示研究[J]. 环境污染与防治，37（10）：104-110.

李家才，2010. 洛杉矶经验与珠三角地区灰霾治理[J]. 环境保护（18）：61-63.

李礼，许丽萍，余家燕，等，2017. 重庆主城区近年一次典型空气重污染过程分析[J]. 环境工程学报，11（12）：6379-6385.

李媛媛，黄新皓，2018. 美国臭氧污染控制经验及其对中国的启示[J]. 世界环境（1）：24-27.

刘芮伶，李礼，余家燕，等，2016. 重庆市一次重霾污染过程的特征及成因分析[J]. 环境科学与技术，39（S2）：8-13.

龙帅，张凯，唐红军，等，2013. 遂宁市环境空气中SO_2时空分布特征研究[J]. 四川环境，32（4）：58-62.

骆畅，2018. 山地城市绿地生态系统服务价值评估及规划策略研究：以重庆市主城区为例[D]. 北京：北京林业大学.

孟露露，单春艳，白志鹏，等，2017. 中国城市$PM_{2.5}$空气质量改善分阶段目标研究[J]. 中国环境监测，33（2）：1-10.

孟晓艳，王瑞斌，杜丽，等，2013. 试点城市O_3浓度特征分析[J]. 中国环境监测，29（1）：64-70.

孟晓艳，张霞，侯玉婧，等. 2018. 2013—2017年京津冀区域$PM_{2.5}$浓度变化特征[J]. 中国环境监测，34（5）：5-11.

孟晓艳，李婧妍，解淑艳，等，2021. 2017-2019年中国337个城市及重点区域臭氧污染状况分析[J]. 中国环境监测，37（3）：9-17.

王丹丹，2017. 重庆市主城区及影响区人为源挥发性有机物排放清单研究[J]. 重庆：重庆工商大学.

王妮，2017. 重庆主城区大气污染物时空变化及影响因素分析[D]. 重庆：重庆师范大学.

王天霞，2016. 重庆人口空间分布及趋势性研究[D]. 重庆：重庆工商大学.

王月，2019. 重庆市不同建成年代综合公园木本植物组成现状研究[D]. 重庆：重庆大学.

夏越青，王健华，2012. 浦东新区环境空气质量监测对比研究及发展对策探讨[J]. 中国环境监测，28（6）：89-93.

杨昆，黄一彦，石峰，等，2018. 美日臭氧污染问题及治理经验借鉴研究[J]. 中国环境管理，10（2）：85-90.

易思荣，2008. 重庆市维管束植物区系研究[D]. 重庆：西南大学.

张宏达，1997. 植物的特有现象与生物多样性[J]. 生态科学，16（2）：9-17.

张倩倩，张兴赢. 2019，基于卫星和地面观测的2013年以来我国臭氧时空分布及变化特征[J]. 环境科学，40（3）：1132-1142.

Dueñas C，Fernández M C，Cañete S，et al.，2002. Assessment of ozone variations and meteorological effects in an urban area in the Mediterranean Coast[J]. Science of the Total Environment，299（1-3）：97-113.

He J J，Gong S L，Yu Y，et al.，2017. Air pollution characteristics and their relation to meteorological conditions during 2014–2015 in major Chinese cities[J]. Environmental Pollution，223：484-496.

Henneman L R F，Shen H Z，Liu C，et al.，2017. Responses in ozone and its production efficiency attributable to recent and future emissions changes in the eastern United States[J]. Environmental Science & Technology，51（23）：13797-13805.

Kalabokas P D，Mihalopoulos N，Ellul R，et al.，2008. An investigation of the meteorological and photochemical factors influencing the background rural and marine surface ozone levels in the Central and Eastern Mediterranean[J]. Atmospheric Environment，42（34）：7894-7906.

Lu X，Hong J Y，Zhang L，et al.，2018. Severe surface ozone pollution in China：a global perspective[J]. Environmental Science & Technology Letters，5（8）：487-494.

Mazzuca G M，Ren X R，Loughner C P，et al.，2016. Ozone production and its sensitivity to NO_x and VOCs：results from the DISCOVER-AQ field experiment，Houston 2013[J]. Atmospheric Chemistry and Physics，16（22）：14463-14474.

Oltmans S J, Lefohn A S, Shadwick D, et al., 2013. Recent tropospheric ozone changes: a pattern dominated by slow or no growth[J]. Atmospheric Environment, 67: 331-351.

Parrish D D, Law K S, Staehelin J, et al., 2012. Long-term changes in lower tropospheric baseline ozone concentrations at northern mid-latitudes[J]. Atmospheric Chemistry and Physics, 12 (23): 11485-11504.

Sharma A, Ojha N, Pozzer A, et al., 2017. WRF-chem simulated surface ozone over South Asia during the pre-monsoon: effects of emission inventories and chemical mechanisms[J]. Atmospheric Chemistry and Physics, 17 (23): 14393-14413.

Solberg S, Derwent R G, Hov O, et al., 2005. European abatement of surface ozone in a global perspective [J]. Ambio, 34 (1): 47-53.

Topcu S, Incecik S, 2002. Surface ozone measurements and meteorological influences in the urban atmosphere of Istanbul[J]. International Journal of Environment and Pollution, 17 (4): 390-404.

Wang T, Xue L K, Brimblecombe P, et al., 2017. Ozone pollution in China: a review of concentrations, meteorological influences, chemical precursors, and effects[J]. Science of the Total Environment, 575: 1582-1596.

Zheng J Y, Shao M, Che W W, et al., 2009. Speciated VOC emission inventory and spatial patterns of ozone formation potential in the Pearl River Delta, China. Environmental Science & Technology, 43 (22): 8580-8586.

第3章　重庆市VOCs源成分谱库构建

3.1　VOCs排放源主要类别

VOCs是指常温下饱和蒸汽压大于70Pa、常压下沸点在50～260℃且具有挥发性的全部有机化合物。VOCs参与大气环境中O_3和二次气溶胶的形成，其对区域性大气臭氧污染、$PM_{2.5}$污染具有重要的影响，是导致城市灰霾和光化学烟雾的重要前体物。大多数VOCs具有令人不适的特殊气味，并具有毒性、刺激性、致畸性和致癌作用，特别是苯、甲苯及甲醛等对人体健康会造成很大的伤害。VOCs组分复杂，通常按其化学结构的不同，可以进一步分为6类：烷烃类（alkanes）、烯烃类（alkenes）、炔烃类（alkynes）、芳香烃类（aromatics）、卤代烃类（halogenatedhy drocarbons）、含氧挥发性有机物（oxygenated volatile organic compounds，OVOCs）。不同VOCs组分的理化性质如O_3生成潜势、健康危害存在差异。因此，掌握不同污染源排放的VOCs组分组成、建立完善的VOCs源谱数据库对O_3来源解析和污染防治以及保护人群健康十分重要。

VOCs排放源包括天然排放源和人为排放源。天然排放源主要是植被排放，人为排放源进一步分为化石燃料燃烧源、移动源、工艺过程源、溶剂使用源、油气储运源、生物质燃烧源、餐饮油烟源、固废处理源和其他人为排放源。

3.1.1　天然排放源

天然源挥发性有机物（biogenic volatile organic compounds，BVOCs）主要包括森林、草地、沼泽和农田果园等地区由植物在生长周期内排放的VOCs，天然源排放的VOCs组分主要有异戊二烯、单萜烯、烷烃、OVOCs。

3.1.2　人为排放源

人为源挥发性有机物（anthropogenic volatile organic compounds，AVOCs）是指人类社会活动所排放的VOCs，它们是环境保护工作所研究和控制的主要对象。

1. 化石燃料燃烧源

化石燃料燃烧源主要指利用化石燃料燃烧时产生的热量，为发电、工业生产和生活提供热能和动力的燃烧设备（不包括工业生产过程中的窑炉），主要包括燃煤、燃油、燃气，并按照燃烧方式进一步将燃煤源划分为3种子源类：燃煤电厂、燃煤工业锅炉、散煤燃烧。

2. 移动源

移动源是指移动式空气污染源，根据其移动位置可分为道路移动源（on-road mobile source）和非道路移动源（non-road mobile source）。道路移动源指在道路上行驶的由发动机牵引，能够移动的各种客运、货运交通设施和机械设备，主要包括载客汽车、载货汽车和摩托车等机动车。非道路移动源主要包括工程机械、农业机械、小型通用机械、船舶、铁路内燃机车和民航飞机。

3. 工艺过程源

工艺过程源指工业生产和加工过程中（不包括发电、取暖等用途锅炉），在对工业原料进行物理、化学等处理过程中排放 VOCs 的生产活动。工艺过程源排放 VOCs 过程复杂，按照不同行业，主要有化学工艺过程、金属冶炼（钢铁冶炼、有色冶金）、建材制造（如水泥、玻璃、陶瓷等）、石油化工、食品加工等二级源类。

4. 溶剂使用源

有机溶剂是一大类在生活和生产中广泛应用的有机化合物，分子量不大，常温下呈液态。有机溶剂包括多类物质，如链烷烃、烯烃、醇、醛、胺、酯、醚、酮、芳香烃、氢化烃、萜烯烃、卤代烃、杂环化物、含氮化合物及含硫化合物等。按照溶剂的主要成分，进一步归类为烃类溶剂、醇类溶剂、酮类溶剂、酯类溶剂、酚类溶剂。常见的溶剂使用源包括印刷印染、建筑涂料、黏合剂、汽车喷漆、家具漆、清洁剂、农药溶剂等。

5. 油气储运源

油气储运源是指油气在存储、运输、加油等阶段由于蒸发损耗、排气换气所排放的 VOCs。一是来自原油存储油罐区内的原油罐、调和罐和成品油罐，主要分为油罐“小呼吸损耗”、收发油时的“大呼吸”损耗、油罐自然通风损耗、空油罐装油时产生的损耗；二是原油、汽油、柴油在运输过程中，通过汽车油罐车、铁路油罐车、轮船油罐车等释放的 VOCs；三是汽油/柴油加油站在加油、补充油库、油库换气等过程中所排放的 VOCs。

6. 生物质燃烧源

生物质是所有能源中地位仅次于煤炭、石油和天然气的第四大能源，全球约有 14% 的能源需求是通过生物质能源获得，发展中国家更是高达 35%。生物质燃烧源主要包括秸秆露天焚烧、生物质燃料（秸秆和薪柴）户用燃烧、生物质发电锅炉、野外森林草地火灾等。

7. 餐饮油烟源

餐饮油烟指由家庭烹饪、单位食堂、商业餐馆、路边小吃烧烤等在煎、炸、炒、烤等烹饪过程中产生的各种油烟。

8. 固废处理源

固废是指在生产建设、日常生活和其他活动中产生的污染环境的固态、半固态废弃物质，主要包括生活垃圾、餐厨垃圾、大件垃圾、建筑废弃物、城镇污水处理厂污泥、绿化垃圾、粪渣、动物尸骸、医疗垃圾、电子垃圾、废弃车辆、工业废弃物、农业废弃物、有害废弃物等。固废处理源为对这些固废处理、处置和资源化过程中排放的 VOCs。

3.2　重点行业 VOCs 源样品采集及分析

3.2.1　本地 VOCs 排放重点源筛选

为了摸清重庆市复杂 VOCs 组分的排放家底、弄清 VOCs 的来源贡献，排放源成分谱是必不可少的基础信息，VOCs 排放源成分谱研究已成为 VOCs 管理和控制的数据瓶颈，极大阻碍了大气污染的防治和空气质量的改善。建立具有代表性的 VOCs 排放源成分谱，能够定量表征各污染源 VOCs 组分的排放特征，能够为追踪 VOCs 来源和评估不同 VOCs 组分的环境效应提供数据支持。

我国工业源 VOCs 排放量从 1980 年到 2010 年增长了 11.6 倍。可见，减少工业源 VOCs 排放是有效控制我国 VOCs 排放总量的关键部分。重庆市工业类型众多、工艺复杂、不同行业 VOCs 排放特征差异显著，这给全面准确认识重庆市工业 VOCs 排放特征带来了困难。因此，本书对重庆市企业进行调查问卷、现场调研以及 VOCs 清单编制，将工业源分为工艺过程源和溶剂使用源，根据重庆市涉 VOCs 行业企业的 VOCs 排放量，梳理出重庆市 9 个 VOCs 主要排放来源行业：①汽车制造业；②橡胶和塑料制品业；③铁路、船舶、航空航天和其他运输设备制造业；④化学原料和化学制品制造业；⑤通用设备制造业；⑥计算机、通信和其他电子设备制造业；⑦石油、煤炭及其他燃料加工业；⑧家具制造业；⑨印刷和记录媒介复制业。9 个行业企业 VOCs 排放占工业企业总排量的 80%以上。

根据上述 9 个行业，筛选重庆市 VOCs 排放量较大的 22 家典型企业进行源样品采集，共计采集 37 个源样品。具体信息如表 3.2-1 所示。

表 3.2-1　重庆市主要 VOCs 排放行业采样信息

序号	行业	企业数量	企业名称
1	化学原料和化学制品制造业（HX）	1	HX1
2	计算机、通信和其他电子设备制造业（DZ）	2	DZ1、DZ2
3	家具制造业（JJ）	2	JJ1、JJ2
4	铁路、船舶、航空航天和其他运输设备制造业（YS）	2	YS1、YS2
5	汽车制造业（QC）	5	QC1、QC2、QC3、QC4、QC5

续表

序号	行业	企业数量	企业名称
6	石油、煤炭及其他燃料加工业（RR）	1	RR1
7	通用设备制造业（TY）	4	TY1、TY2、TY3、TY4
8	橡胶和塑料制品业（XJ）	3	XJ1、XJ2、XJ3
9	印刷和记录媒介复制业（YS）	2	YS1、YS2

3.2.2 污染源样品采集与实验室分析

1. 样品采样

对企业有组织或无组织排放 VOCs 进行采样，共采集 37 个污染源样品。

1）采样设备

采样设备包括手持式 VOCs 检测仪、苏玛罐（清洗并抽真空）、苏玛罐用过滤头、聚四氟气袋、真空采样箱、采样枪、硅胶连接管、50mL 气密针筒、针头、进样隔垫。

采样前应检查设备状态是否正常，电量是否充满，设备的相关配件是否齐全。

为了防止出现苏玛罐漏气和气袋破损的情况，每次应多准备 1～2 个苏玛罐和气袋作为备用。

2）采样过程

（1）采样现场调研。

采样前应详细了解企业的生产工艺流程，涉及 VOCs 排放车间工艺，原、辅材料及产品信息，治理技术及设施，烟囱排口数量以确定采样口位置。

（2）预测废气浓度。

采样前先用手持式 VOCs 检测仪预测排放浓度，根据浓度高低选择采用气袋采集或罐直接采集。测定浓度时，将检测仪进气口伸入采样孔内，进气口位置应尽量靠近排放管道中心位置，待浓度显示稳定后，确定废气浓度。当预估浓度较低（小于 5ppmv①）时，应采用低浓度采样法，反之采用高浓度采样法。注：采样枪头必须安装滤膜过滤排气口中的颗粒物；若排气口中排出的污染气体温度较高，则将气袋采样仪的采样枪连接手持式 VOCs 检测仪，将采样枪伸入采样孔内进行采样；若烟道为负压，则在手持式 VOCs 检测仪采样枪伸入采样口后用密封垫将采样枪与烟道密封。

（3）低浓度采样方法。

低浓度废气可使用苏玛罐直接采集。将清洗后并抽成真空的苏玛罐带至采样地点，取下螺母堵头，安装好过滤头。过滤头尽可能多地伸进烟道，若烟道为负压，则在过滤头伸入采样口后用密封垫将剩余部分与烟道密封。

逆时针旋转采样阀，听到“哧哧”声时，采样罐开始采样。等待 2min 左右，声音消

① 5ppmv 表示体积浓度为 5×10^{-6}。

失时，将采样阀顺时针拧紧，最后将堵头拧上。若没有听到“哧哧”声，说明苏玛罐漏气，则应该更换新的苏玛罐。

特别注意，对于油性、有可凝结液态颗粒的废气，禁止使用苏玛罐直接采集，否则会造成苏玛罐损坏。

（4）高浓度采样方法。

高浓度废气应采用气袋进行采集。先按图3.2-1所示连接安装气袋采样系统。

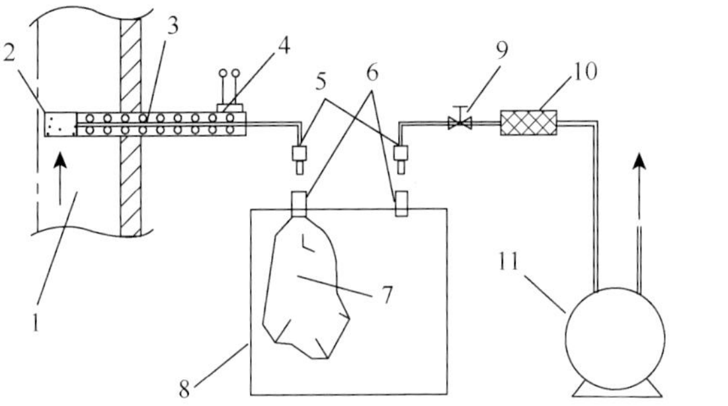

1—排气管道；2—玻璃棉过滤头；3—特氟龙（teflon）连接管；4—加热采样管；5—快速接头阳头；6—快速接头阴头；7—采样气袋；8—真空箱；9—阀门；10—活性碳过滤器；11—抽气泵

图3.2-1 采样系统示意图

①采集过程。

将采样枪伸入采样孔内，进气口位置应尽量靠近排放管道中心位置，若烟道为负压，则在采样枪伸入采样口后用密封垫将采样枪与烟道密封。然后开启抽气泵持续抽气一段时间，将排气口中的气体抽入采样袋中。

当气袋内采样体积达到气袋最大容积的80%左右时，将抽气泵下方按钮调节为排气状态，排掉气袋内的气体，从而对气袋进行润洗。

重复以上步骤3次后，使样品气体老化气袋内表面。第4次采集样品时，当气袋内采样体积达到气袋最大容积的80%左右时关闭气泵，采样结束，关闭气袋阀门，取下气袋，贴上注明采样编号的标签，做好采样记录。

②气体转移。

当利用气袋法采集完高浓度的样品后，为了长时间保存样品不损失，现场立即将气袋内的样品转移至苏玛罐中存储，转移的体积按表3.2-2选取。

表3.2-2 样品转移参数

手持式VOCs检测仪测定的浓度	转移的体积
＜5ppm	罐直接采样
5～10ppm	250mL
10～20ppm	100mL
20～40ppm	50mL
＞40ppm	30mL

转移时应选择远离污染源的场地，先反复推拉气密针筒10次，利用环境空气清洗针筒。

取下苏玛罐上的堵头，在罐口安装进样隔垫，并用螺帽拧紧。

转移时，先将气密针从采样袋接头处扎入，抽取需转移体积的原气体。再将气密针从隔垫处扎入苏玛罐中，打开罐阀门，气密针中气体会被抽进苏玛罐中（图 3.2-2）。若气密针中气体未被抽进苏玛罐中，则说明苏玛罐漏气或针头堵塞，应更换新的苏玛罐或更换针头。

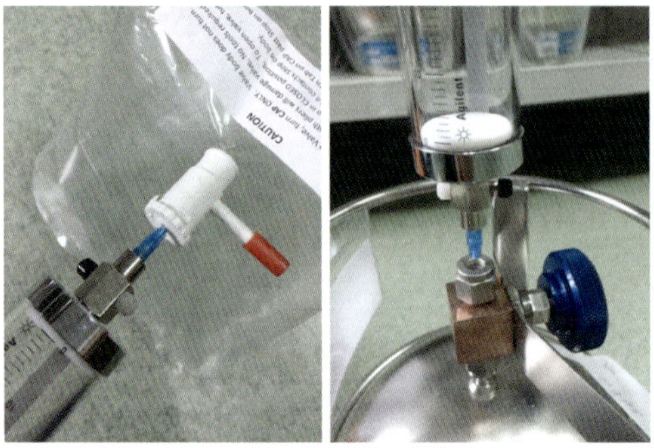

图 3.2-2　样品转移

气体全部抽进罐内后，拔出针头，若需转移的体积大于针筒体积，应进行多次转移。气体转移结束后，关闭阀门，安装好堵头并用扳手稍微拧紧。

3）采样信息的记录

样品完成采集后，应及时填写采样记录表，填写内容包括企业名称、废气对应的工艺流程、车间、采样位置、样品名称、采样时间、预测浓度、转移体积等信息。

样品名称按以下规则命名：S-CQXX-200415-1。其中 XX 为采样企业名字简称的拼音首字母，200415 表示采样日期为 2020 年 4 月 15 日，末尾数字 1 表示该企业采集的第一个样品。

4）样品的保存和运输

苏玛罐采集完成后应将阀门和螺帽拧紧，并放置在专用运输箱内运输保存。运输和保存中应避光避热，避免碰撞，碰撞可能会导致罐内壁涂层破裂或脱落，影响样品保存效果。

苏玛罐保存的样品应在 20 天内完成分析。

5）样品采集环节质量控制与质量保证

（1）样品采集应优先使用新气袋，并用样品气充分老化气袋内表面。

（2）采样管进气口位置应尽量靠近排放管道中心位置，采样管长度应尽可能短。

（3）真空箱、采样管、针筒在采集下一个样品之前，应反复抽排干净的环境空气进行清洗，防止残留污染。

（4）苏玛罐清洗之后应每 20 个罐子抽取 1 个进行空白检查，测定结果低于实验室方法检出限。

（5）每 20 个苏玛罐样品分析一个运输空白样品，测定结果低于实验室方法检出限。

6）注意事项

（1）若采样过程中采样袋无法抽入排气口中的污染气体，说明采样袋漏气，应更换新的采样袋并在漏气的采样袋上贴上损坏标签纸。

（2）在气体转移过程中，打开苏玛罐阀门，若针筒内的气体无法被直接吸入，说明苏玛罐不是真空状态，苏玛罐漏气，更换新的苏玛罐并在漏气的苏玛罐上贴上损坏标签纸。

（3）采样过程中应注意安全防护，防止接触有毒有害物质，防止意外事故的发生。

（4）采样时应与企业沟通确定防爆要求，不满足防爆要求的设备禁止使用。

（5）采样时，应在专用的采样记录表上记录采样信息，做到边采样边记录。

2. 实验室分析

参考《环境空气 挥发性有机物的测定罐采样/气相色谱-质谱法》（HJ 759—2015）及美国 EPA 的 TO-15 方法，采用三级冷阱技术预浓缩富集 VOCs 样品。利用扩展冷阱脱水（extended cold trap dehydration，ECTD）技术去除 VOCs 样品中的水、CO_2 等干扰物质，加热解析后通过气相色谱-火焰离子化检测器/质谱联用技术（GC-FID/MS）进行分析测量。执行严格的质量保证和质量控制（quality assurance/quality control，QA/QC），确保样品分析结果的准确性。

3.3　重点行业 VOCs 排放组分特征

为了深入了解重庆市典型企业的 VOCs 排放组成和特点，本节针对不同的行业进行分析。重庆市 22 家典型企业所属行业、采样位置测得的 VOCs 浓度水平和依据浓度计算得到的排放量等信息如表 3.3-1 所示。

表 3.3-1　重庆典型企业采样信息及 VOCs 浓度和排放量

序号	行业	VOCs 浓度/(mg/m^3)	VOCs 排放量/(t/a)
1	化学原料和化学制品制造业（HX）	6.75	79.02
2	计算机、通信和其他电子设备制造业（DZ）	0.33～2.51	58.66～681.45
3	家具制造业（JJ）	4.62～40.51	8.25～147.44
4	铁路、船舶、航空航天和其他运输设备制造业（YS）	0.85～12.26	3.65～46.99
5	汽车制造业（QC）	0.23～122.74	0.57～651.43
6	石油、煤炭及其他燃料加工业（RR）	1.15	0.83
7	通用设备制造业（TY）	0.41～314.44	0.44～253.53
8	橡胶和塑料制品业（XJ）	7.51～9.24	1.25～303.77
9	印刷和记录媒介复制业（YS）	1.29～250.33	0.78～2294.67

由于所使用的原辅料种类和用量以及制造技术的不同，各行业企业排放浓度差异较大。通用设备制造业、印刷和记录媒介复制业部分企业排放的 VOCs 浓度远高于其他行业，最大浓度范围在 250.33～314.44mg/m^3。汽车制造业排放的 VOCs 浓度相对较高，浓度范围在 0.23～122.74mg/m^3。其余行业企业排放的 VOCs 浓度均低于 100mg/m^3。

3.3.1　汽车制造业（QC）

重庆市汽车制造业典型企业有 5 家，其中 4 家企业排放的 VOCs 均以芳香烃为主，见图 3.3-1，芳香烃占比达到 38.7%～87.8%，这是由于汽车制造业 VOCs 排放多来自喷涂

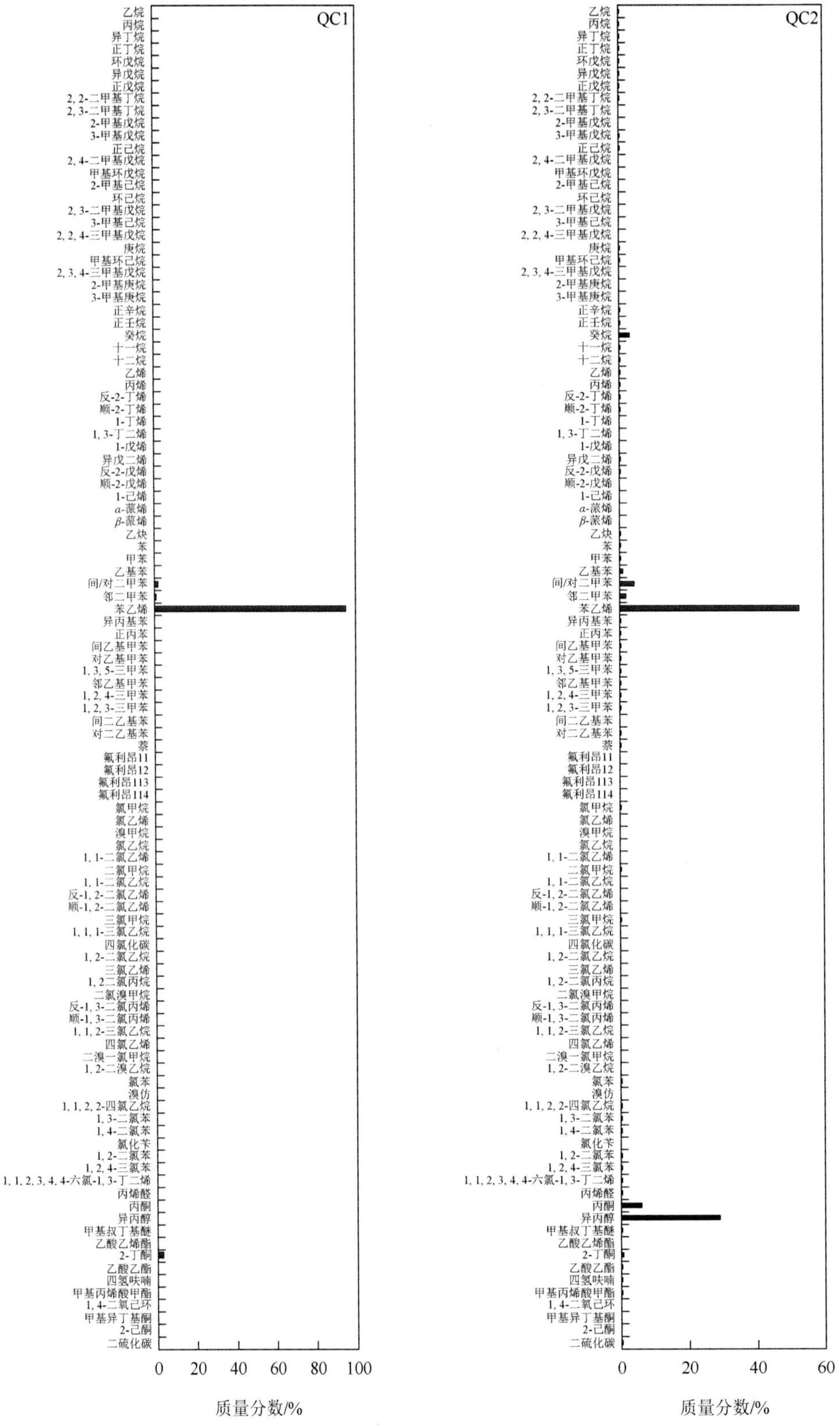
QC1
乙烷
丙烷
异丁烷
正丁烷
环戊烷
异戊烷
正戊烷
2, 2-二甲基丁烷
2, 3-二甲基丁烷
2-甲基戊烷
3-甲基戊烷
正己烷
2, 4-二甲基戊烷
甲基环戊烷
2-甲基己烷
环己烷
2, 3-二甲基戊烷
3-甲基己烷
2, 2, 4-三甲基戊烷
庚烷
甲基环己烷
2, 3, 4-三甲基戊烷
2-甲基庚烷
3-甲基庚烷
正辛烷
正壬烷
癸烷
十一烷
十二烷
乙烯
丙烯
反-2-丁烯
顺-2-丁烯
1-丁烯
1, 3-丁二烯
1-戊烯
异戊二烯
反-2-戊烯
顺-2-戊烯
1-己烯
α-蒎烯
β-蒎烯
乙炔
苯
甲苯
乙基苯
间/对二甲苯
邻二甲苯
苯乙烯
异丙基苯
正丙苯
间乙基甲苯
对乙基甲苯
1, 3, 5-三甲苯
邻乙基甲苯
1, 2, 4-三甲苯
1, 2, 3-三甲苯
间二乙基苯
对二乙基苯
萘
氟利昂11
氟利昂12
氟利昂113
氟利昂114
氯甲烷
氯乙烯
溴甲烷
氯乙烷
1, 1-二氯乙烯
二氯甲烷
1, 1-二氯乙烷
反-1, 2-二氯乙烯
顺-1, 2-二氯乙烯
三氯甲烷
1, 1, 1-三氯乙烷
四氯化碳
1, 2-二氯乙烷
三氯乙烯
1, 2二氯丙烷
二氯溴甲烷
反-1, 3-二氯丙烯
顺-1, 3-二氯丙烯
1, 1, 2-三氯乙烷
四氯乙烯
二溴一氯甲烷
1, 2-二溴乙烷
氯苯
溴仿
1, 1, 2, 2-四氯乙烷
1, 3-二氯苯
1, 4-二氯苯
氯化苄
1, 2-二氯苯
1, 2, 4-三氯苯
1, 1, 2, 3, 4, 4-六氯-1, 3-丁二烯
丙烯醛
丙酮
异丙醇
甲基叔丁基醚
乙酸乙烯酯
2-丁酮
乙酸乙酯
四氢呋喃
甲基丙烯酸甲酯
1, 4-二氧己环
甲基异丁基酮
2-己酮
二硫化碳
0 20 40 60 80 100
质量分数/%
QC2
0 20 40 60
质量分数/%

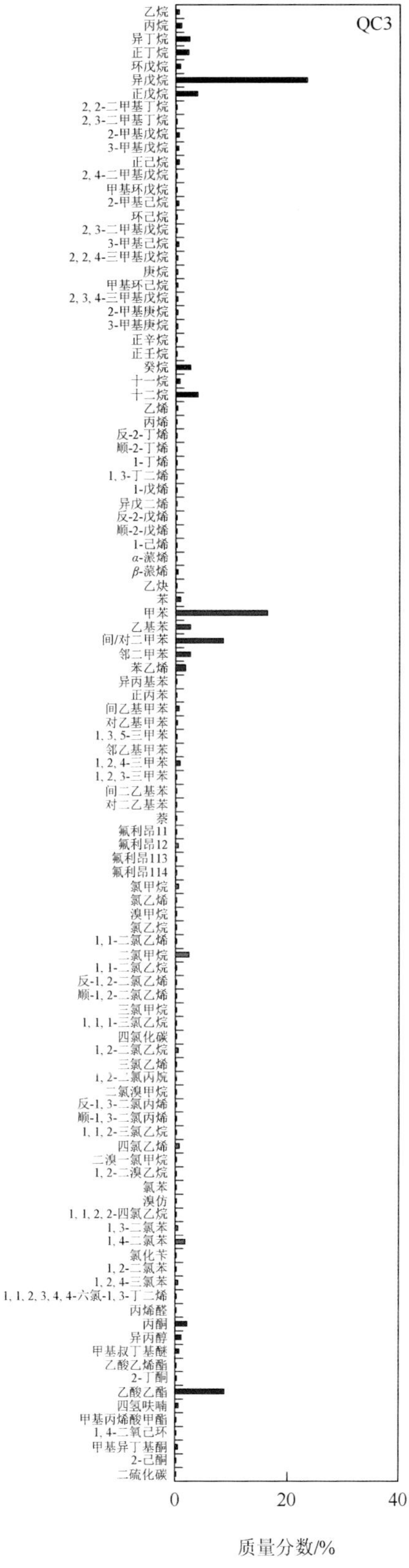
QC3
乙烷
丙烷
异丁烷
正丁烷
环戊烷
异戊烷
正戊烷
2,2-二甲基丁烷
2,3-二甲基丁烷
2-甲基戊烷
3-甲基戊烷
正己烷
2,4-二甲基戊烷
甲基环戊烷
2-甲基己烷
环己烷
2,3-二甲基戊烷
3-甲基己烷
2,2,4-三甲基戊烷
庚烷
甲基环己烷
2,3,4-三甲基戊烷
2-甲基庚烷
3-甲基庚烷
正辛烷
正壬烷
癸烷
十一烷
十二烷
乙烯
丙烯
反-2-丁烯
顺-2-丁烯
1-丁烯
1,3-丁二烯
1-戊烯
异戊二烯
反-2-戊烯
顺-2-戊烯
1-己烯
α-蒎烯
β-蒎烯
乙炔
苯
甲苯
乙基苯
间/对二甲苯
邻二甲苯
苯乙烯
异丙基苯
正丙苯
间乙基甲苯
对乙基甲苯
1,3,5-三甲苯
邻乙基甲苯
1,2,4-三甲苯
1,2,3-三甲苯
间二乙基苯
对二乙基苯
萘
氟利昂11
氟利昂12
氟利昂113
氟利昂114
氯甲烷
氯乙烯
溴甲烷
氯乙烷
1,1-二氯乙烯
二氯甲烷
1,1-二氯乙烷
反-1,2-二氯乙烯
顺-1,2-二氯乙烯
三氯甲烷
1,1,1-三氯乙烷
四氯化碳
1,2-二氯乙烷
三氯乙烯
1,2-二氯丙烷
二氯溴甲烷
反-1,3-二氯丙烯
顺-1,3-二氯丙烯
1,1,2-三氯乙烷
四氯乙烯
二溴一氯甲烷
1,2-二溴乙烷
氯苯
溴仿
1,1,2,2-四氯乙烷
1,3-二氯苯
1,4-二氯苯
氯化苄
1,2-二氯苯
1,2,4-三氯苯
1,1,2,3,4,4-六氯-1,3-丁二烯
丙烯醛
丙酮
异丙醇
甲基叔丁基醚
乙酸乙烯酯
2-丁酮
乙酸乙酯
四氢呋喃
甲基丙烯酸甲酯
1,4-二氧己环
甲基异丁基酮
2-己酮
二硫化碳
0
20
40
质量分数/%

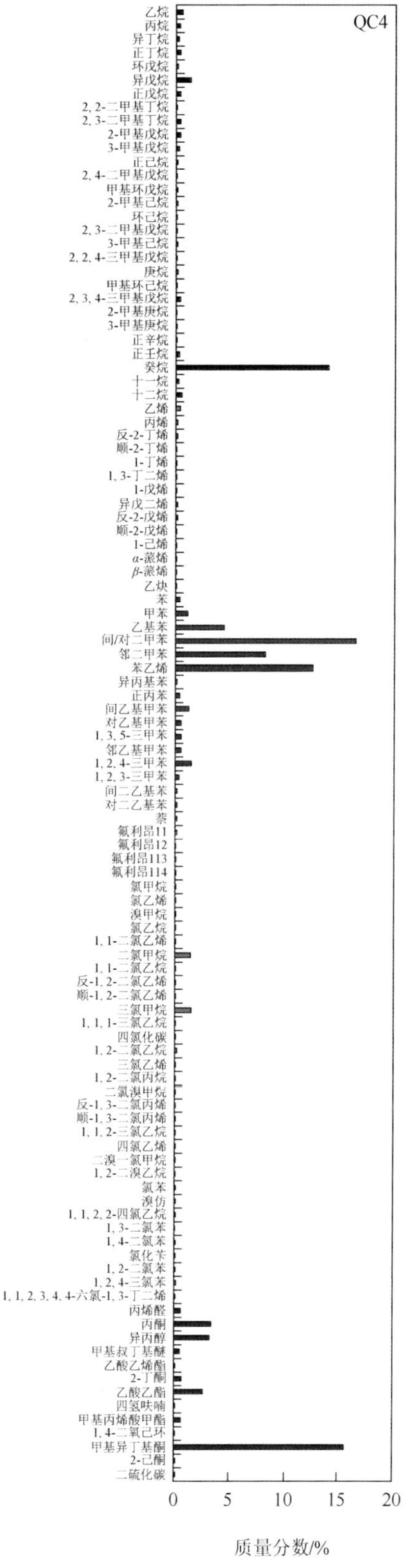
QC4
乙烷
丙烷
异丁烷
正丁烷
环戊烷
异戊烷
正戊烷
2,2-二甲基丁烷
2,3-二甲基丁烷
2-甲基戊烷
3-甲基戊烷
正己烷
2,4-二甲基戊烷
甲基环戊烷
2-甲基己烷
环己烷
2,3-二甲基戊烷
3-甲基己烷
2,2,4-三甲基戊烷
庚烷
甲基环己烷
2,3,4-三甲基戊烷
2-甲基庚烷
3-甲基庚烷
正辛烷
正壬烷
癸烷
十一烷
十二烷
乙烯
丙烯
反-2-丁烯
顺-2-丁烯
1-丁烯
1,3-丁二烯
1-戊烯
异戊二烯
反-2-戊烯
顺-2-戊烯
1-己烯
α-蒎烯
β-蒎烯
乙炔
苯
甲苯
乙基苯
间/对二甲苯
邻二甲苯
苯乙烯
异丙基苯
正丙苯
间乙基甲苯
对乙基甲苯
1,3,5-三甲苯
邻乙基甲苯
1,2,4-三甲苯
1,2,3-三甲苯
间二乙基苯
对二乙基苯
萘
氟利昂11
氟利昂12
氟利昂113
氟利昂114
氯甲烷
氯乙烯
溴甲烷
氯乙烷
1,1-二氯乙烯
二氯甲烷
1,1-二氯乙烷
反-1,2-二氯乙烯
顺-1,2-二氯乙烯
三氯甲烷
1,1,1-三氯乙烷
四氯化碳
1,2-二氯乙烷
三氯乙烯
1,2-二氯丙烷
二氯溴甲烷
反-1,3-二氯丙烯
顺-1,3-二氯丙烯
1,1,2-三氯乙烷
四氯乙烯
二溴一氯甲烷
1,2-二溴乙烷
氯苯
溴仿
1,1,2,2-四氯乙烷
1,3-二氯苯
1,4-二氯苯
氯化苄
1,2-二氯苯
1,2,4-三氯苯
1,1,2,3,4,4-六氯-1,3-丁二烯
丙烯醛
丙酮
异丙醇
甲基叔丁基醚
乙酸乙烯酯
2-丁酮
乙酸乙酯
四氢呋喃
甲基丙烯酸甲酯
1,4-二氧己环
甲基异丁基酮
2-己酮
二硫化碳
0
5
10
15
20
质量分数/%

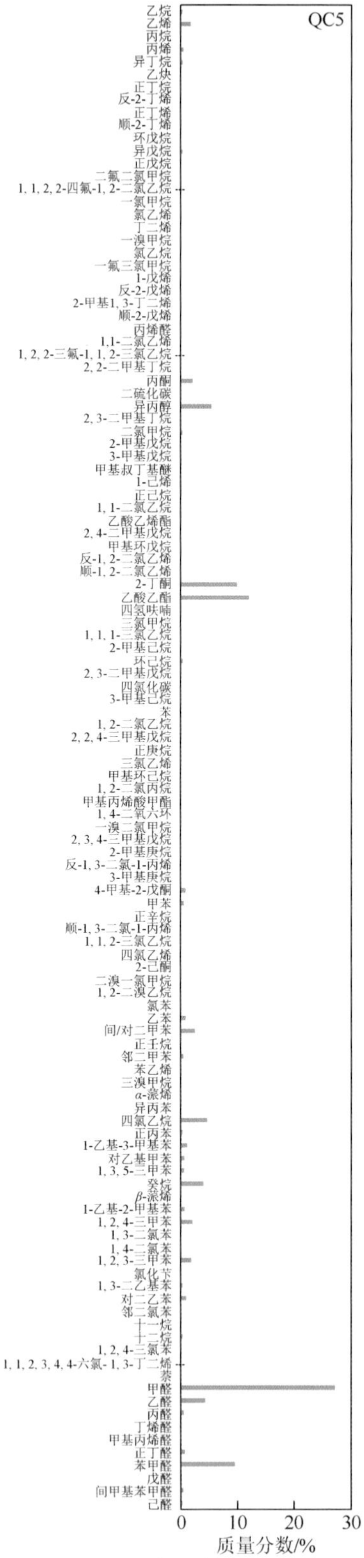

图3.3-1　重庆市汽车制造业VOCs源成分谱

工序，溶剂的大量使用使得芳香烃类组分排放较多；同时，OVOCs 也是重要的排放组分，占比达到 24.3%～73.7%。

由于不同污染源 VOCs、同一排放源不同工艺单元排放 VOCs 的排放强度不同，所以各样品的 VOCs 浓度存在极大的差异。为消除样品间浓度差异对平均值的影响，建立能够反映源排放特征的源成分谱，需要对各样品质量浓度数据进行数学统计和处理，将重庆市各企业 VOCs 组分数据进行归类汇总，以质量分数的形式表示。

汽车制造业企业采集的源样品构建的源成分谱如图 3.3-1 所示，可以看出，4 家汽车制造企业的主要组分中均含有芳香烃类组分，其中苯乙烯均有较高贡献。QC1 排放的 VOCs 最关键组分为苯乙烯（94.7%），还含有少量 2-丁酮（2.1%），其余组分均在 1%以下。QC2 主要排放的 VOCs 组分为苯乙烯（52.7%），其次为异丙醇（28.8%）。QC3 排放的异戊烷（23.4%）、甲苯（16.4%）、间/对二甲苯（8.4%）和乙酸乙酯（8.7%）是主要组分。QC4 排放的 VOCs 优势组分为间/对二甲苯（16.5%）、甲基异丁基酮（15.6%）、癸烷（13.8%）和苯乙烯（12.4%），还含有少量芳香烃和 OVOCs 类组分。QC5 排放的 VOCs 关键组分为甲醛、乙酸乙酯、2-丁酮和苯甲醛，分别占比 27.0%、12.0%、9.9%和 9.5%。

3.3.2　铁路、船舶、航空航天和其他运输设备制造业（YS）

铁路、船舶、航空航天和其他运输设备制造业的 2 家企业排放特征差异较大，见图 3.3-2。YS1 的主要组分是芳香烃和卤代烃，占比分别为 47.4%和 27.2%，还有一定占比的烷烃和 OVOCs；YS2 的主要化学组成是烯烃，占比达 53.2%，其次为 OVOCs(30.0%)，还含部分烷烃和芳香烃。YS1 主要 VOCs 组分与汽车制造业相似，其优势组分为苯乙烯（26.7%），其次为癸烷（11.8%）、间/对二甲苯（6.7%）和丙酮（5.6%），其他 VOCs 组分占比较低。YS2 是以烯烃和 OVOCs 类组分为主，其中乙烯是优势组分，占比为 37.3%，其次为丙酮（16.7%）、丙烯（14.2%）和丙烯醛（8.0%）。

3.3.3　橡胶和塑料制品业（XJ）

从橡胶和塑料制品业来看（图 3.3-3），XJ1 的烷烃和芳香烃是主要组分，贡献率分别为 51.9%和 33.9%，XJ2 则以 OVOCs 为最关键组分，其占比高达 80.7%，XJ3 排放的 VOCs 以卤代烃为主，占比达 86.7%。XJ1 的 VOCs 以异戊烷（22.9%）和正戊烷（14.6%）为主要优势组分，主要来自发泡剂，其他还含有部分甲苯（12.8%）和乙酸乙酯（10.6%）；XJ2 的 VOCs 主要组分为乙酸乙酯，占比达 63.1%，其他还有少量二氯甲烷、异丙醇、2-丁酮和丙酮，其他组分含量很低；XJ3 的四氯乙烯为主要排放组分，占比为 84.5%。

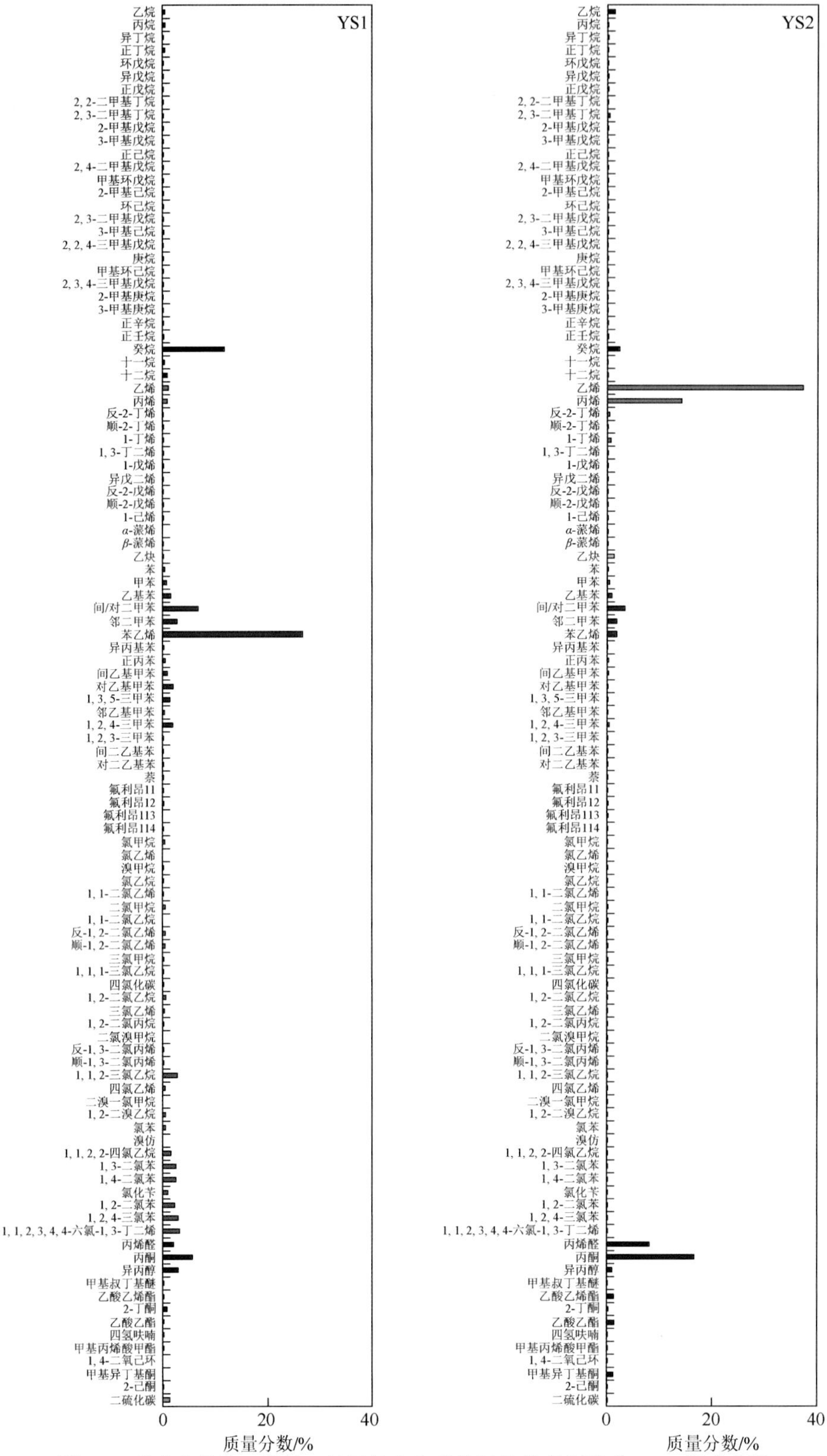

图3.3-2 重庆市铁路、船舶、航天航空和其他运输设备制造业VOCs源成分谱

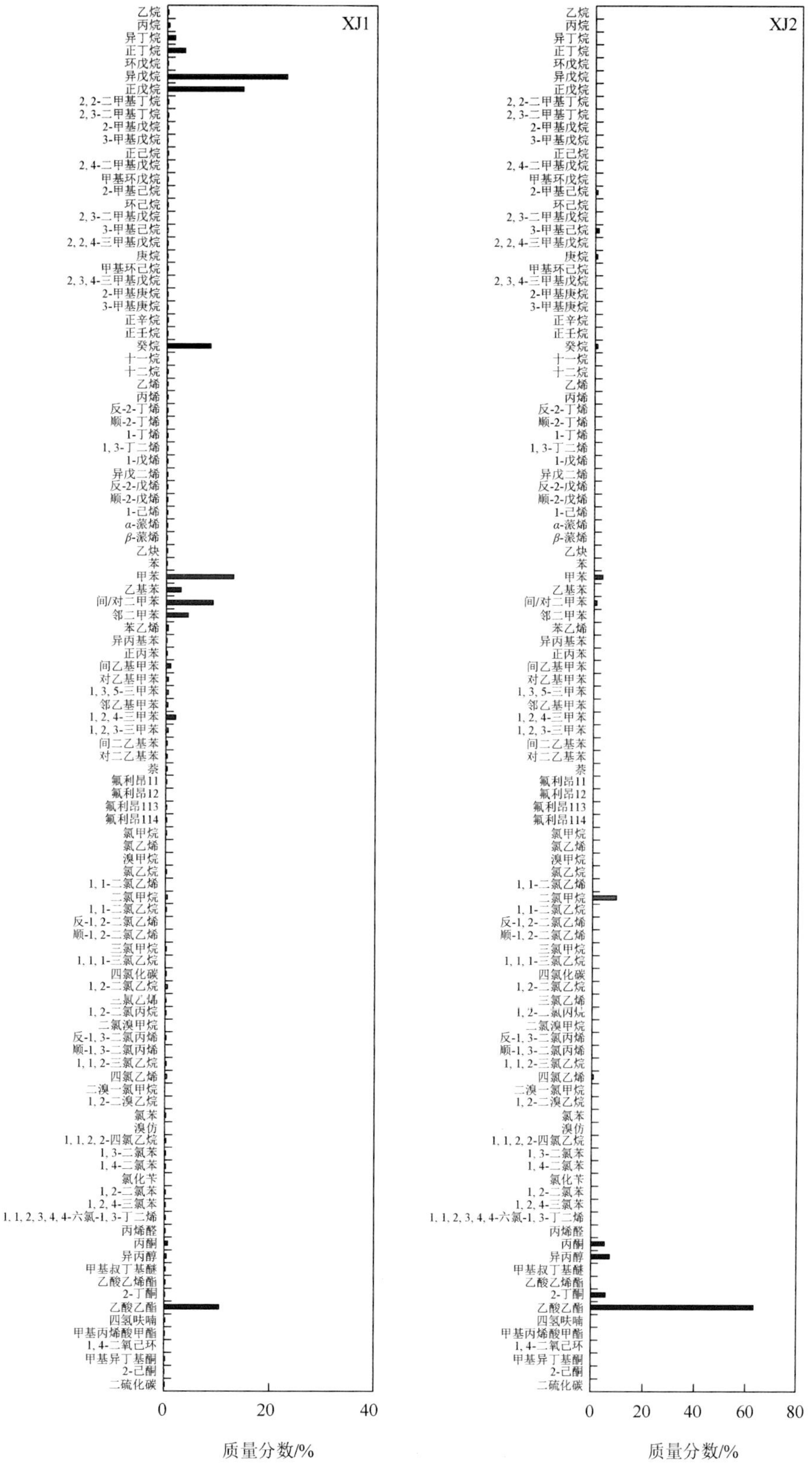
XJ1
XJ2
乙烷
丙烷
异丁烷
正丁烷
环戊烷
异戊烷
正戊烷
2, 2-二甲基丁烷
2, 3-二甲基丁烷
2-甲基戊烷
3-甲基戊烷
正己烷
2, 4-二甲基戊烷
甲基环戊烷
2-甲基己烷
环己烷
2, 3-二甲基戊烷
3-甲基己烷
2, 2, 4-三甲基戊烷
庚烷
甲基环己烷
2, 3, 4-三甲基戊烷
2-甲基庚烷
3-甲基庚烷
正辛烷
正壬烷
癸烷
十一烷
十二烷
乙烯
丙烯
反-2-丁烯
顺-2-丁烯
1-丁烯
1, 3-丁二烯
1-戊烯
异戊二烯
反-2-戊烯
顺-2-戊烯
1-己烯
α-蒎烯
β-蒎烯
乙炔
苯
甲苯
乙基苯
间/对二甲苯
邻二甲苯
苯乙烯
异丙基苯
正丙苯
间乙基甲苯
对乙基甲苯
1, 3, 5-三甲苯
邻乙基甲苯
1, 2, 4-三甲苯
1, 2, 3-三甲苯
间二乙基苯
对二乙基苯
萘
氟利昂11
氟利昂12
氟利昂113
氟利昂114
氯甲烷
氯乙烯
溴甲烷
氯乙烷
1, 1-二氯乙烯
二氯甲烷
1, 1-二氯乙烷
反-1, 2-二氯乙烯
顺-1, 2-二氯乙烯
三氯甲烷
1, 1, 1-三氯乙烷
四氯化碳
1, 2-二氯乙烷
三氯乙烯
1, 2-二氯丙烷
二氯溴甲烷
反-1, 3-二氯丙烯
顺-1, 3-二氯丙烯
1, 1, 2-三氯乙烷
四氯乙烯
二溴一氯甲烷
1, 2-二溴乙烷
氯苯
溴仿
1, 1, 2, 2-四氯乙烷
1, 3-二氯苯
1, 4-二氯苯
氯化苄
1, 2-二氯苯
1, 2, 4-三氯苯
1, 1, 2, 3, 4, 4-六氯-1, 3-丁二烯
丙烯醛
丙酮
异丙醇
甲基叔丁基醚
乙酸乙烯酯
2-丁酮
乙酸乙酯
四氢呋喃
甲基丙烯酸甲酯
1, 4-二氧己环
甲基异丁基酮
2-己酮
二硫化碳
0 20 40
0 20 40 60 80
质量分数/%

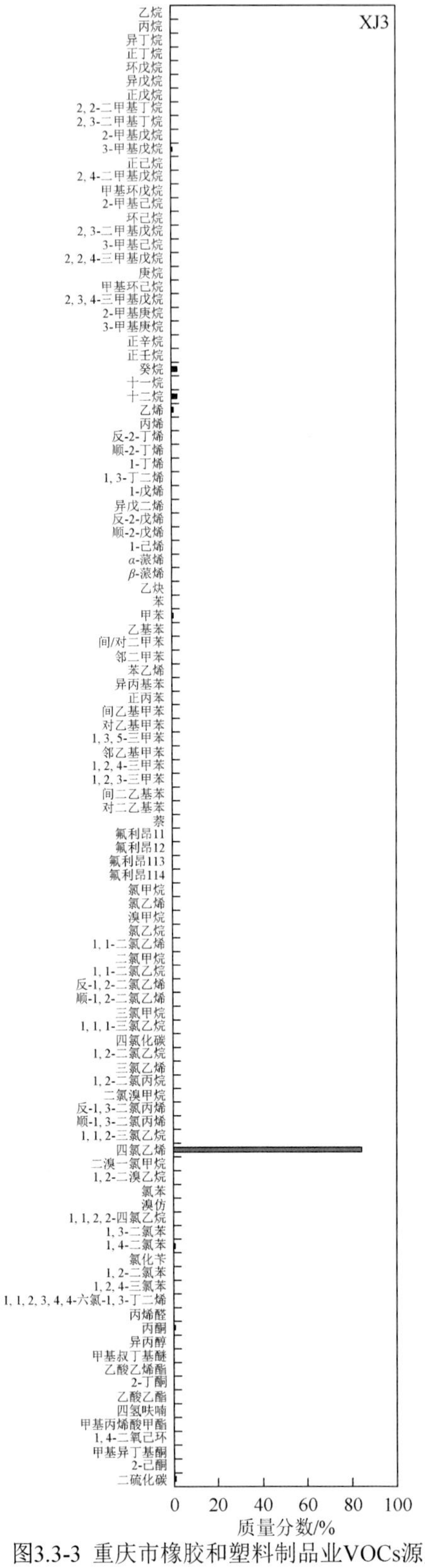

图3.3-3 重庆市橡胶和塑料制品业VOCs源成分谱

3.3.4　化学原料和化学制品制造业（HX）

HX1 的 VOCs 组成以 OVOCs 为主（图 3.3-4），占比达 61.2%，其次为卤代烃（24.4%）。VOCs 组分中乙酸乙酯（28.0%）、异丙醇（18.5%）和三氯甲烷（17.7%）是优势组分，其次为丙酮、2-丁酮和四氯乙烯，还含少量低碳烷烃。

3.3.5　石油、煤炭及其他燃料加工业（RL）

图 3.3-5 可知，RL1 的烷烃占比最高，为 44.3%，还有部分卤代烃（26.6%）、OVOCs（16.5%）和芳香烃（12.1%）。VOCs 组分主要为癸烷，占比达 42.2%，其次为二氯甲烷（23.2%）、乙酸乙酯（13.2%）和甲苯（10.3%），其他组分含量均较低。

3.3.6　通用设备制造业（TY）

通用设备制造业共有 4 家企业开展采样分析，见图 3.3-6：4 家企业的 VOCs 均以芳香烃排放为主，占比可达 39.8%～62.0%，其次是卤代烃、OVOCs 和烷烃；从 VOCs 组分来看，TY1 的间/对二甲苯（21.4%）和二氯甲烷（12.4%）排放占比较大，另外还有甲苯、乙苯等部分芳香烃、丙酮和乙酸乙酯等 OVOCs 以及癸烷和十一烷等烷烃也有所排放。TY2 排放 VOCs 中以间/对二甲苯、邻二甲苯、三甲苯等芳香烃为主；TY3 排放 VOCs 以间/对二甲苯、邻二甲苯、乙苯、丙酮、1, 2, 4-三甲苯等芳香烃为主，前十浓度污染物浓度占比该废气总浓度的 80.7%；TY4 排口主要污染物为间/对二甲苯，其次乙烯和 1, 2, 4-三甲苯均有较大占比。

3.3.7　计算机、通信和其他电子设备制造业（DZ）

计算机、通信和其他电子设备制造业采样分析了 2 家企业，见图 3.3-7。

DZ1 排放的主要组分是 OVOCs 和芳香烃，占比分别为 30.7%和 28.9%，其次为烯烃（19.3%），还含少量烷烃、卤代烃和炔烃，其中炔烃占比为 4.1%，为各企业最高。VOCs 组分主要为乙酸乙酯和乙烯，占比分别为 24.1%和 17.1%，其次为间/对二甲苯（9.9%）、四氯乙烯（7.6%）和甲苯（6.3%），还含少量癸烷、乙炔以及乙苯、邻二甲苯等芳香烃类组分。

DZ2 排放的 VOCs 以烷烃（66.2%）为主，其次是芳香烃、OVOCs 和卤代烃，占比依次是 13.7%、12.6%和 7.0%；VOCs 组分中，正己烷（16.5%）、2-甲基戊烷（16.4%）和 3-甲基戊烷（13.9%）排放占比较高，此外，丙酮、甲基环戊烷、二氯甲烷、1, 2, 4-三甲苯和 2, 3-二甲基丁烷等组分排放占比也在 3%以上。

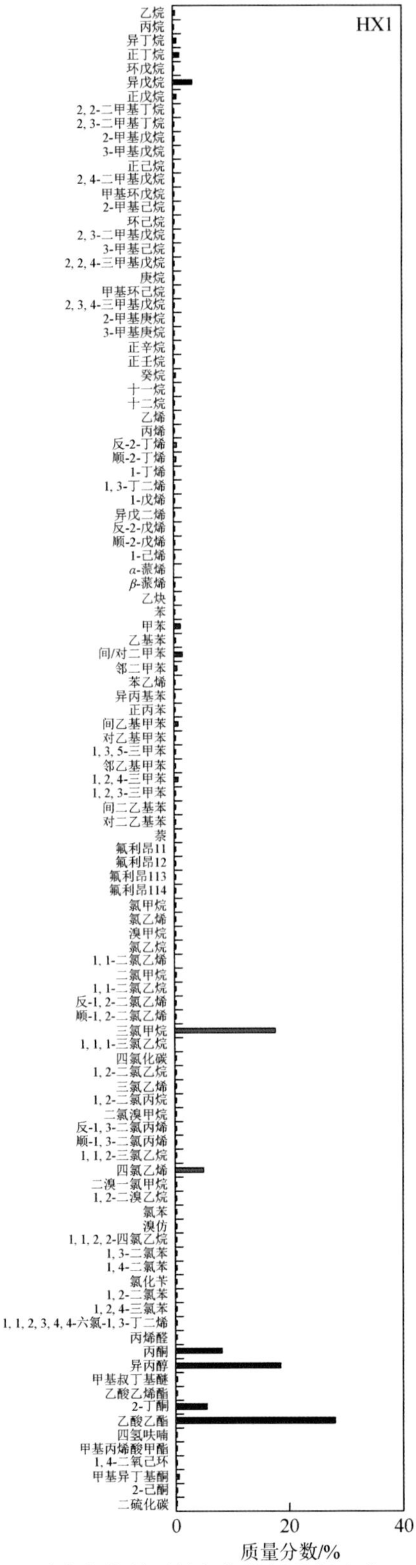

图3.3-4　重庆市化学原料和化学制品制造业VOCs源成分谱

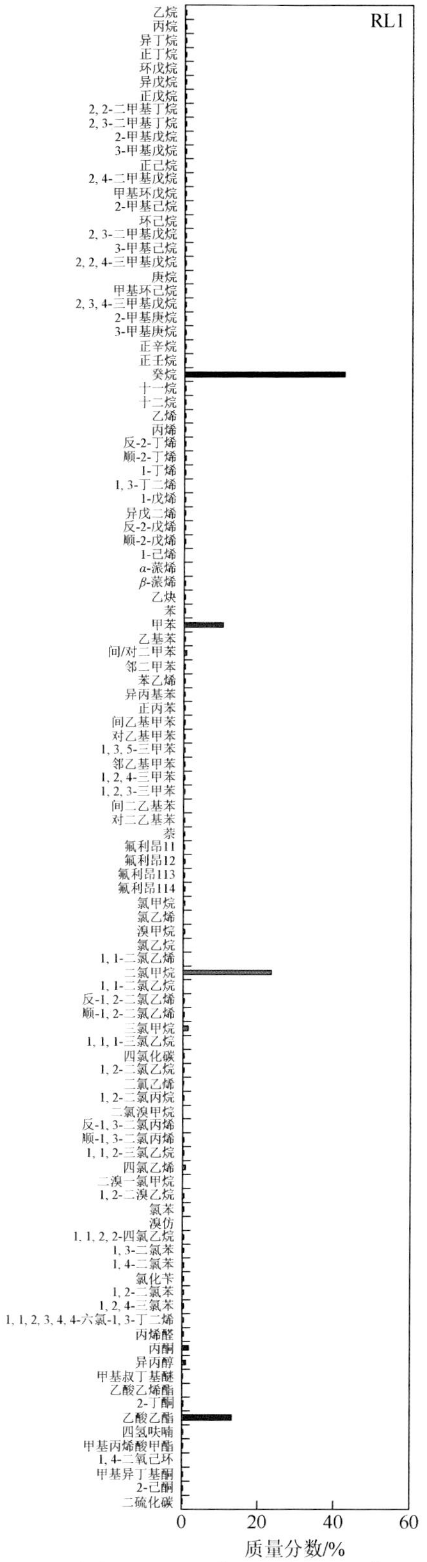

图3.3-5 重庆市石油、煤炭及其他燃料加工业VOCs源成分谱

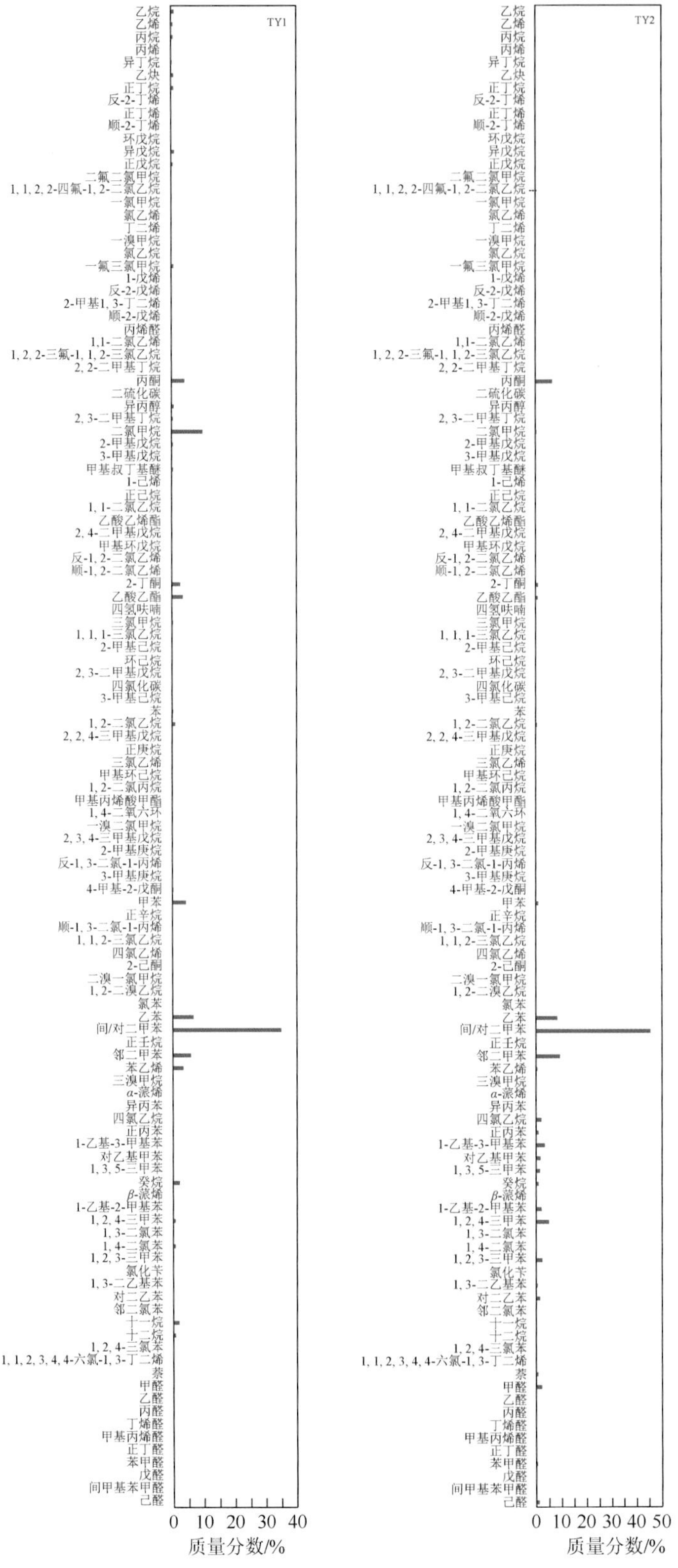
乙烷
乙烯
丙烷
丙烯
异丁烷
乙炔
正丁烷
反-2-丁烯
正丁烯
顺-2-丁烯
环戊烷
异戊烷
正戊烷
二氟二氯甲烷
1, 1, 2, 2-四氟-1, 2-二氯乙烷
一氯甲烷
氯乙烯
丁二烯
一溴甲烷
氯乙烷
一氟三氯甲烷
1-戊烯
反-2-戊烯
2-甲基1, 3-丁二烯
顺-2-戊烯
丙烯醛
1,1-二氯乙烯
1, 2, 2-三氟-1, 1, 2-三氯乙烷
2, 2-二甲基丁烷
丙酮
二硫化碳
异丙醇
2, 3-二甲基丁烷
二氯甲烷
2-甲基戊烷
3-甲基戊烷
甲基叔丁基醚
1-己烯
正己烷
1, 1-二氯乙烷
乙酸乙烯酯
2, 4-二甲基戊烷
甲基环戊烷
反-1, 2-二氯乙烯
顺-1, 2-二氯乙烯
2-丁酮
乙酸乙酯
四氢呋喃
三氯甲烷
1, 1, 1-三氯乙烷
2-甲基己烷
环己烷
2, 3-二甲基戊烷
四氯化碳
3-甲基己烷
苯
1, 2-二氯乙烷
2, 2, 4-三甲基戊烷
正庚烷
三氯乙烯
甲基环己烷
1, 2-二氯丙烷
甲基丙烯酸甲酯
1, 4-二氧六环
一溴二氯甲烷
2, 3, 4-三甲基戊烷
2-甲基庚烷
反-1, 3-二氯-1-丙烯
3-甲基庚烷
4-甲基-2-戊酮
甲苯
正辛烷
顺-1, 3-二氯-1-丙烯
1, 1, 2-三氯乙烷
四氯乙烯
2-己酮
二溴一氯甲烷
1, 2-二溴乙烷
氯苯
乙苯
间/对二甲苯
正壬烷
邻二甲苯
苯乙烯
三溴甲烷
α-蒎烯
异丙苯
四氯乙烷
正丙苯
1-乙基-3-甲基苯
对乙基甲苯
1, 3, 5-三甲苯
癸烷
β-蒎烯
1-乙基-2-甲基苯
1, 2, 4-三甲苯
1, 3-二氯苯
1, 4-二氯苯
1, 2, 3-三甲苯
氯化苄
1, 3-二乙基苯
对二乙苯
邻二氯苯
十一烷
十二烷
1, 2, 4-三氯苯
1, 1, 2, 3, 4, 4-六氯-1, 3-丁二烯
萘
甲醛
乙醛
丙醛
丁烯醛
甲基丙烯醛
正丁醛
苯甲醛
戊醛
间甲基苯甲醛
己醛
TY1
0 10 20 30 40
质量分数/%
TY2
0 10 20 30 40 50
质量分数/%

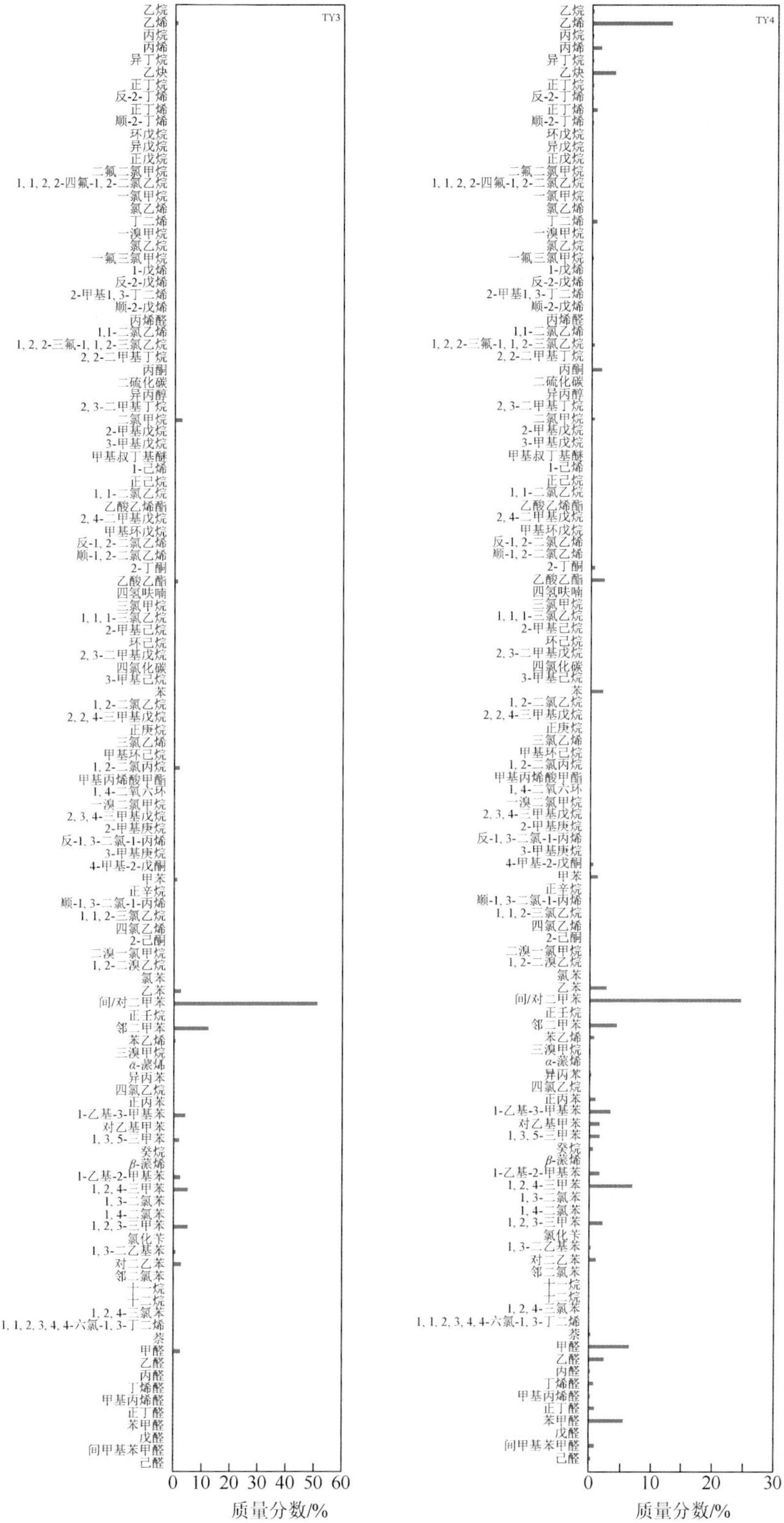

图3.3-6　重庆市通用设备制造业VOCs源成分谱

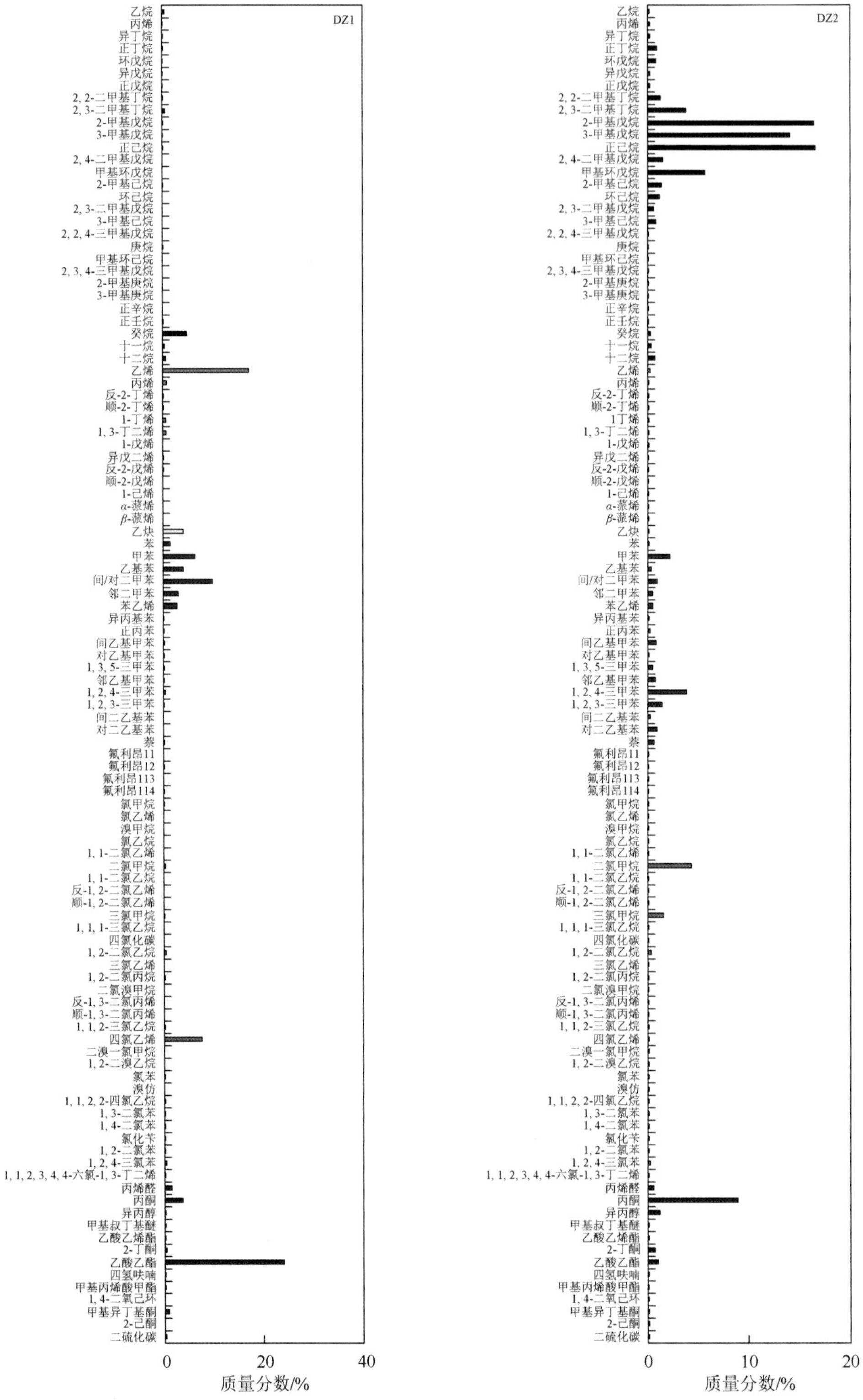

图3.3-7　重庆市计算机、通信和其他电子设备制造业VOCs源成分谱

3.3.8　家具制造业（JJ）

家具制造业共对 3 家企业（JJ1、JJ2 和 JJ3）开展采样分析，见图 3.3-8。其中 JJ1 开展总排口的采样分析，JJ2 开展喷涂废气排口和喷漆间无组织废气 2 个样品的采集分析，JJ3 开展沸石转轮 + RTO 排口和晾干处无组织废气 2 个样品的采集分析。

JJ1 排放的 VOCs 以烷烃（33.0%）和 OVOCs（29.3%）为主，其次是芳香烃和卤代烃，占比分别为 17.9%和 15.8%；VOCs 组分中，乙酸乙酯（21.0%）、正丁烷（9.2%）、2, 3-二甲基丁烷（6.3）和丙酮（5.1%）排放占比较高，此外，乙烷、丙烷和间/对二甲苯等组分排放占比也在 2%以上。

本次研究对 JJ2 喷涂废气 DA017 排口、喷漆间外无组织废气进行采样分析：喷涂车间废气经过活性炭吸附 + CO 装置处理，可以看出间/对二甲苯和正丁烷浓度较高，分别为 6535.59μg/m^3 和 6090μg/m^3，占总浓度的 19.4%、18.3%，除甲苯外，其余组分浓度均高于 1000μg/m^3，浓度前三污染物合计浓度占总浓度的 50%；喷涂房外无组织废气中丙酮浓度最高，为 2530.22μg/m^3，占总浓度的 59.4%，超过 300μg/m^3 的组分有正丁烷和间/对二甲苯，浓度分别为 388.50μg/m^3 和 337.13μg/m^3，浓度前三污染物合计浓度占废气总浓度的 76%。对 JJ2 喷涂废气的化学组成进行分析，可以看出，烷烃与芳香烃占比相近，烷烃组分占比 42%，芳香烃占比 38%，此外 OVOCs 占比 16%（图 3.3-9）。

对 JJ3 沸石转轮 + RTO 排口进行采样分析，浓度最高的污染物为间/对二甲苯，浓度为 2127.51μg/m^3，占该废气总浓度的 28.9%，其后依次是甲苯、乙酸乙酯等，甲苯浓度为 1416.21μg/m^3，占废气总浓度的 18.7%，乙酸乙酯浓度为 1070.33μg/m^3，占废气总浓度的 14.5%；对 JJ3 敞开晾干处采样，可以看出间/对二甲苯浓度依然最高，为 5971.82μg/m^3，浓度超过 1000μg/m^3 的污染物共有 4 种，除间/对二甲苯外，另有邻二甲苯、乙酸乙酯、乙苯，浓度前十污染物合计浓度占废气总浓度的 94.4%。综合来看，晾干处无组织废气组成与喷漆排口废气相似，芳香烃占比最高（均>70.0%），其次是 OVOCs，之后是卤代烃等。

3.3.9　印刷和记录媒介复制业（YS）

印刷和记录复制业共对 2 家企业（YS1 和 YS2）开展采样分析。其中对 YS1 企业 3 个排口和 1 个车间无组织进行采样分析。对 YS2 企业 1 个排口和 1 个车间无组织进行采样分析。

YS1 的 DA001 排口整体 VOCs 浓度偏低，浓度最高的污染物为间/对二甲苯，为 675.10μg/m^3，其次为苯甲醛和乙酸乙酯浓度，分别为 578.60μg/m^3 和 432μg/m^3，其中间/对二甲苯浓度占该废气 VOCs 总浓度的 23.7%，苯甲醛占 20.3%，乙酸乙酯占 15.1%；DA003 排口在经过活性炭吸附装置处理后，整体污染物浓度偏低，其中苯甲醛（542.50μg/m^3）与乙酸乙酯（327.81μg/m^3）的浓度占比总废气浓度的 67.4%，丙酮、2-丁酮等也均有少量占比；印刷工段经活性炭吸附 + CO 装置处理后，DA004 排口的污染物浓度整体较高，乙酸乙酯（140.94mg/m^3）为浓度最高的有机污染物，其次为异丙醇，两者浓度共占总浓度的 90.2%；印刷车间无组织废气中乙酸乙酯（51.19mg/m^3）浓度最高，占总浓度的 64.4%，其次为异丙醇，占比 25.9%。

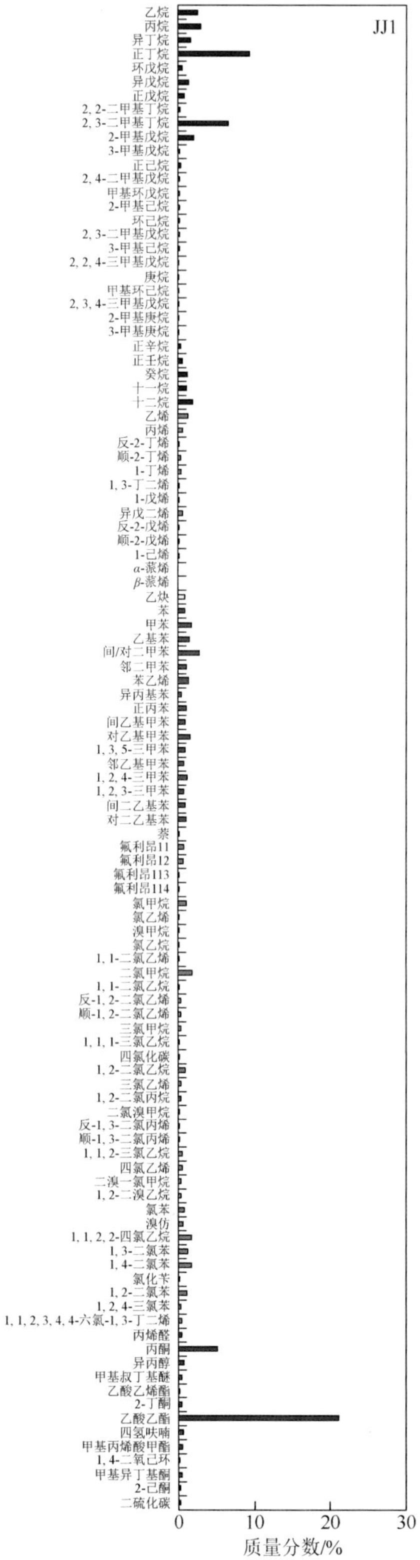

图3.3-8 重庆家具制造业VOCs源成分谱

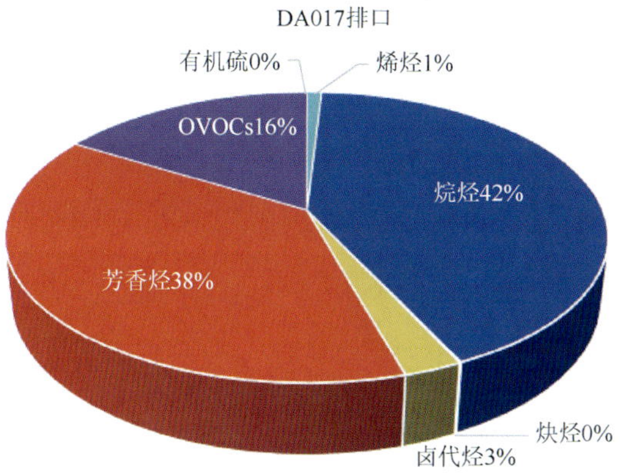

图 3.3-9　JJ2 企业喷涂废气化学组成分析

图中数据有四舍五入

图 3.3-10 是将 YS1 各工段、各排口废气组分占比进行对比，可以从图中看出，OVOCs 是企业的主要排放物，采用活性炭吸附的 DA003 排口废气中，存在一定占比的芳香烃。

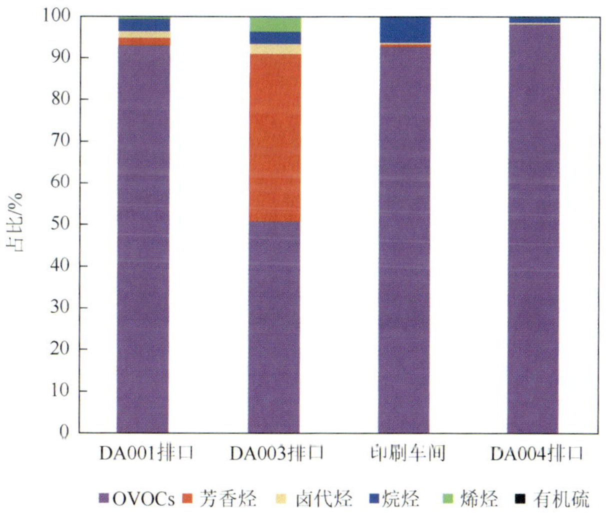

图 3.3-10　YS1 企业各工段废气组分占比对比图

YS2 印刷车间排口和印刷车间无组织开展采样分析，印刷排口异丙醇浓度最高，为 1215.79μg/m^3，占废气总浓度的 30.76%，浓度排名第二、第三的污染物分别为甲基环己烷和二氯甲烷，浓度分别为 474.64μg/m^3、379.33μg/m^3，浓度前三污染物的合计浓度占总浓度的 52.3%；无组织废气整体浓度偏低，甲基环己烷浓度最高，为 474.73μg/m^3，占废气总浓度的 18.8%，异丙醇（358μg/m^3）和二氯甲烷（338.31μg/m^3）浓度其次，浓度前三污染物的合计浓度占该废气总浓度的 46.3%。

印刷排口废气和车间无组织废气组成相似，主要以烷烃、OVOCs、卤代烃组成（图 3.3-11）。

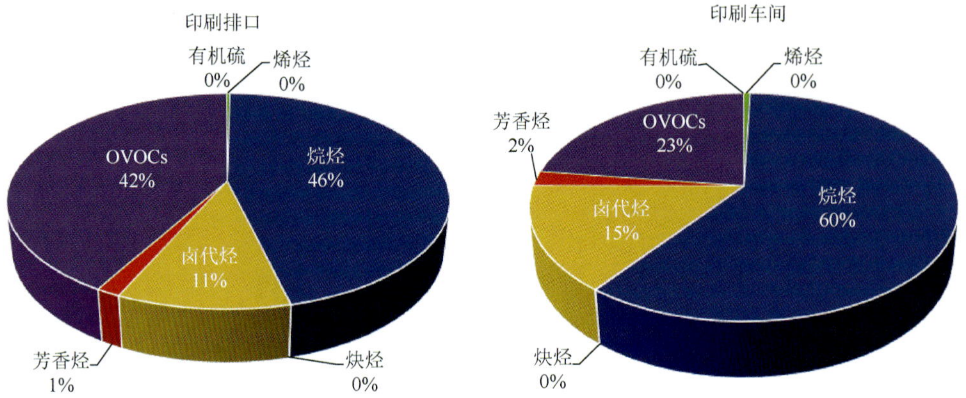

图 3.3-11　YS2 印刷排口和印刷车间废气化学组成

图中数据有四舍五入

3.4　VOCs 源谱库建立

3.4.1　谱库建立方法

国内外学者已对污染源排放的 VOCs 开展了一系列研究，为建立 VOCs 源谱数据库提供了重要基础数据。通过文献调研，选取比较有影响力的源谱数据文献，结合本章研究 VOCs 重点排放源数据，更新完善 9 个行业的源谱数据，构建重庆市 VOCs 源成分谱库。其中，天然源 VOCs 有 24 条植被排放 VOCs 源谱；人为源则共计 378 条，分别有 22 条化石燃料燃烧源（SC）、84 条道路移动源（OM）、13 条非道路移动源（NM）、73 条工艺过程源（IP）、122 条溶剂使用源（SU）、13 条油气储运源（FST）、21 条生物质燃烧源（BB）、27 条餐饮油烟源（CK）和 3 条固废处理源（SWT）。对应源谱数量分布见表 3.4-1 所示。

表 3.4-1　源谱数量分布

	源类	名称代号	源谱数量/条
天然源	天然源 VOCs	NS	24
人为源	化石燃料燃烧源	SC	22
	道路移动源	OM	84
	非道路移动源	NM	13
	工艺过程源	IP	73
	溶剂使用源	SU	122
	油气储运源	FST	13
	生物质燃烧源	BB	21
	餐饮油烟源	CK	27
	固废处理源	SWT	3
	合计	AVOCs	402

3.4.2 源谱更新属性表

本书源谱库更新基本信息如表 3.4-2 所示。

表 3.4-2 本研究源谱库更新基本信息

序号	污染源类型	源谱编号	年份	实验方法	污染物类别及种数
1	生物源	BV023_001	2010	遥感	异戊二烯、单萜、其他 VOCs
2	燃料加工	IP-004-001-06	2020	TH300B-GC-FID/MS	57PAMS
3	电子设备制造	IP-008-001-01	2020	TH300B-GC-FID/MS	57PAMS
4		SU-002-001-11	2020	TH300B-GC-FID/MS	57PAMS
5	家具制造	SU-005-001-15	2020	TH300B-GC-FID/MS	57PAMS
6	通用设备制造	SU-006-0010	2020	TH300B-GC-FID/MS	57PAMS
7		SU-006-001-11	2020	TH300B-GC-FID/MS	57PAMS
8		SU-006-001-12	2020	TH300B-GC-FID/MS	57PAMS
9	汽车制造	SU-008-001-24	2020	TH300B-GC-FID/MS	57PAMS
10		SU-008-001-25	2020	TH300B-GC-FID/MS	57PAMS
11		SU-008-001-26	2020	TH300B-GC-FID/MS	57PAMS
12	橡胶和塑料制造	SU-010-001-06	2020	TH300B-GC-FID/MS	57PAMS
13		SU-010-001-07	2020	TH300B-GC-FID/MS	57PAMS
14		SU-010-001-08	2020	TH300B-GC-FID/MS	57PAMS
15		IP-001-013-01	2020	TH300B-GC-FID/MS	57PAMS
16	化学原料和化学制品制造	SU-018-001-01	2020	TH300B-GC-FID/MS	57PAMS

注：TH300B 表示设备型号；GC 表示气相色谱法；FID 表示火焰离子化检测器；MS 表示质谱仪；57PAMS 表示 57 种 VOCs 物质。

第 4 章　重庆市臭氧及其前体物监测

4.1　监测点位布设

4.1.1　点位布设原则

科学地选择采样点位和采样时间，是保证监测数据真实反映采样区域大气环境空气质量并达到研究目标的重要前提。环境监测点位布设原则有以下几点。①代表性：能客观反映一定空间范围内的环境空气质量水平和变化规律；②可比性：各监测点之间具有可比性；③整体性：布局上反映城市主要功能区；④前瞻性：能兼顾未来城市空间格局变化趋势；⑤稳定性：监测点位置一经确定，原则上不应变更，以保障监测资料的连续性和可比性。

点位的布设主要依据国家制定的环境空气质量监测点位布设标准《环境空气质量监测点位布设技术规范（试行）》（HJ 664—2013）、借鉴了美国 EPA 制定的光化学评估监测站（photochemical assessment monitoring stations，PAMS）推荐的监测点分布原则，同时满足环境保护部印发的《2018 年重点地区环境空气挥发性有机物监测方案》（环办监测函〔2017〕2024 号）布点要求，主要点位应包括城市上风向（或城市背景点）、城市人口密集区、城市高浓度 O_3 和挥发性有机物高排放区域 4 类监测点位。

结合重庆市实际情况，为达到保证监测数据能够反映测定区域真实情况的研究目标，采样点的布设遵循以下原则：

（1）依托大气环境质量常规监测站。

（2）尽量覆盖主要的功能区。

（3）根据重庆市主导风向和地形条件，选择有代表性的站点以评估高污染时段传输过程的影响。

4.1.2　空气质量监测网络

重庆市中心城区总计 17 个大气环境质量常规监测国控站，包括上清寺、新山村、唐家沱、虎溪、龙井湾、白市驿、歇台子、南坪、茶园、天生、蔡家、缙云山、两路、空港、鱼新街、龙洲湾和礼嘉。观测点位选取主要依托以上 17 个点位展开。

4.1.3　离线监测点位

根据 2015 年夏秋季臭氧大型观测项目结果可知，重庆市主城区 VOCs 空间分布特征为“中心城区高，周边低”，臭氧空间分布特征为“北部区域较南部区域高”。此外，从全市尺度来看，渝西片区臭氧浓度较高，夏季高空主导风向主要为偏东偏北气流，且臭氧出现高浓度时段的中高层主导风向为西风和西南风，因此点位布设一方面需要考虑东北-西南方向的高空传输，同时还需要考虑由渝西片区向主城区高空输送的情况。

根据重庆市臭氧和 VOCs 高值区分布，结合已有国控监测点位，并兼顾重庆地形地貌，在东西走向设置白市驿、唐家沱、虎溪和歇台子等站点，在南北走向设置天生、龙洲湾、鱼新街等站点开展长期离线观测，同时在清洁对照点缙云山开展同步观测。其中，唐家沱、虎溪和歇台子站周边主要是居民区，人口密度大，具有明显的城市站点特征。唐家沱和虎溪均处于臭氧高值区，唐家沱站位于城区东北方向的工业园区，可用于评估园区对主城区的影响；虎溪站位于主城区同渝西片区的边界点，可用于探讨渝西片区对主城区的传输影响和路径；歇台子站位于核心区，交通源排放明显，且四周居民区和餐饮区集中，民用源排放明显，且臭氧浓度峰值较高，可用于研究典型城市站的臭氧生成机制。白市驿站位于主城区西南部，为主导风下风向郊区，同时近年臭氧最大值浓度增加较快且臭氧浓度较高，观测点周边离公路较近，车流量较大，人口密度较低，存在工业影响，植被覆盖率较高，属于典型的郊区站点。龙井湾位于沙坪坝区歌乐山镇，为重庆市典型的城乡接合部，龙井湾站近年来臭氧污染较为严重，可用于探讨郊区臭氧污染与前体物关系状况。天生站位于主城区北部，龙洲湾和鱼新街站位于中心城区南部，即位于高空主导风向的上风向和下风向，同时龙洲湾站臭氧浓度常年处于较高水平，以上点位可用于探讨南北方向区域的传输情况。

4.2　VOCs 离线监测

4.2.1　现场采样

2018 年、2019 年和 2020 年 7～9 月重庆市离线监测点位与时间如表 4.2-1 所示。

表 4.2-1　2018 年、2019 年和 2020 年 7～9 月重庆市离线监测点位与时间

年份	站点	时间
2018	白市驿	7 月 4 日～9 月 29 日（每 6 天采集一天）
	虎溪	7 月 4 日～9 月 29 日（每 6 天采集一天）
	唐家沱	7 月 4 日～9 月 29 日（每 6 天采集一天）
	歇台子	7 月 4 日～9 月 29 日（每 6 天采集一天）
2019	西南大学	7 月 3 日～8 月 29 日（每 6 天采集一天）
	虎溪	7 月 3 日～8 月 29 日（每 6 天采集一天）
	缙云山	7 月 3 日～9 月 1 日（每 3 天采集一天）
	龙洲湾	7 月 3 日～8 月 29 日（每 6 天采集一天）
	唐家沱	7 月 3 日～8 月 29 日（每 6 天采集一天）

续表

年份	站点	时间
2020	缙云山	7月2日～8月27日（每3天采集一天）
	龙井湾	7月2日～8月24日（每6天采集一天）
	龙洲湾	7月2日～8月27日（每3天采集一天）
	歇台子	7月2日～8月24日（每6天采集一天）
	鱼新街	7月2日～8月24日（每6天采集一天）

注：离线监测时间为每日 9:00～10:00 和 15:00～16:00，进行 1 小时累计采样。

离线 VOCs 样品采样方法参照《环境空气 挥发性有机物的测定罐采样/气相色谱-质谱法》（HJ 759—2015）标准。该方法原理是：用内壁惰性化处理的不锈钢罐采集环境空气样品，采集方式属于无动力采样，利用罐内的高度真空环境将空气捕集到不锈钢罐内。

所用的不锈钢罐由美国 Entech 公司生产，体积为 3.2L，最大承受压力为 50psi（磅力每平方英寸，1psi = 6.89476×10^3Pa）。采样罐内壁经电抛光和硅烷化处理（“SUMMA 处理技术”），以减少容器内壁表面活性区，保证罐中样品的稳定性和回收率，高活性的非甲烷总烃（NMHC）在罐内的衰减很低。

采样方式：累积采样。采样步骤：在采样开始时间取下密封帽，拧开苏玛罐阀门，开始恒流采样。采样开始后 10min 内，采样人员应密切观察真空表示数，防止出现漏气、采样管路堵塞等情况。到达采样结束时间后，将苏玛罐阀门朝顺时针方向拧紧（切勿用力拧死，以免损坏阀门导致漏气），然后拆下限流阀，苏玛罐拧上密封帽（切勿拧死，以免损坏罐口），限流阀也用密封帽密封。采样结束后在采样记录卡上进行记录，记录内容包括但不限于：样品、罐编号、采样时间、采样地点、温度、湿度、大气压、采样人和天气。

4.2.2　样品的运输保存

1. 样品运输

为了避免运输过程中造成样品污染以及丢失等，对运输过程做了严格的要求，主要包括以下几点。

（1）环境空气样品采集完成后，应将采样罐置于实验室定制的高密度海绵运输包中进行运输保存，避免运输途中出现的震动和碰撞。

（2）在将采样罐放入运输包前应检查采样罐阀门是否拧紧，并用密封帽密封采样罐采样口，防止运输途中会有阀门松动，导致漏气使得样品被污染。

（3）样品的收集统一由采样负责人管理，确认有效样品采集的数量。

（4）若是用快递进行运输，应在运输包外再加一层保护。长距离运输的样品，应提前联系好快递，避免影响样品分析的时间。

2. 样品接收

（1）样品接收时应核对样品数量，检查外观是否有破损。

（2）样品入库前应做好登记，确认所有记录是否完整。

（3）样品入库后应将不同项目样品加以区分，放置在待测区域内。

3. 样品存储

（1）样品无论在现场还是在实验室均应避光避热保存，避免罐内样品受到外界因素的影响导致损失。

（2）样品在现场采样后应立即放置在定制的运输包内，避免受到碰撞与震动。

（3）样品在实验室中应根据样品的实际状态进行存放，待测样品、已分析样品、备用罐等之间切勿混杂。不同项目样品之间应加入醒目标识进行区分。

（4）所有样品进出实验室均应做好登记。

4.2.3 实验室分析

1. 实验室分析方法

1）GC-FID/MS 法

（1）检测原理。

参考《环境空气 挥发性有机物的测定罐采样/气相色谱-质谱法》（HJ 759—2015）及美国 EPA 的制定的 TO-15 方法，采用三级冷阱技术预浓缩富集 VOCs 样品。利用扩展冷阱脱水（extended cold trap dehydration，ECTD）技术去除 VOCs 样品中的水、CO_2 等干扰物质，加热解析后通过 GC-FID/MS 进行分析测量。

样品通过压力传感器精确控制一定量的进样流速进入一级冷阱 M_1 中，通过将 M_1 冷却至−40℃或−50℃，大部分水被去除，而 ppb①级别浓度的 VOCs 保持在气相中；样品在经过 M_1 除水的同时，气态的目标化合物直接进入二级冷阱 M_2，M_2 为主要由弱柱、中柱、强柱三根捕集杆组成的捕集阱，在低温−40～−60℃下捕集目标化合物，同时空气中其他组分（CO_2、N_2 等）被泵直接抽出系统外。为了预防 M_1 除水中目标化合物的损失，将 M_1 捕集器加热至 10℃并使用正向吹扫氦气（$50cm^3$）来回收可能在 M_1 中冷凝的任何目标化合物，定量转移到 M_2 中；当样品捕集结束后，M_1 和 M_2 捕集阱均用氦气冲洗以除去任何残留的空气；将三级冷阱 M_3 冷却至−185℃以下，然后加热 M_2 至 220℃，解析出 VOCs 组分至 M_3 中；将 M_3 快速升温至 80℃，被捕集的目标化合物瞬间气化，以“闪蒸”的方式注射进入色谱柱中进行分析。进入 GC-FID/MS 双检测器后，利用微板流路控制技术（dean-switch）将气路分为两部分，分别进入火焰离子化检测器（flame ionization detector，FID）和质谱仪（mass spectrometer，MS）中同时进行分析，该方法可实现在一次进样中完成对 C2～C12 NMHC、卤代烃、OVOCs 等化合物的分离和测定，其中 C2～C3 的 NMHC 组分在 FID 中分析检测，剩余组分在 MS 中分析检测。

① $1ppb = 10^{-9}$。

（2）检测过程。

一次完整的分析过程主要有 5 个方面：设备预热、样品采集、预浓缩及解析、GC-FID/MS 分析和加热反吹，共分为 16 个步骤。

①设备预热（预热、M_1和M_2冷阱预制冷）。该过程主要是设备进行预热，确保各环节状态就绪。预热期间，泵将系统内部的压力罐抽至平衡状态，M_1 和 M_2冷阱达到预先设定的制冷温度（M_1：−40℃，M_2：−60℃）。

②样品采集（内标吹扫、内标捕集、样品吹扫、样品捕集）。该过程主要是捕集样品中的目标化合物及内标，样品的进样体积为300mL，内标的进样体积为120mL。在捕集内标和样品时先进行系统的吹扫（Flush），确保不会存在损失及杂质残留干扰。采集过程中，冷阱维持设备预热时的制冷温度不变。空气中的水汽留在M_1冷阱中被去除，其他杂质由于沸点及吸附剂的选择性，从M_2冷阱直接被抽出系统外。

③预浓缩及解析[氦气吹扫M_1和M_2、预加热M_1、M_1-M_2转移、等待 GC 准备就绪、M_3制冷、预加热 M_2、M_2-M_3转移、升温 M_3解析]。该过程主要是对样品预浓缩并加热解析至分析检测设备。首先利用氦气对系统及 M_1 和 M_2冷阱进行吹扫，升温 M_1冷阱至10℃，氦气吹扫M_1冷阱，将挥发出的化合物组分转移至M_2冷阱被 Tenax 吸附剂捕集下来，此时M_2冷阱制冷温度仍为−60℃。等待 GC Ready 后，开始对M_3冷阱进行液氮降温至−185℃，然后 M_2冷阱温度快速升温至 220℃，目标化合物解析，随着氦气转移至 M_3冷阱中被冷冻富集。最后对M_3进行快速升温（闪蒸）解析目标化合物，吹扫至分析检测设备。

④GC-FID/MS 分析（FID 和 MS 检测）。该过程利用 GC-FID/MS 双检测器测定目标化合物，样品首先进入预分离柱（DB-624）中进行分离，利用 dean-switch 系统将低碳组分（C2～C3）切换到 FID 中进行分析检测，其余组分仍在 DB-624 中分离，并最终进入 MS 中进行分析检测。此方法避免低碳组分在 MS 检测中受到水分子及空气中其他杂质碎片离子的干扰。分析检测系统工作状态示意图如图 4.2-1 所示。

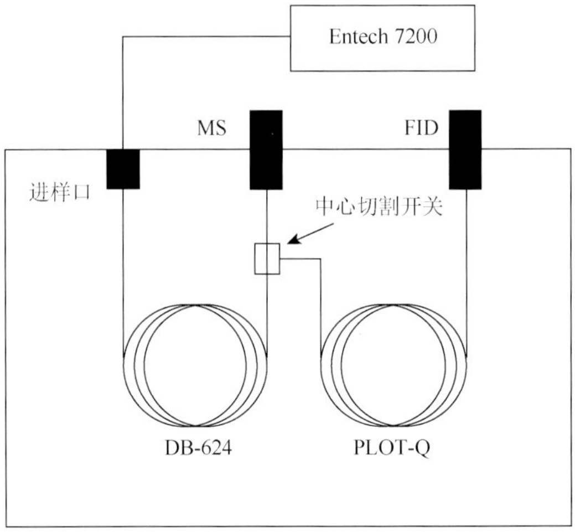

图 4.2-1　分析检测系统工作状态示意图

⑤加热反吹（系统反吹、延迟等待）。该过程主要将系统内部所有管路进行吹扫，为下一次捕集样品做准备，避免交叉干扰。系统反吹时各冷阱部件均会加热至 150℃以上，为了保证加热均匀，采用氮气加热方式。反吹时间设定为 10min，结束后系统进入待机状态。

2）液相色谱法

采用高效液相色谱法（high performance liquid chromatography，HPLC），在以乙腈溶剂作为有机相、以纯水作为流动相的二元梯度洗脱条件下，高压输液系统将固定比例或梯度变化的混合流动相泵入装有固定相的色谱柱，使用立体选择性增强的 C18 柱（4.6mm×150mm，3μm）或其他等效色谱柱。醛酮类 2, 4-二硝基苯肼（2, 4-Dinitrophenylhydrazine, 2, 4-DNPH）衍生物根据极性不同，在非极性的填料表面和极性的流动相之间就会有不同的分配系数。随着样品进入流动相，这些衍生物就会按照极性由强到弱，依次被分离出色谱柱，进入检测器。利用高效液相色谱法测定 13 种醛、酮类物质。

2. 测量组分

本书研究测量的 VOCs 组分为 107 种，检测组分色谱图如图 4.2-2 和图 4.2-3 所示，主要包括烷烃 29 种、烯炔烃 12 种、芳香烃 18 种、卤代烃 35 种、含氧有机物 12 种和硫化物 1 种（表 4.2-2）。

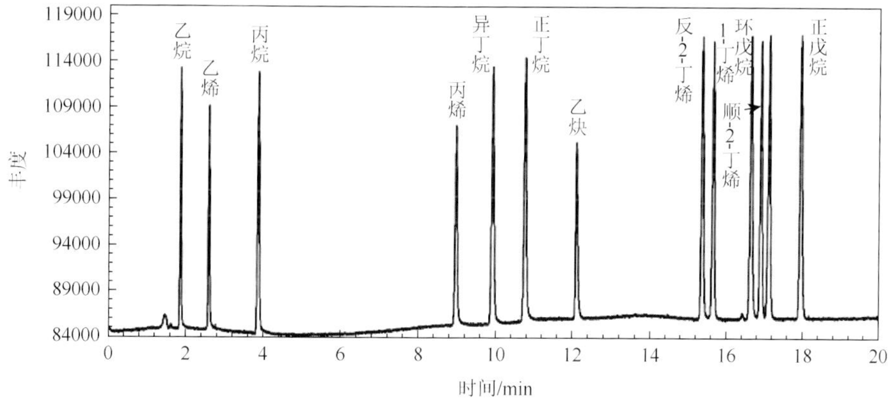

图 4.2-2　FID（13 种组分）色谱图

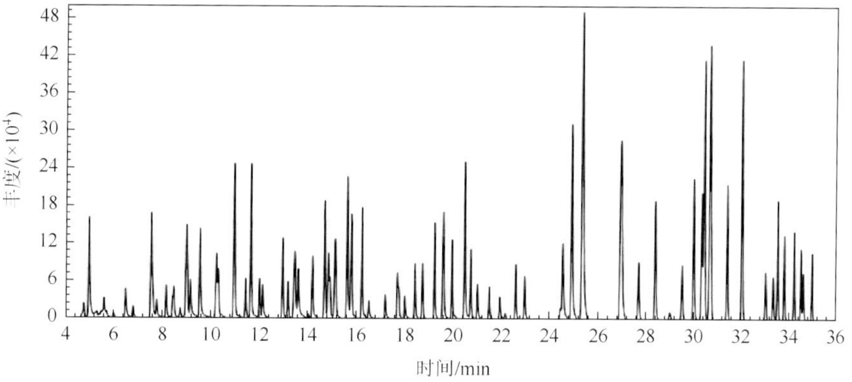

图 4.2-3　MS（94 种）色谱图

表 4.2-2　本次研究的目标 VOCs 化合物

编号	名称	编号	名称	编号	名称
1	乙烷	37	甲基叔丁基醚	73	顺-1, 3-二氯丙烯
2	乙烯	38	1-己烯	74	1, 1, 2-三氯乙烷
3	丙烷	39	正己烷	75	四氯乙烯
4	丙烯	40	1, 1-二氯乙烷	76	2-己酮
5	异丁烷	41	乙酸乙烯酯	77	二溴一氯甲烷
6	乙炔	42	2, 4-二甲基戊烷	78	1, 2-二溴乙烷
7	正丁烷	43	甲基环戊烷	79	氯苯
8	反-2-丁烯	44	反-1, 2-二氯乙烯	80	乙苯
9	1-丁烯	45	顺-1, 2-二氯乙烯	81	间二甲苯
10	顺-2-丁烯	46	2-丁酮	82	对二甲苯
11	环戊烷	47	乙酸乙酯	83	正壬烷
12	异戊烷	48	四氢呋喃	84	邻二甲苯
13	正戊烷	49	三氯甲烷	85	苯乙烯
14	氟利昂 12	50	1, 1, 1-三氯乙烷	86	溴仿
15	氟利昂 114	51	2-甲基己烷	87	异丙基苯
16	氯甲烷	52	环己烷	88	1, 1, 2, 2-四氯乙烷
17	氯乙烯	53	2, 3-二甲基戊烷	89	正丙苯
18	1, 3-丁二烯	54	四氯化碳	90	间乙基甲苯
19	溴甲烷	55	3-甲基己烷	91	对乙基甲苯
20	氯乙烷	56	苯	92	1, 3, 5-三甲苯
21	氟利昂 11	57	1, 2-二氯乙烷	93	癸烷
22	1-戊烯	58	2, 2, 4-三甲基戊烷	94	邻乙基甲苯
23	反-2-戊烯	59	庚烷	95	1, 2, 4-三甲苯
24	异戊二烯	60	三氯乙烯	96	1, 3-二氯苯
25	顺-2-戊烯	61	甲基环己烷	97	1, 4-二氯苯
26	丙烯醛	62	1, 2-二氯丙烷	98	1, 2, 3-三甲苯
27	1, 1-二氯乙烯	63	甲基丙烯酸甲酯	99	氯化苄
28	氟利昂 113	64	1, 4-二氧己环	100	间二乙苯
29	2, 2-二甲基丁烷	65	二氯溴甲烷	101	对二乙苯
30	丙酮	66	2, 3, 4-三甲基戊烷	102	1, 2-二氯苯
31	异丙醇	67	2-甲基庚烷	103	十一烷
32	二硫化碳	68	反-1, 3-二氯丙烯	104	十二烷
33	2, 3-二甲基丁烷	69	3-甲基庚烷	105	1, 2, 4-三氯苯
34	二氯甲烷	70	甲基异丁基酮	106	六氯-1, 3-丁二烯
35	2-甲基戊烷	71	甲苯	107	萘
36	3-甲基戊烷	72	正辛烷		

4.2.4 离线监测的质量控制

1. 采样环节 QA/QC

采样环节的 QA/QC 流程图如图 4.2-4 所示。

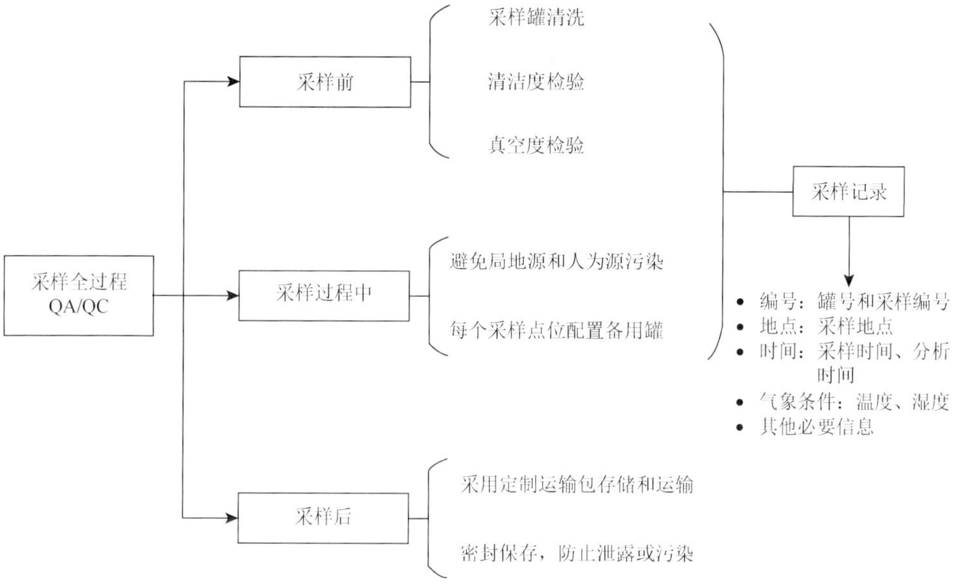

图 4.2-4 采样全过程的质量控制与质量保证

1）罐采样

（1）采样前 QA/QC。

①采样罐清洗要求。采样罐在清洗过程中至少反复循环 3 次，清洗完成并抽真空后，将采样罐的阀口用黄铜或不锈钢螺帽密封避光保存。

②采样罐清洁度检验。每一批清洗过的采样罐随机选择 1～2 个进行清洗空白检验。方法：利用配气仪向清洗完成后的采样罐内充入高纯氮气，按照与环境样品同样的进样和仪器分析流程进行检测，各目标 VOCs 的检出浓度应低于方法测定下限。

③采样罐真空度检验。采样前对已清洗过的不锈钢罐进行真空度检验，防止罐阀门或者接口处存在泄漏而导致真空度的损失。方法：利用配气仪向清洗完成后的采样罐内充入高纯氮气至 20psi，关闭阀门后放置 24h 后进行压力测试，罐内压降不应超过 2psi。若超出该范围，则说明采样罐存在一定程度的泄漏，需由工程师进行泄漏原因排查，查明原因后进行修复，然后清洗后再次进行真空度检验，直至满足要求。

④限流阀校准。每月采样前应进行采样流量的调节和校准，恒流采样器的流量调整

参照《环境空气 65 种挥发性有机物的测定罐采样/气相色谱-质谱法》（HJ 759—2023）标准，流量满足前后两次误差小于 5%。方法：将限流阀接在已清洗抽真空的采样罐上，打开限流阀堵头，用橡胶软管连接皂膜流量计，打开采样罐阀门，用六角扳手调整限流阀流量，直至与标准方法流量匹配为止。

（2）采样过程的 QA/QC。

VOCs 来源极其复杂，本书主要研究环境空气中 VOCs，因此为了避免采集的样品受到干扰，破坏样品的代表性，在采样过程中需要注意以下几点：

①严禁采样人员使用护手霜、香水等有气味的护肤品/化妆品。

②采样前 2 小时内严禁吸烟和喝酒。

③采样罐采样时采样人员应站在下风向位置。

④每个采样点配备至少一个备用的采样罐。

采样过程中按照国家监测要求，每月采集一个平行样品和运输空白。

采样完成后应按照采样记录表进行样品信息的标识和记录，有利于分析人员掌握样品信息，并可以分析定位异常样品出现问题的环节。每个样品的采样记录表填写内容应包括但不限于：罐号、采样时间、采样地点、采样人、样品编号、采样时的气象条件（如温度、风速风向等）。

本书研究要求采样人员在不同的采样点必须按照规定的要求同步采集环境空气样品。因此为了加强采样过程中的监督，确保采集的样品符合要求，实验室在采样前建立统一的监督平台，要求采样人员在平台上定点和定时签到，并录制小视频作为监督依据。

（3）采样后的 QA/QC。

按照规范和要求对样品进行保存，运输过程中也应注意对样品的防护，避免引入外来源污染样品。具体规定要求如下：

①采样罐存储和运输均置于实验室定制的高密度海绵运输包中，一方面可以避免运输途中可能出现的震动和碰撞导致苏玛罐受到损坏；另一方面可以避光保存，防止光照加热不锈钢罐，加快 VOCs 样品衰减。

②采样后，应立即用螺帽密封采样阀口，同时拧紧阀门，然后将其放入运输包中。

③样品不能与存放大量有机试剂或溶剂的物品一起放置，也不能放在刚装修后的房间内，避免污染样品。

④运输过程中采样罐要轻拿轻放。

⑤运输前后应核对采样罐数量，并检查采样罐形态，及时发现运输过程中采样罐出现的问题。

2）管采样

（1）采样前 QA/QC。

采样前应对采样所用设备及材料进行校准及测试。

①空白采样管。每一批采样管应至少抽取 10%进行空白值检验，空白值应满足以下要求：

甲醛小于 0.15μg/管；乙醛小于 0.1μg/管；丙酮小于 0.3μg/管；其他物质小于 0.1μg/管。

②采样泵校准。将采样泵与皂膜流量计连接，同时两者之间需接入一个 DNPH 柱作为负载，避免空采导致采样泵报错。打开采样泵的校准界面，调整采样泵的流量至 600mL/min，读取皂膜流量计的示数，若存在偏差，则调整流量直至满足要求。

（2）采样过程中 QA/QC。

采样期间应不时地观察采样泵流量是否稳定，如果采样结束时的流量与开始时的流量相差超过 15%，此次样品作废，应重新采集。

为了避免采样过程中在光照的条件下导致醛酮衍生物发生分解反应，应在采样时对 DNPH 进行避光处理，通常的做法为用铝箔纸将 DNPH 包裹即可。

连接好设备及采样试剂后，正式采样前应对系统进行验漏。方法为用铝箔纸堵住 KI 柱前端，打开采样泵，若示数迅速降为 0，则说明系统不漏，即可正常进行采样。

（3）采样后 QA/QC。

DNPH 样品应在低温下保存，因此为 DNPH 柱样品配备了保温箱，箱体内部放置多个冰块，同时箱体自带传感器实时监测内部的温度。

如果采样后未能及时寄出快递，则样品需放置在冰箱中进行低温保存。

2. 分析环节 QA/QC

1）罐采样分析（GC-FID/MS）

（1）质谱调谐。

MS 调谐是为了将质谱检测器调整到最佳状态，确保检测结果的准确性。MS 调谐频率为每三个月一次。MS 调谐评价指标主要有：

② 对轮廓图中峰形要求（轮廓图中半峰宽 PW_{50} 在 0.55±0.1）。

②检测器电压 E_M（小于 2500mV，且与前次调谐相比无明显增加）。

③质谱图中峰数目（小于 200）。

④基峰的绝对丰度（丰度值在 20 万～50 万）。

⑤水和空气峰相对于质核比（m/z）为 69 的离子的比值（m/z28 和 m/z32 与之比值小于 10%，m/z18 与之比值小于 20%）。

⑥质量分配（误差不超过±0.2Da，1Da = 1.67×10^{-24}g）。

⑦相对丰度（m/z219 丰度值＞m/z69 丰度值的 40%，m/z520 丰度值＞m/z69 丰度值的 2%）。

⑧同位素比（m/z70∶m/z69 为 0.5%～1.6%，m/z220∶m/z219 为 3.2%～5.4%，m/z503∶m/z502 在 8%～12%）。

（2）仪器标定。

校准曲线的建立是样品分析前非常重要的步骤，主要是为了对环境样品组分进行定性定量。标准曲线的精确度严格地依赖于使用标准的可靠性，实验室使用的标气由美国 Linde 公司制定，可溯源至美国国家标准与技术研究院（National Institute of Standards and Technology，NIST）。校准曲线的更新频率为每 3 个月进行一次，通常在 MS 调谐后进行，校准曲线的相关系数应大于 0.99。若对分析检测仪器进行维护（清洗离子源或是更换色谱柱等）后或系统定量出现偏移，则必须对系统进行重新校准。

（3）空白分析。

空白分析是为了检查分析检测系统内部是否有吸附或污染状况，同时也可以检验样品从现场采样到实验室分析过程中是否存在被污染的情况。空白分析主要分为氮气空白、运输空白两种，评价指标为各目标化合物的浓度低于方法测定下限。具体的操作方法和评价指标如下：

①氮气空白。采用已清洗干净的采样罐，在罐中充入高纯氮气，按照分析样品相同的步骤进行分析，空白中应加入与样品分析相同量的内标。

②运输空白。每月样品中至少分析一个运输空白。先将高纯氮气注入真空的清洁采样罐中，并带至采样现场，经过与样品相同的处理过程（包括现场暴露、运输、存放与实验室分析）。

（4）日校准（连续校准）。

在运行过程中，MS 检测器的信号响应会随着时间的推移而不断衰减和变化，因此在系统分析样品期间，每日在分析样品之前以标准曲线中间浓度的标准气体进行日校准工作，以检验仪器运行的稳定性。采用校准曲线对日校准样品进行定量，将定量结果与理论浓度相比，以 30%为阈值考察其偏差范围。

（5）平行样。

样品分析过程中每批次进行一次平行性分析。评价指标为：各目标化合物的平行测试结果与第一次测试结果偏差应在 30%以内。

2）管采样分析检测（HPLC）

（1）仪器标定。

实验室使用的标准样品为美国 Accustandard 公司生产的醛酮类-2, 4-二硝基苯腙衍生物标准溶液，校准曲线的更新频率为每 3 个月一次，标准曲线的相关系数大于 0.999，若对分析检测仪器进行维护或系统定量出现偏移，则必须对系统进行重新校准。

（2）空白分析。

每批样品至少测定一个全程序空白，测定结果应低于方法检出限。

（3）日校准（连续校准）。

每天空白分析后样品分析前，加入标准曲线中间浓度点的标准溶液，按照样品分析步骤进行测定，评估设备的稳定性，其测定结果与理论浓度相比应在 20%以内。

（4）平行样品。

每批样品应至少测定 10%的平行双样，样品数量小于 10 时，应至少测定一个平行双样，两次平行测定结果的相对偏差小于或等于 25%。

4.3 VOCs 在线监测

4.3.1 在线监测点位及时间

为获得同步的 O_3、NO_x、PAN 等光化学观测资料，本次 VOCs 监测点位保持同重庆市现有空气质量自动监测站位置一致；同时与 2015 年臭氧项目具有一致性、可比性和延展性，选取大气超级站点长期观测点位。

重庆大气超级站设置于北部新区高新拓展区，站点位于重庆北部新区青枫北路 18 号凤凰 C 座楼顶，海拔 326m，距离地面高度 35m。该站点选址参照《环境空气质量监测规范（试行）》设置，属典型城市区域，周边地势较平坦，空间开阔，附近无明显污染源，环境质量具有较好的代表性，能够客观反映重庆主城区范围的环境空气污染水平和变化规律，在此开展长期研究性和常规性相结合的大气环境监测与综合气象观测。

4.3.2　仪器设备型号及监测方法原理

大气超级站所用观测设备为上海磐合科学仪器公司生产，观测指标为 116 种 VOCs 物质。在线分析质谱仪的核心设备型号见表 4.3-1。

表 4.3-1　挥发性有机物在线分析质谱仪核心设备型号

编号	设备名称	型号	生产厂家
1	大气预浓缩仪	TT24-7 Xr	英国 Markes
2	Kori A	Kori A	英国 Markes
3	Kori B	Kori B	英国 Markes
4	气相色谱仪	7890B	美国 Agilent
5	质谱仪	5977B	美国 Agilent

大气挥发性有机物（VOCs）在线监测系统可提供近实时在线监测空气中的挥发性有机物，可用于安装在移动的监测车和常规的实验室，不需要制冷剂，提供连续的空气采样和实时在线分析，主要用于分析 TO-15、PAMS① 及 OVOCs 等化合物。其组成分为三个部分：全在线双冷阱大气预浓缩系统、色谱分离系统和质谱检测系统。其工作原理：环境大气通过采样系统采集后进入浓缩系统，在低温条件下，大气中的挥发性有机物在冷阱中被吸附剂吸附捕集，样品空气进行浓缩富集；然后快速加热解析进入分析系统；采用 dean-switch 技术，目标化合物经色谱柱分离后进入火焰离子化检测器（FID）和质谱仪（MS）中进行检测。该系统采用双冷阱设计，交叉采样和进样，无分析盲点，能真正实现实时在线分析大气中 VOCs，系统功耗低，维护简单，体积小巧，系统示意图如图 4.3-1 所示，VOCs 在线监测组分如表 4.3-2 所示。

① TO-15 和 PAMS 都是指挥发性有机物（VOCs）的一组标准化合物集合。

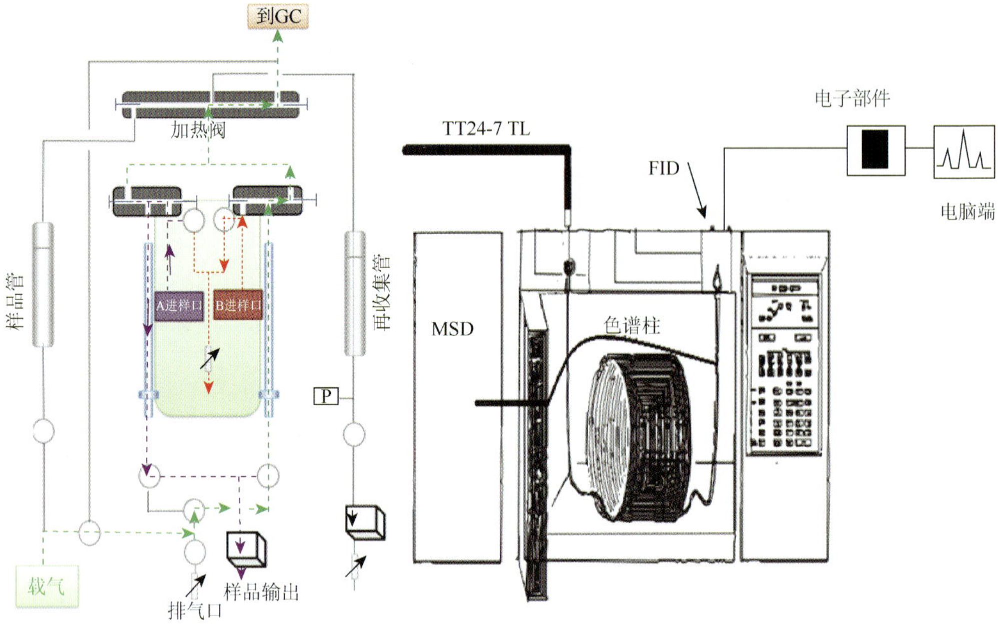

图 4.3-1　在线 TT24-7 Xr-GCMS 系统示意图

表 4.3-2　VOCs 在线监测组分一览表

编号	名称	编号	名称	编号	名称
1	乙烷	18	1, 1-二氯乙烯	35	四氯化碳
2	乙烯	19	丙酮	36	二氯甲烷
3	丙烷	20	异丙醇	37	甲基叔丁基醚
4	丙烯	21	二硫化碳	38	异丁烷
5	乙炔	22	顺-1, 2-二氯乙烯	39	正丁烯
6	二氟二氯甲烷	23	正己烷	40	正丁烷
7	1, 1, 2, 2-四氟-1, 2-二氯乙烷	24	乙酸乙烯酯	41	反-2-丁烯
8	一氯甲烷	25	1, 1-二氯乙烷	42	乙醛
9	氯乙烯	26	正丁醛	43	顺-2-丁烯
10	一溴甲烷	27	乙酸乙酯	44	异戊烷
11	丁二烯	28	2-丁酮	45	1-戊烯
12	氯乙烷	29	反-1, 2-二氯乙烯	46	正戊烷
13	一氟三氯甲烷	30	三氯甲烷	47	反-2-戊烯
14	乙醇	31	四氢呋喃	48	2-甲基 1, 3-丁二烯
15	丙烯醛	32	1, 1, 1-三氯乙烷	49	顺-2-戊烯
16	丙醛	33	环己烷	50	2, 2-二甲基丁烷
17	1, 2, 2-三氟-1, 1, 2-三氯乙烷	34	甲基丙烯醛	51	2, 3-二甲基丁烷

续表

编号	名称	编号	名称	编号	名称
52	2-甲基戊烷	74	丁烯醛	96	1, 2, 3-三甲苯
53	环戊烷	75	2, 3, 4-三甲基戊烷	97	间二乙苯
54	3-甲基戊烷	76	2-甲基庚烷	98	对二乙苯
55	1-己烯	77	3-甲基庚烷	99	十一烷
56	2, 4-二甲基戊烷	78	间/对二甲苯	100	十二烷
57	甲基环戊烷	79	乙苯	101	苯乙烯
58	2-甲基己烷	80	氯苯	102	邻二甲苯
59	2, 3-二甲基戊烷	81	1, 2-二溴乙烷	103	三溴甲烷
60	3-甲基己烷	82	二溴一氯甲烷	104	四氯乙烷
61	2, 2, 4-三甲基戊烷	83	己醛	105	对乙基甲苯
62	戊醛	84	四氯乙烯	106	1, 3, 5-三甲苯
63	1, 2-二氯丙烷	85	2-己酮	107	1, 2, 4-三甲苯
64	4-甲基-2-戊酮	86	1, 1, 2-三氯乙烷	108	苯甲醛
65	反-1, 3-二氯-1-丙烯	87	顺-1, 3-二氯-1-丙烯	109	1, 3-二氯苯
66	一溴二氯甲烷	88	甲苯	110	1, 4-二氯苯
67	1, 4-二氧六环	89	正辛烷	111	氯化苄
68	甲基丙烯酸甲酯	90	正壬烷	112	邻二氯苯
69	1, 2-二氯乙烷	91	异丙苯	113	间甲基苯甲醛
70	三氯乙烯	92	正丙苯	114	1, 2, 4-三氯苯
71	苯	93	癸烷	115	六氯丁二烯
72	正庚烷	94	1-乙基-3-甲基苯	116	萘
73	甲基环己烷	95	1-乙基-2-甲基苯		

4.3.3　在线监测的质量控制

VOCs 在线监测质控要求如表 4.3-3 所示。

表 4.3-3　VOCs 在线监测质控要求

质控工作名称	关键内容与合格标准	时间频次
系统空白检查	空白浓度应低于检出限或该目标化合物日常浓度的 1/3，若超过 20%的目标化合物或臭氧生成潜势较高的重点 VOCs 系统空白不合格，应对系统进行检查	每三月一次
单点质控检查	浓度检查：通入日常平均浓度或标准曲线中间点浓度的标准气体进行核查，目标化合物相对误差≤30%；如超过 20%的目标化合物或臭氧生成潜势较高的重点 VOCs（苯系物等）不合格，则应检查在线监测系统，并重新绘制标准曲线	每日一次

续表

质控工作名称	关键内容与合格标准	时间频次
流量检查	采样流量示值与标准流量计示值的相对偏差应≤5%。大于5%且≤10%时应对采样流量进行校准，大于10%时应对数据进行复核	每月一次或绘制标准曲线前
验漏检查	具体操作与合格标准参考说明书	每三个月一次
采样管路空白	在系统空白检查结束后，在系统的采样口通入零气（高纯氮气或零空气），各目标化合物日常残留应低于检出限，采样系统空白检查不合格的目标化合物应对其进行标识。若超过20%的目标化合物或臭氧生成潜势较高的重点VOCs不合格，应对采样管路进行检查、清洗或更换	每三个月一次
标准曲线重绘制	在系统空白和零气空白后进行，各目标化合物标准曲线应包含至少6个浓度点，并强制过零点（浓度：0nmol/mol，峰面积：0），按浓度由低到高进样，标准曲线线性决定系数 R^2≥0.98，各浓度点经标准曲线计算后的测量浓度与标准浓度的相对误差应≤15%（如最低浓度点小于1nmol/mol，合格标准放宽至0.15nmol/mol）。标准曲线的最低浓度点应不低于该目标化合物的测定下限	每三个月一次
检出限与测定下限	完成标准曲线后，通入标准曲线最低浓度点的标准气体进行分析，至少连续测量7次，根据各次分析的浓度值（X_i，其中 $i=1, 2, \cdots, n$，n≥7），按公式（1）计算其标准偏差 S，再按公式（2）和公式（3）标准偏差计算方法检出限（method detection limit，MDL）和测定报告定量限（reporting quantitation limit，RQL）。 $$S=\sqrt{\frac{\sum_{i=1}^{n}(X_i-\overline{X})^2}{n-1}} \quad (1)$$ $$\text{MDL}=t_{n-1,0.99}\times S \quad (2)$$ $$\text{RQL}=4\times \text{MDL} \quad (3)$$ 各目标化合物检出限应≤0.15nmol/mol，测定下限应低于标准曲线最低浓度点。不合格的组分应标识清楚并剔除出目标化合物目录，如超过10%的目标化合物检出限不合格，应对系统进行维护、检修。根据结果更新目标化合物目录	每年一次

此外，需按照厂家说明书或作业指导书要求检查色谱图基线[质谱应使用总离子流（total ion chromatogram，TIC）图]是否存在异常漂移和异常波动，特别是水分对色谱图基线的影响。如存在异常漂移和波动，应及时标识或剔除异常数据或对受影响的目标化合物进行重积分。

保留时间漂移：每日检查保留时间前、中、后各段检出频率高且浓度高的VOCs，是否存在保留时间漂移，FID检测器推荐保留时间不超过0.5min。应重点关注保留时间的漂移是否影响目标化合物自动积分，如有影响，应对相关目标化合物进行重积分，如有必要，应重新设置保留时间积分窗。对于中心切割法在线监测系统，应审核其中心切割点是否影响目标化合物的积分。

质谱检测器检查：对质谱内标化合物特征离子丰度进行检查，质谱内标定量离子峰面积变化应在校准曲线绘制时离子峰面积的50%～150%范围内。

数据标识与重积分：日审核结束后，应对异常数据进行无效标识或剔除，并对需要重积分的谱图和色谱峰进行重积分。

富集模块硬件检查：检查采样管路是否存在冷凝水（特别是夏季室内外温差较大情况），更换采样滤膜（孔径应≤5μm），检查采样管状况。如采样管经常存在冷凝水，应适当对采样管进行加热，推荐加热温度设置为30～50℃且不低于室外环境空气温度。

色谱与检测器硬件检查：检查载气净化装置（含除烃、除氧、除水装置等）并及时更换。检查氮氢空一体机运行情况（如水量等）和 H_2 除水情况（检查干燥管）。

天生站、龙洲湾站在线监测日校准图如图4.3-2所示。

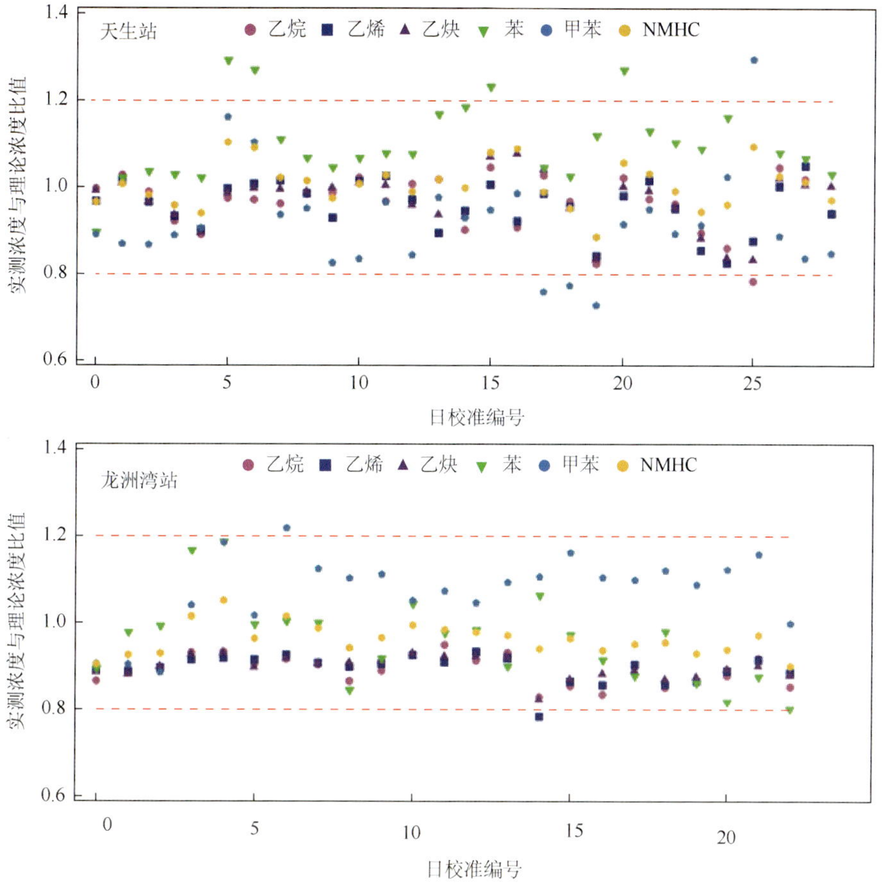

图 4.3-2 天生站、龙洲湾站在线监测日校准图

4.4 联合立体观测

4.4.1 联合观测点位及时间

观测时间及点位信息如表 4.4-1 所示。

表 4.4-1 观测时间及点位信息一览表

观测点位	观测时间	设备及型号
白市驿	2019.5.30～2019.7.15	怡孚 O_3finder
龙洲湾	2019.7.16～2019.8.21	怡孚 O_3finder
天生	2019.8.21～2019.9.5、2020.9.2～2020.9.15	怡孚 O_3finder、中科光电 LIDAR-G-2000
缙云山	2019.9.5～2019.9.17	怡孚 O_3finder
龙井湾	2020.8.19～2020.8.31	中科光电 LIDAR-G-2000
大气超级站	2019、2020	中科光电 LIDAR-G-2000

4.4.2　设备及原理

1. 臭氧激光雷达

基于差分吸收原理，激光雷达以高重复频率向大气中发射不同波长脉冲探测光，利用臭氧对这两个激光波长的吸收差别，确定两个脉冲激光共同路径上臭氧的浓度，从而实现对臭氧时空分布的探测。其原理示意图如图 4.4-1 所示。

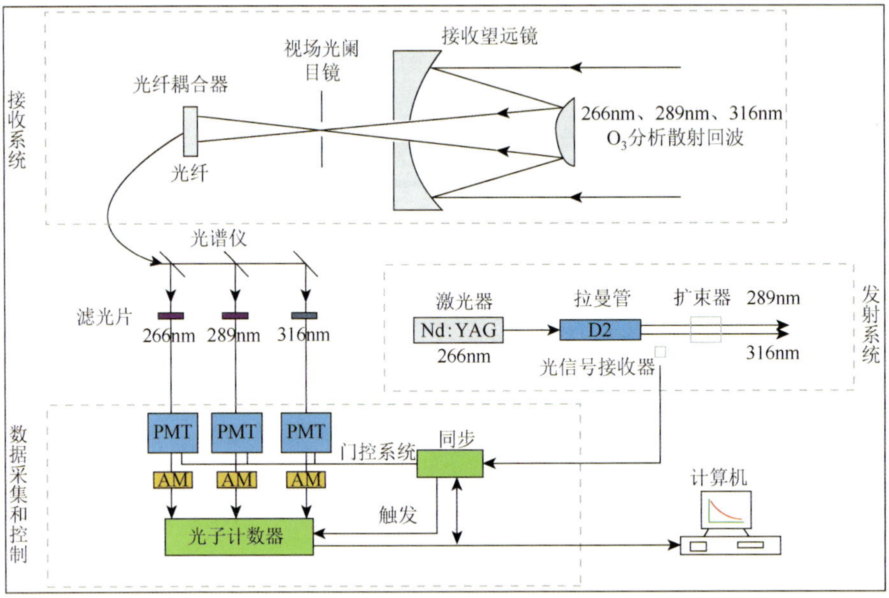

图 4.4-1　臭氧激光雷达原理示意图

PMT：光电倍增管；AM：前置放大器

2. 风廓线雷达

通过无线电测距和多普勒测速的结合进行探测。雷达发射的电磁波在大气传播过程中产生散射，其中后向散射能量被风廓线雷达所接收，根据多普勒效应确定气流沿雷达波束方向的速度分量；根据回波信号往返时间确定回波位置，从而计算出风速和风向。

3. PAN 分析仪

基于气相色谱原理进行分析，样气首先被载气带入低温色谱柱内，随着载气的流动 PAN（过氧酰基硝酸酯）被解析出来到达电子捕获检测器（electron capture detector，ECD）进行检测，最终获得 PAN 浓度。其气相色谱分离表现为：仪器处于测量状态时，气体样品注入定量管，以合成空气驱动十通阀，以高纯氮（N_2，纯度>99.999%）为载气，将样品带入预分离柱。经过首次分离，预分离柱前端的成分进入主分离柱，再次分离后由电子捕获检测器（ECD）检测获得色谱信号，连接仪器的计算机中的 Adam①信号采集系统采集色谱分析结果。

① Adam 是机器学习中常用的一种优化算法，全称是 adaptive moment estimation。

第 5 章　重庆市环境空气 VOCs 污染特征

挥发性有机物在臭氧生成中起到十分关键的作用，挥发性有机物包含成千上万种组分，探索城市环境大气 VOCs 浓度水平、化学组成的时空分布、活性组分对大气臭氧生成的作用，并开展 VOCs 来源解析是城市臭氧污染防控及 VOCs 研究的重要一环。自 2015 年以来，重庆市颁布了一系列针对臭氧前体物的污染管控措施，在此背景下城市大气 VOCs 来源发生了巨大的变化，因此有必要基于实测数据动态把握重庆市 VOCs 污染现状和来源。本章依据 2018 年 7～9 月、2019 年 7～9 月和 2020 年 7～9 月重庆市各站点观测的 VOCs 数据，并结合 2015 年观测结果，探讨 2018 年、2019 年和 2020 年重庆 VOCs 污染特征（2015 年测量组分与 2018 年、2019 年和 2020 年测量基本相似，均为 PAMS + TO-15 组分，直接进行浓度和化学组成对比）。

5.1　VOCs 浓度水平及年际变化

5.1.1　浓度概况

2018 年、2019 年和 2020 年 7～9 月重庆市监测点位与时间如表 5.1-1 所示。

表 5.1-1　2018 年、2019 年和 2020 年 7～9 月重庆市监测点位与时间

年份	站点	性质	时间
2018	白市驿	离线	7 月 4 日～9 月 29 日（每 6 天采集一天）
	虎溪	离线	7 月 4 日～9 月 29 日（每 6 天采集一天）
	龙洲湾	在线	8 月 6 日～9 月 12 日
	唐家沱	在线	7 月 26 日～8 月 3 日
		离线	7 月 4 日～9 月 29 日（每 6 天采集一天）
	天生	在线	7 月 26 日～8 月 29 日
	歇台子	在线	7 月 16 日～7 月 25 日
		离线	7 月 4 日～9 月 29 日（每 6 天采集一天）
2019	白市驿	在线	7 月 23 日～8 月 6 日
	虎溪	离线	7 月 3 日～8 月 29 日（每 6 天采集一天）
	缙云山	在线	9 月 5 日～9 月 18 日
		离线	7 月 3 日～9 月 1 日（每 3 天采集一天）
	龙洲湾	在线	8 月 9 日～8 月 21 日
		离线	7 月 3 日～8 月 29 日（每 6 天采集一天）

续表

年份	站点	性质	时间
2019	唐家沱	离线	7月3日～8月29日（每6天采集一天）
	歇台子	离线	7月3日～8月29日（每6天采集一天）
	天生	离线	7月3日～8月29日（每6天采集一天）
	西南大学	在线	8月21日～9月4日
		离线	7月3日～8月29日（每6天采集一天）
2020	缙云山	离线	7月2日～8月27日（每3天采集一天）
	龙井湾	离线	7月2日～8月24日（每6天采集一天）
	龙洲湾	离线	7月2日～8月27日（每3天采集一天）
	新山村	离线	7月2日～8月24日（每6天采集一天）
	歇台子	离线	7月2日～8月24日（每6天采集一天）
	白市驿	离线	7月2日～8月24日（每6天采集一天）
	鱼新街	离线	7月2日～8月24日（每6天采集一天）
	西南大学	离线	7月2日～8月24日（每6天采集一天）

注：离线监测时间为每日9:00～10:00和15:00～16:00，进行1小时累计采样。

对2018年、2019年和2020年夏季监测期间各站点VOCs浓度水平（图5.1-1）进行统计分析可得到以下结论。

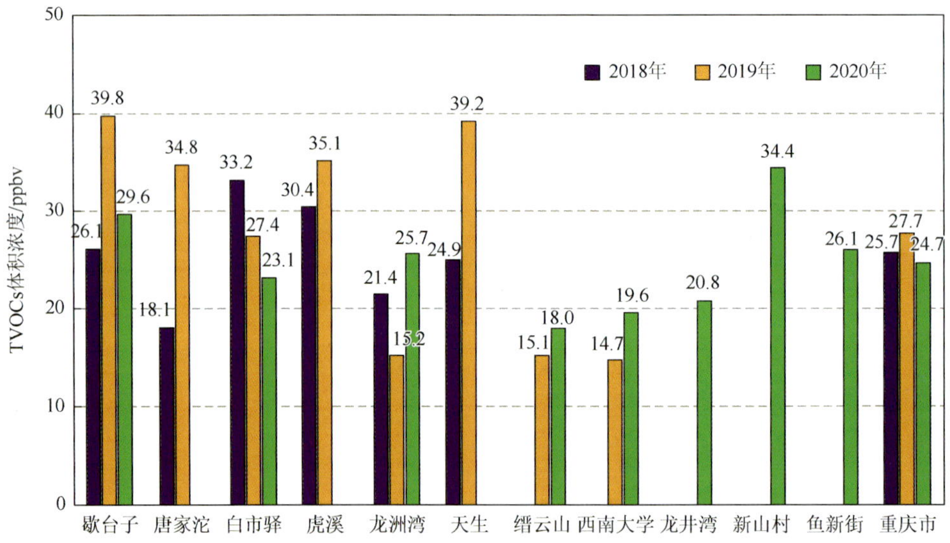

图5.1-1　2018年、2019年和2020年重庆市各站点VOCs浓度水平

（1）2018年、2019年和2020年各站点VOCs浓度均值分别是25.7ppbv、27.7ppbv、24.7ppbv（ppbv = 10^{-9}），与2015年重庆主城区夏、秋季节的41.4ppbv相比，近两年VOCs浓度有了较大幅度下降，造成这一现象的原因：一方面可能是政府积极推动VOCs减排

治理，企业环保意识加强，废气直接排放现象减少；另一方面，国际环境复杂，经济下行压力大，主城区企业限停产、外迁，导致主城区整体 VOCs 排放强度降低。

（2）2018 年浓度最高的站点是白市驿，其次是虎溪站，唐家沱站最低；2019 年虎溪站、唐家沱站、歇台子站和天生站 4 个站点的 VOCs 浓度相比 2018 年均有上升，涨幅介于 15.5%～92.3%，其中唐家沱站涨幅最大；白市驿站和龙洲湾站的 VOCs 浓度相比 2018 年有所下降，分别降低了 17.5%、29%。2019 年 VOCs 浓度最高的是歇台子站，最低的是西南大学站，这与局地污染源如工业及机动车等排放空间分布差异有关。2020 年龙洲湾站、缙云山站和西南大学站浓度比 2019 年均有上升，涨幅介于 19.2%～69.1%，其中龙洲湾站涨幅最大，歇台子站和白市驿站的浓度有所下降。2020 年 VOCs 浓度最高的站点是新山村站，最低的为缙云山站。

5.1.2　国内主要城市 VOCs 环境浓度水平对比

表 5.1-2 将重庆市 2018 年、2019 年和 2020 年重点 VOCs 组分与国内其他典型城市（如北京、上海、广州、南京等）近年来观测的环境空气 VOCs 组分浓度水平进行对比，同时也将 2015 年重庆夏季监测结果纳入对比分析。

表 5.1-2　重庆市和国内各大城市 VOCs 体积浓度（ppbv）比较

组分	重庆主城区（2018 年夏季）	重庆主城区（2019 年夏季）	重庆主城区（2020 年夏季）	重庆主城区（2015 年夏季）	北京（2015 年 8 月）	上海（2012，2014 年）	广州（2013 年）	南京（2013 年 8 月）
乙烷	1.8±1.0	2.4±1.7	2.5±1.1	5.5±1.3	3.4	2.6	3.4	4.6
丙烷	0.9±0.4	1.0±1.1	2.5±1.0	1.3±0.4	3.2	2.4	6.3	5.2
正丁烷	0.9±0.4	1.2±1.2	1.1±0.8	1.1±0.4	2.5	1.3	3.7	4.7
异丁烷	0.4±0.1	0.4±0.5	1.4±3.0	0.7±0.3	2.1	1.3	3.0	4.6
正戊烷	0.4±0.2	0.6±0.8	0.7±1.4	0.8±0.4	1.5	—	1.7	1.9
异戊烷	1.1±0.4	1.0±1.3	1.0±1.2	1.7±0.8	3.7	—	1.0	4.5
总烷烃	7.7±2.3	7.4±5.2	9.3±6.1	14.6±6.6	—	—	—	—
乙烯	1.2±0.2	1.4±1.4	1.2±1.0	3.9±1.5	4.2	2.1	2.8	2.6
丙烯	0.2±0.1	0.3±0.3	0.2±0.1	0.8±0.4	1.0	0.6	0.7	1.7
乙炔	1.5±0.2	1.4±1.6	2.1±2.2	4.5±2.0	4.8	—	2.5	4.7
总烯炔烃	4.5±1.2	3.5±3.0	4.9±3.3	10.4±2.8	—	—	—	—
苯	0.4±0.1	0.4±0.3	0.4±0.3	1.1±0.4	1.6	0.8	1.0	4.3
甲苯	0.6±0.2	0.5±0.6	0.7±0.9	1.2±0.5	2.7	2.8	4.8	13.3
邻二甲苯	0.2±0.1	0.2±0.3	0.2±0.2	0.4±0.3	0.8	—	0.7	2.1
间/对二甲苯	0.4±0.2	0.5±0.8	0.5±0.5	0.7±0.6	1.8	1.2	0.9	6.8
总芳香烃	2.3±0.6	1.9±1.9	2.4±2.2	5.0±3.6	—	—	—	—

数据来源：刘芮伶等（2017）。

从表中可以看出，2018 年重庆市环境大气中的总烷烃、总烯炔烃和总芳香烃的浓度比 2015 年降低了 47.3%、56.7%和 54.0%，2019 年相较于 2015 年降低了 49.3%、66.3%和 62.0%，两年的 VOCs 各组分浓度显著低于国内其他城市。从 VOCs 主要组分浓度来看：

①2018 年重庆市乙烷、乙烯、乙炔、苯等组分相比 2015 年下降幅度超过 60%，2019 年相比 2015 年下降幅度超过 50%，低于北京、上海、广州等地，燃烧排放是这些组分的重要来源，其浓度的降低凸显了人为燃烧源管控的成效，2020 年烷烃有所反弹，主要为丙烷浓度的升高所致，表明液化石油气（liquefied petroleum gas，LPG）使用量增加；②2019 年异戊烷较 2018 年下降 9.1%，正/异丁烷和正戊烷较 2018 年上升 0%～50%，2019 年较 2015 年正丁烷上升 9.1%，异丁烷和正/异戊烷则下降 25%～42.9%，浓度水平远低于其余大型城市的测量值。研究表明，C4～C5 烷烃主要来源于汽油蒸发和机动车尾气排放，2017 年重庆市主城区机动车保有量为 151.1 万辆，远少于北京、上海等城市，但随着社会经济发展以及人口增加，重庆市机动车保有量有很大上升；③2019 年重庆大气中丙烷浓度为 1.0ppbv，与 2018 年（0.9ppbv）测量结果基本持平，略低于 2015 年测量的 1.3ppbv，仅为广州大气环境中丙烷浓度的 16%，这是因为广州的大部分公交车采用 LPG 作为燃料，而 LPG 使用过程中会排放大量的丙烷和丁烷，重庆则着重推广以天然气为主要燃料的公共交通，天然气主要成分为甲烷，另有少量乙烷、丙烷和丁烷等物质，相比于汽油燃料，天然气能减少大量粉尘、CO_2 和 NO_2 的排放；④芳香类物质在一定程度上可以反映城市环境溶剂使用情况，2018 年、2019 年和 2020 年重庆市邻二甲苯和间/对二甲苯仅为 2015 年的一半左右，整体浓度水平较低。需要说明的是，由于观测时间不同、采样时气象条件差异，在进行对比时可能存在外部因素干扰。

5.2 VOCs 化学组成特征及站点差异

VOCs 化学组成的变化规律是多种因素共同作用的结果：①光化学反应强度（大气氧化能力）的季节变化；②VOCs 来源构成的季节差异。传输扩散和稀释等物理过程对环境大气中不同 VOCs 组分浓度的影响通常被认为是同步的，因而不会导致 VOCs 化学组成的改变。本小节着重探讨不同站点 VOCs 化学组成的差异。

图 5.2-1 归纳总结了 2018 年、2019 年和 2020 年观测期间采样点 VOCs 化学组成平均占比情况，从图中可以看出，2018 年、2019 年和 2020 年 OVOCs 均是重庆环境大气中最重要的 VOCs 类别，其浓度值分别为 7.8ppbv、7.9ppbv 和 4.6ppbv，占总 VOCs 的 30.2%、30.0%和 30.5%；其次是烷烃，2018 年、2019 年和 2020 年浓度值分别为 7.0ppbv、7.8ppbv 和 9.4ppbv，占 VOCs 总浓度的 27.2%、29.7%和 27.5%，2020 年浓度较 2018 年和 2019 年上升；卤代烃浓度分别为 4.4ppbv、4.0ppbv 和 4.2ppbv，占比 17.0%、15.4%和 16.8%；烯

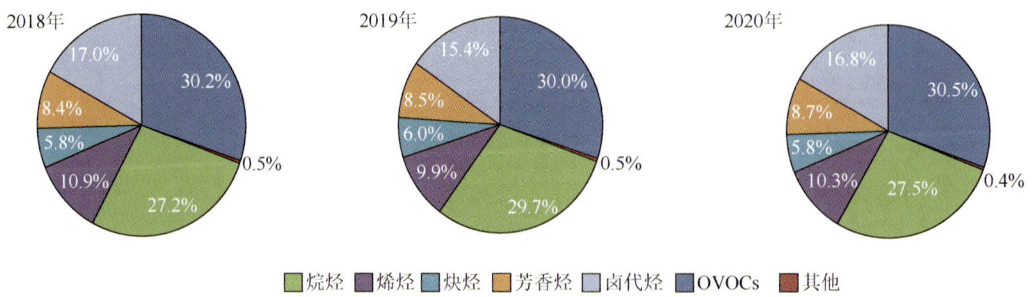

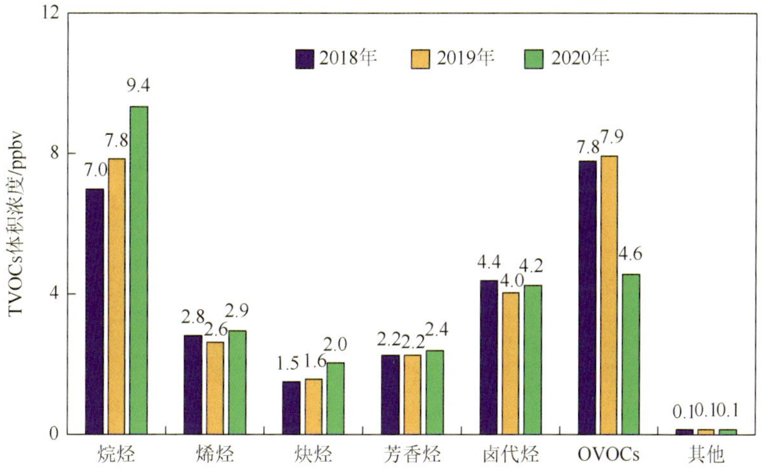

图 5.2-1　2018 年、2019 年和 2020 年重庆市 VOCs 平均化学组成

烃浓度分别为 2.8ppbv、2.6ppbv 和 2.9ppbv，浓度波动较小；芳香烃浓度分别为 2.2ppbv、2.2ppbv 和 2.4ppbv，占 8.4%、8.5%和 8.7%；炔烃浓度分别为 1.5ppbv、1.6ppbv 和 2.0ppbv，占比 5.8%、6.0%和 5.8%，其他组分（有机硫）浓度及占比两年均较低且差距不大。

图 5.2-2 给出了 2018 年、2019 年和 2020 年重庆市各站点 VOCs 化学组成分布图，从图中可以看出，不同年份各个监测点位的 VOCs 化学组成有一定差异。2018 年各站点 OVOCs 占比为 24.4%～37.7%，多数站点 OVOCs 为主要组分，烷烃占比为 25.5%～29.0%，卤代烃占比为 14.6%～20.5%，烯烃占比为 7.6%～16.2%，芳香烃占比为 6.5%～10.2%，炔烃占比为 4.6%～7.3%。2019 年 OVOCs 占比为 22.5%～34.0%，多数站点主要组分仍为 OVOCs，烷烃占比为 23.6%～41.4%，卤代烃占比为 13.9%～25.0%，烯烃占比为 8.0%～13.5%，芳香烃占比为 6.3%～16.3%，炔烃占比为 4.0%～9.0%。2020 年 OVOCs 占比为 13.8%～37.1%，多数站点主要组分仍为 OVOCs，烷烃占比为 30.2%～44.3%，卤代烃占比为 9.1%～25.0%，烯烃占比为 10.1%～13.5%，芳香烃占比为 6.0%～16.3%，炔烃占比为 3.7%～7.0%。

从站点角度来看，2018～2019 年唐家沱站 VOCs 浓度涨幅最大，为 90.4%，化学组成中 OVOCs 浓度涨幅为 1.3 倍，烷烃为 1.1 倍，烯烃和炔烃接近 1 倍；2019 年歇台子站 VOCs 浓度最高，同 2018 年相比上升 47.7%，其中 OVOCs 和烷烃涨幅高于 50%；2019 年虎溪站 VOCs 浓度仅次于歇台子站，较 2018 年浓度上升 13.8%；白市驿站 VOCs 浓度下降 28.9%，除芳香烃上升 39.0%外，所有组分均有所下降；2019 年龙洲湾站 VOCs 浓度同 2018 年相比下降 37.6%，化学组成中 OVOCs 降幅最高，为 41.8%，其次为烷烃（40.3%）和芳香烃（34.4%）；2019 年西南大学站 VOCs 浓度同 2018 年相比下降了 41.4%，化学组成中卤代烃降幅最高，为 53.6%，其次为芳香烃（50.2%）和 OVOCs（49.7%）。2020 年，龙洲湾站、缙云山站和西南大学站 VOCs 浓度比 2019 年均有上升，涨幅介于 19.1%～69.4%，其中龙洲湾站涨幅最大。2020 年，歇台子站和白市驿站 VOCs 浓度有所下降。2020 年 VOCs 浓度最高的是新山村站，最低的为缙云山站。

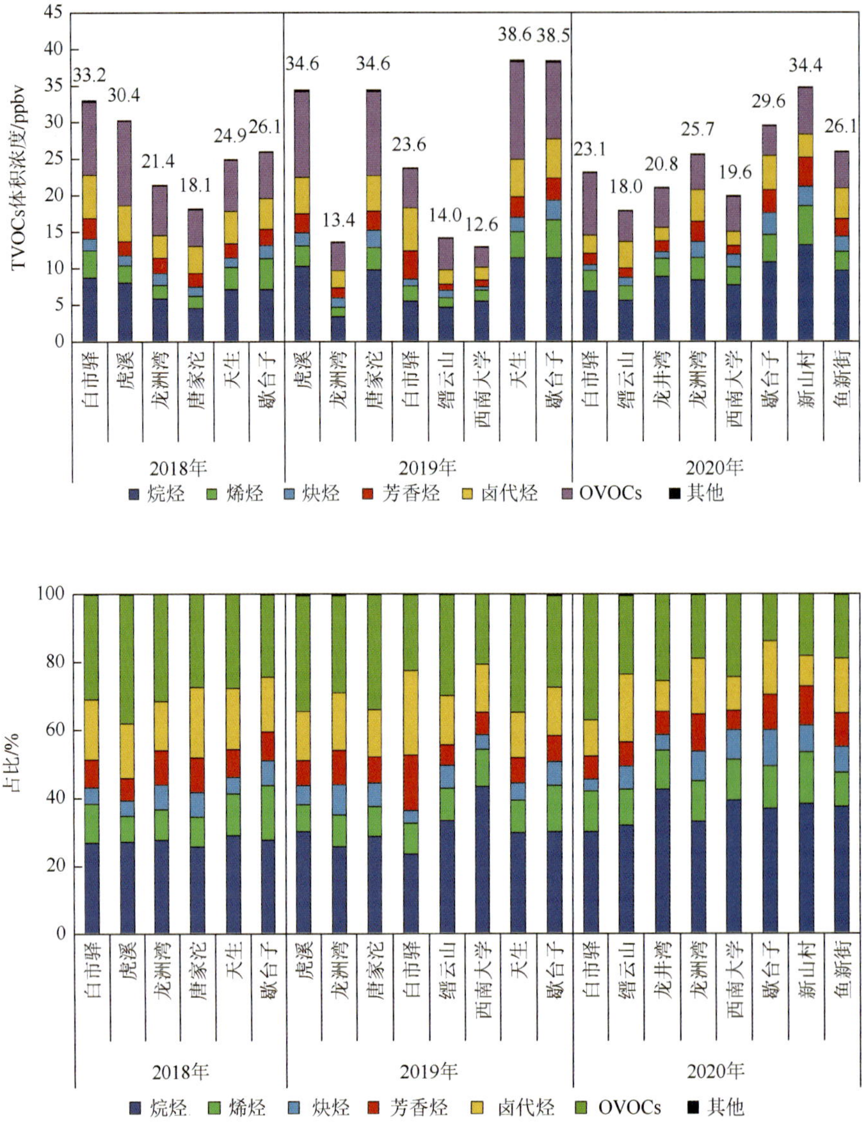

图 5.2-2　VOCs 浓度及化学组成站点分布

图 5.2-3 给出了 2018 年和 2019 年重庆市在线站点 VOCs 及其组分日变化，从图中可以看出，峰值出现在 2019 年的 9:00，与 2018 年出现峰值的时间一致，较 8:00 VOCs 浓度升高 73.6%，其中烷烃占比最大，较 8:00 升高 78.1%，OVOCs 浓度涨幅最大，升高 145.3%，烯烃、炔烃和卤代烃涨幅分别为 93.6%、137.7%和 49.1%，主要受机动车影响，工业溶剂也产生一定影响。此外，2019 年在 14:00 出现了峰值，2018 年也在 14:00 出现峰值，较 13:00 时 VOCs 浓度升高 62.0%，其中 OVOCs 占比最大，涨幅最高，涨幅为 82.7%，其次是烷烃，涨幅为 80.7%，主要受工业排放、二次生成和机动车尾气排放的影响。

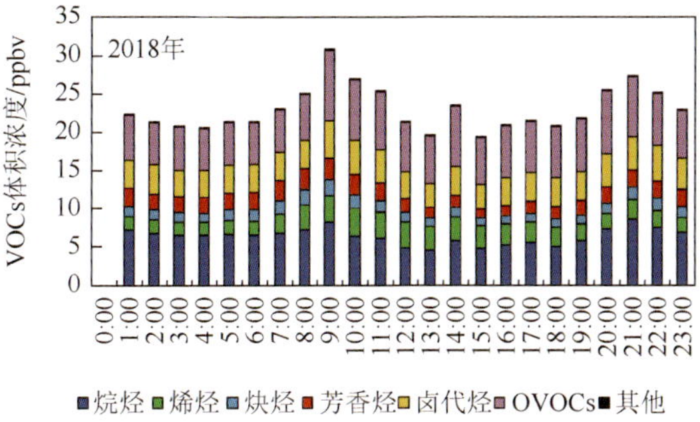

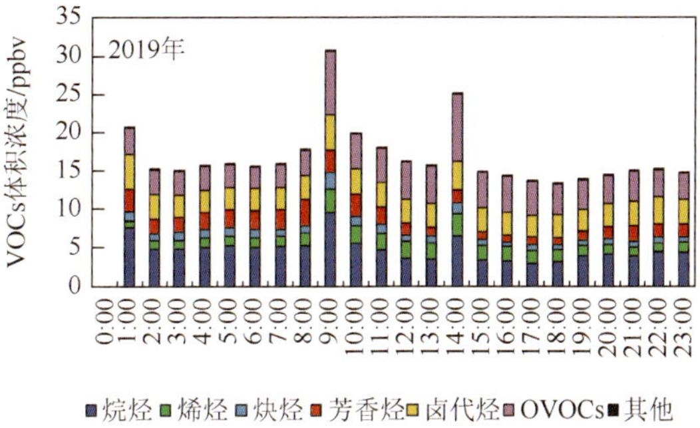

图 5.2-3　2018 年和 2019 年重庆在线站点 VOCs 及其组分日变化

5.3　VOCs 主要优势组分

环境空气中 VOCs 的化学组成受到来源、排放特征、化学转化等多方面因素的影响，其中蕴含着大量信息。

图 5.3-1 和图 5.3-2 为重庆市 2018～2020 年 VOCs 各组分的体积浓度和质量浓度分布。从体积浓度分布来看，丙酮、二氯甲烷、乙烷、乙炔和异戊二烯是重庆 2018 年 VOCs 体积浓度排名前五的组分，2019 年 VOCs 体积浓度排名前五的组分依次是丙酮、乙烷、乙炔、乙烯和异戊烷，其中，丙酮、乙烷和乙炔 2019 年体积浓度较 2018 年上升 14.5%、27.0% 和 5.0%，乙烯、异戊烷、二氯甲烷和异戊二烯较 2018 年下降 15.0%、10.6%、40.0%和 11.0%。2020 年 VOCs 体积浓度排名前五的组分是丙酮、乙烷、乙炔、乙烯和正丁烷。从质量浓度分布来看，重庆市 2018 年 VOCs 质量浓度排名前五的组分是丙酮、二氯甲烷、异戊二烯、异戊烷和乙酸乙酯；2019 年 VOCs 质量浓度排名前五的组分依次是丙酮、二氯甲烷、异戊烷、乙烷和异戊二烯；相较于 2018 年，2019 年丙酮、异戊烷、乙烷质量浓度上升 14.5%、1.1%、27.0%，二氯甲烷、异戊二烯和乙酸乙酯质量浓度下降 40.0%、21.3% 和 31.0%。2020 年 VOCs 质量浓度排名前五的组分依次是丙酮、异戊烷、乙烷、正丁烷和二氯甲烷。2018 年、2019 年和 2020 年三年的烷烃中主要组分均包括正/异戊烷、丙烷、乙烷和正丁烷；烯烃中优势组分为异戊二烯和乙烯，其他烯烃的比例较低；芳香烃则以甲苯、间/对二甲苯和苯为主；卤代烃中二氯甲烷、氯甲烷等组分浓度均较高；OVOCs 中优势组分为丙酮，其次是乙酸乙酯和 2-丁酮。VOCs 污染物的质量浓度占比可以初步反映 VOCs 的来源信息。丙酮是重庆 VOCs 中质量浓度最高的组分，一方面丙酮是常见的

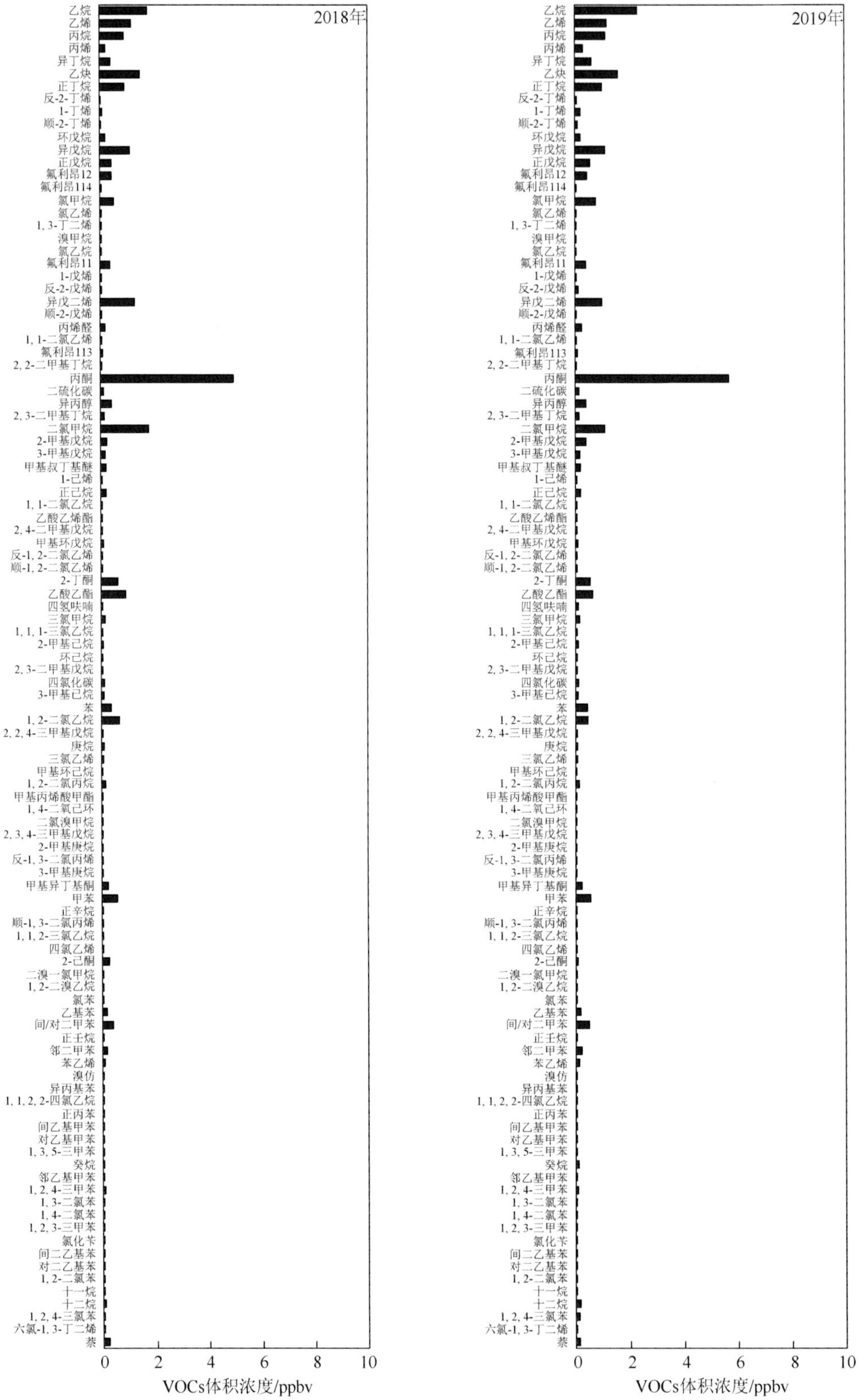
2018年
2019年
乙烷
乙烯
丙烷
丙烯
异丁烷
乙炔
正丁烷
反-2-丁烯
1-丁烯
顺-2-丁烯
环戊烷
异戊烷
正戊烷
氟利昂12
氟利昂114
氯甲烷
氯乙烯
1, 3-丁二烯
溴甲烷
氯乙烷
氟利昂11
1-戊烯
反-2-戊烯
异戊二烯
顺-2-戊烯
丙烯醛
1, 1-二氯乙烯
氟利昂113
2, 2-二甲基丁烷
丙酮
二硫化碳
异丙醇
2, 3-二甲基丁烷
二氯甲烷
2-甲基戊烷
3-甲基戊烷
甲基叔丁基醚
1-己烯
正己烷
1, 1-二氯乙烷
乙酸乙烯酯
2, 4-二甲基戊烷
甲基环戊烷
反-1, 2-二氯乙烯
顺-1, 2-二氯乙烯
2-丁酮
乙酸乙酯
四氢呋喃
三氯甲烷
1, 1, 1-三氯乙烷
2-甲基己烷
环己烷
2, 3-二甲基戊烷
四氯化碳
3-甲基己烷
苯
1, 2-二氯乙烷
2, 2, 4-三甲基戊烷
庚烷
三氯乙烯
甲基环己烷
1, 2-二氯丙烷
甲基丙烯酸甲酯
1, 4-二氧己环
二氯溴甲烷
2, 3, 4-三甲基戊烷
2-甲基庚烷
反-1, 3-二氯丙烯
3-甲基庚烷
甲基异丁基酮
甲苯
正辛烷
顺-1, 3-二氯丙烯
1, 1, 2-三氯乙烷
四氯乙烯
2-己酮
二溴一氯甲烷
1, 2-二溴乙烷
氯苯
乙基苯
间/对二甲苯
正壬烷
邻二甲苯
苯乙烯
溴仿
异丙基苯
1, 1, 2, 2-四氯乙烷
正丙苯
间乙基甲苯
对乙基甲苯
1, 3, 5-三甲苯
癸烷
邻乙基甲苯
1, 2, 4-三甲苯
1, 3-二氯苯
1, 4-二氯苯
1, 2, 3-三甲苯
氯化苄
间二乙基苯
对二乙基苯
1, 2-二氯苯
十一烷
十二烷
1, 2, 4-三氯苯
六氯-1, 3-丁二烯
萘
0
2
4
6
8
10
VOCs体积浓度/ppbv

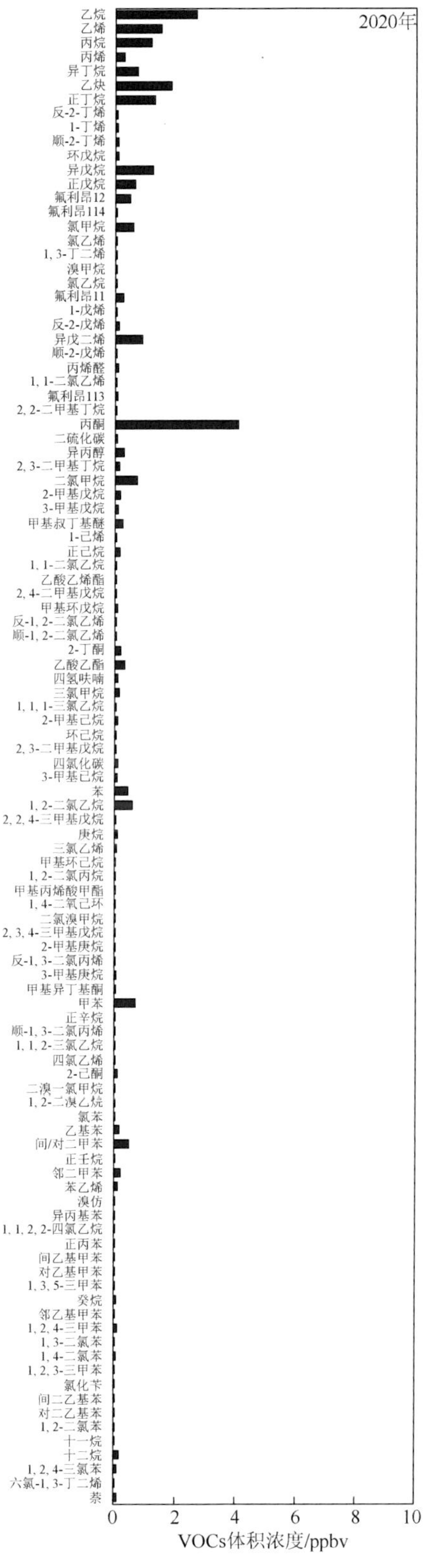

图5.3-1 2018～2020年重庆市VOCs组分体积浓度分布图

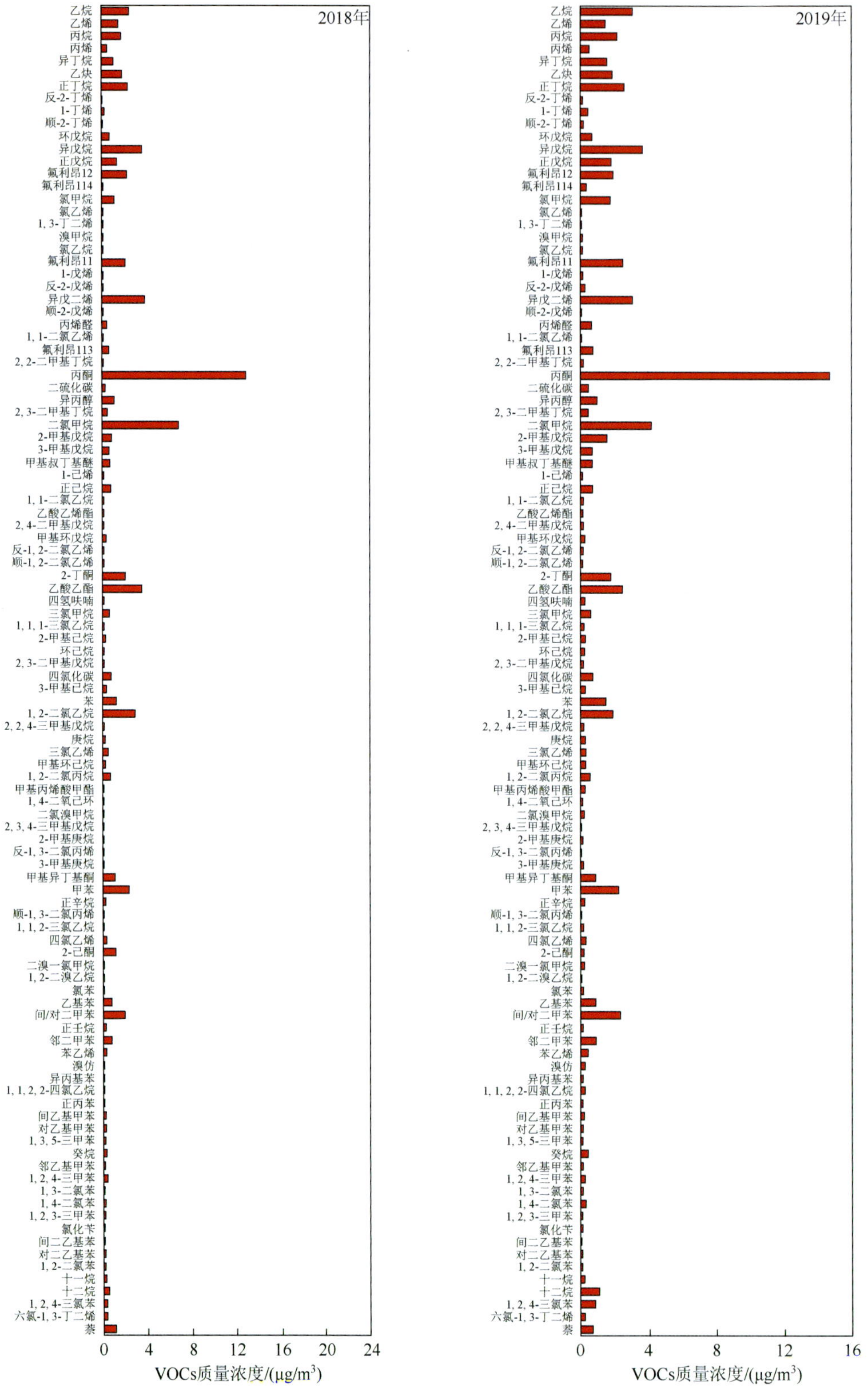
2018年
乙烷
乙烯
丙烷
丙烯
异丁烷
乙炔
正丁烷
反-2-丁烯
1-丁烯
顺-2-丁烯
环戊烷
异戊烷
正戊烷
氟利昂12
氟利昂114
氯甲烷
氯乙烯
1, 3-丁二烯
溴甲烷
氯乙烷
氟利昂11
1-戊烯
反-2-戊烯
异戊二烯
顺-2-戊烯
丙烯醛
1, 1-二氯乙烯
氟利昂113
2, 2-二甲基丁烷
丙酮
二硫化碳
异丙醇
2, 3-二甲基丁烷
二氯甲烷
2-甲基戊烷
3-甲基戊烷
甲基叔丁基醚
1-己烯
正己烷
1, 1-二氯乙烷
乙酸乙烯酯
2, 4-二甲基戊烷
甲基环戊烷
反-1, 2-二氯乙烯
顺-1, 2-二氯乙烯
2-丁酮
乙酸乙酯
四氢呋喃
三氯甲烷
1, 1, 1-三氯乙烷
2-甲基己烷
环己烷
2, 3-二甲基戊烷
四氯化碳
3-甲基己烷
苯
1, 2-二氯乙烷
2, 2, 4-三甲基戊烷
庚烷
三氯乙烯
甲基环己烷
1, 2-二氯丙烷
甲基丙烯酸甲酯
1, 4-二氧己环
二氯溴甲烷
2, 3, 4-三甲基戊烷
2-甲基庚烷
反-1, 3-二氯丙烯
3-甲基庚烷
甲基异丁基酮
甲苯
正辛烷
顺-1, 3-二氯丙烯
1, 1, 2-三氯乙烷
四氯乙烯
2-己酮
二溴一氯甲烷
1, 2-二溴乙烷
氯苯
乙基苯
间/对二甲苯
正壬烷
邻二甲苯
苯乙烯
溴仿
异丙基苯
1, 1, 2, 2-四氯乙烷
正丙苯
间乙基甲苯
对乙基甲苯
1, 3, 5-三甲苯
癸烷
邻乙基甲苯
1, 2, 4-三甲苯
1, 3-二氯苯
1, 4-二氯苯
1, 2, 3-三甲苯
氯化苄
间二乙基苯
对二乙基苯
1, 2-二氯苯
十一烷
十二烷
1, 2, 4-三氯苯
六氯-1, 3-丁二烯
萘
0
4
8
12
16
20
24
VOCs质量浓度/(μg/m^3)
2019年
乙烷
乙烯
丙烷
丙烯
异丁烷
乙炔
正丁烷
反-2-丁烯
1-丁烯
顺-2-丁烯
环戊烷
异戊烷
正戊烷
氟利昂12
氟利昂114
氯甲烷
氯乙烯
1, 3-丁二烯
溴甲烷
氯乙烷
氟利昂11
1-戊烯
反-2-戊烯
异戊二烯
顺-2-戊烯
丙烯醛
1, 1-二氯乙烯
氟利昂113
2, 2-二甲基丁烷
丙酮
二硫化碳
异丙醇
2, 3-二甲基丁烷
二氯甲烷
2-甲基戊烷
3-甲基戊烷
甲基叔丁基醚
1-己烯
正己烷
1, 1-二氯乙烷
乙酸乙烯酯
2, 4-二甲基戊烷
甲基环戊烷
反-1, 2-二氯乙烯
顺-1, 2-二氯乙烯
2-丁酮
乙酸乙酯
四氢呋喃
三氯甲烷
1, 1, 1-三氯乙烷
2-甲基己烷
环己烷
2, 3-二甲基戊烷
四氯化碳
3-甲基己烷
苯
1, 2-二氯乙烷
2, 2, 4-三甲基戊烷
庚烷
三氯乙烯
甲基环己烷
1, 2-二氯丙烷
甲基丙烯酸甲酯
1, 4-二氧己环
二氯溴甲烷
2, 3, 4-三甲基戊烷
2-甲基庚烷
反-1, 3-二氯丙烯
3-甲基庚烷
甲基异丁基酮
甲苯
正辛烷
顺-1, 3-二氯丙烯
1, 1, 2-三氯乙烷
四氯乙烯
2-己酮
二溴一氯甲烷
1, 2-二溴乙烷
氯苯
乙基苯
间/对二甲苯
正壬烷
邻二甲苯
苯乙烯
溴仿
异丙基苯
1, 1, 2, 2-四氯乙烷
正丙苯
间乙基甲苯
对乙基甲苯
1, 3, 5-三甲苯
癸烷
邻乙基甲苯
1, 2, 4-三甲苯
1, 3-二氯苯
1, 4-二氯苯
1, 2, 3-三甲苯
氯化苄
间二乙基苯
对二乙基苯
1, 2-二氯苯
十一烷
十二烷
1, 2, 4-三氯苯
六氯-1, 3-丁二烯
萘
0
4
8
12
16
VOCs质量浓度/(μg/m^3)

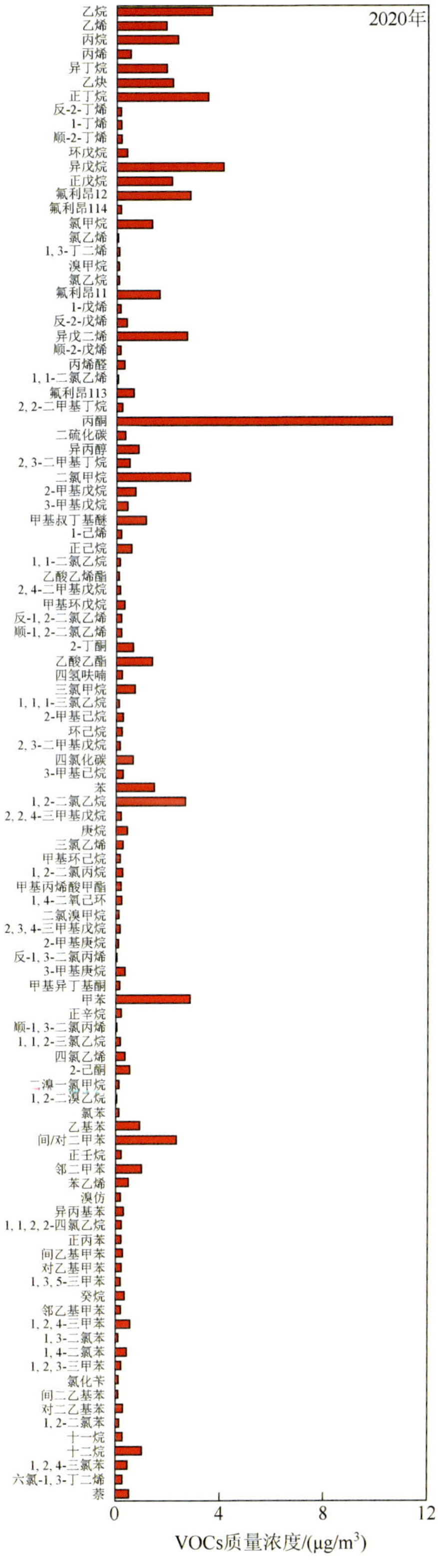

图5.3-2 2018～2020年重庆市VOCs组分质量浓度分布图

工业溶剂，另一方面丙酮又是重要的光化学反应二次生成产物，加之丙酮本身化学活性低，在大气中存活时间长，因此在环境大气中表现出较高的浓度；乙烷、乙烯、苯、甲苯等化合物主要来自机动车尾气的排放，正戊烷、异戊烷等在液化汽油及其蒸汽中含量丰富的组分；甲苯和间/对二甲苯等苯系物主要来自涂料、油漆、黏合剂和清洗剂的使用；二氯甲烷、1, 1-二氯乙烯等卤代烃用于电子行业清洗剂、医药合成等；异戊二烯在夏季主要受到植被排放的影响。

图 5.3-3、图 5.3-4 和图 5.3-5 给出了 2018 年、2019 年和 2020 年重庆市各站点 VOCs 体积浓度排名前十的组分。从图中可以看出，无论是 2018 年、2019 年还是 2020 年，各站点丙酮均为浓度较高的组分，其中 2019 年龙洲湾站、唐家沱站和歇台子站丙酮浓度高于 2018 年。此外，各站点异戊二烯、二氯甲烷、乙烷、乙炔和异戊烷等组分浓度也较高。2020 年，歇台子站 VOCs 组分浓度最高的为乙炔。

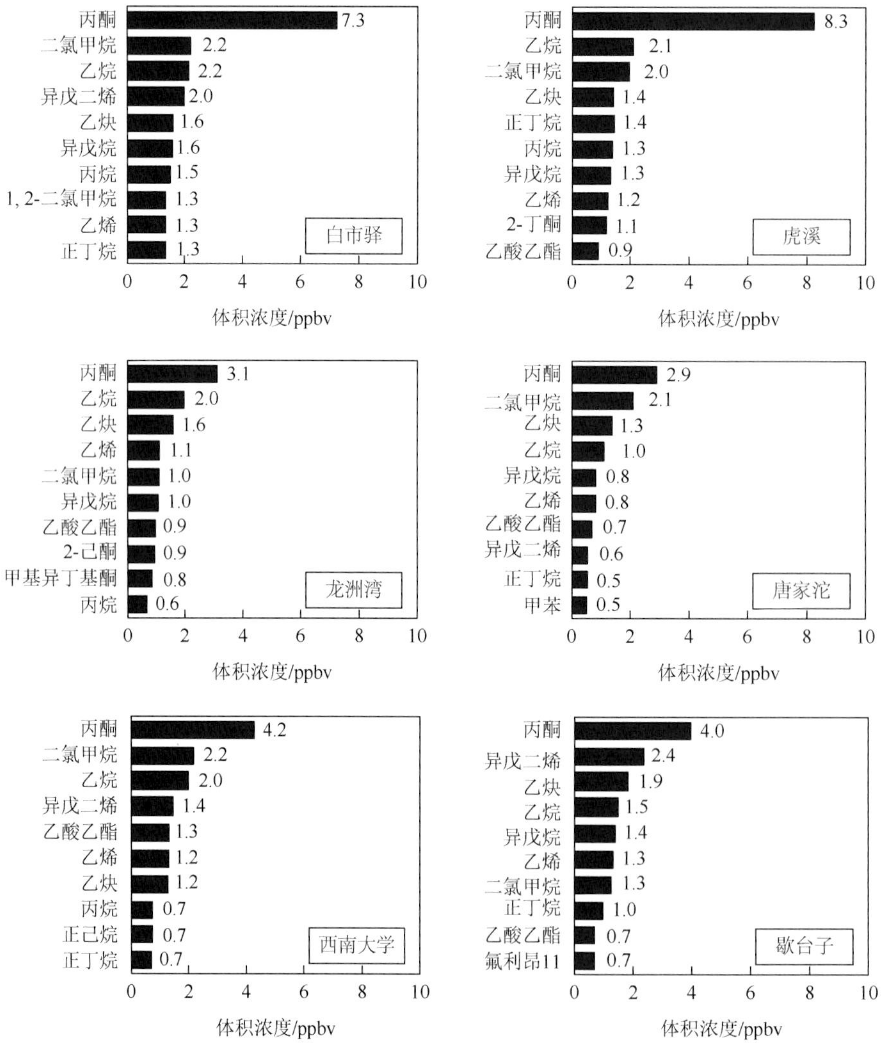

图 5.3-3　各站点 2018 年 VOCs 体积浓度排名前十组分

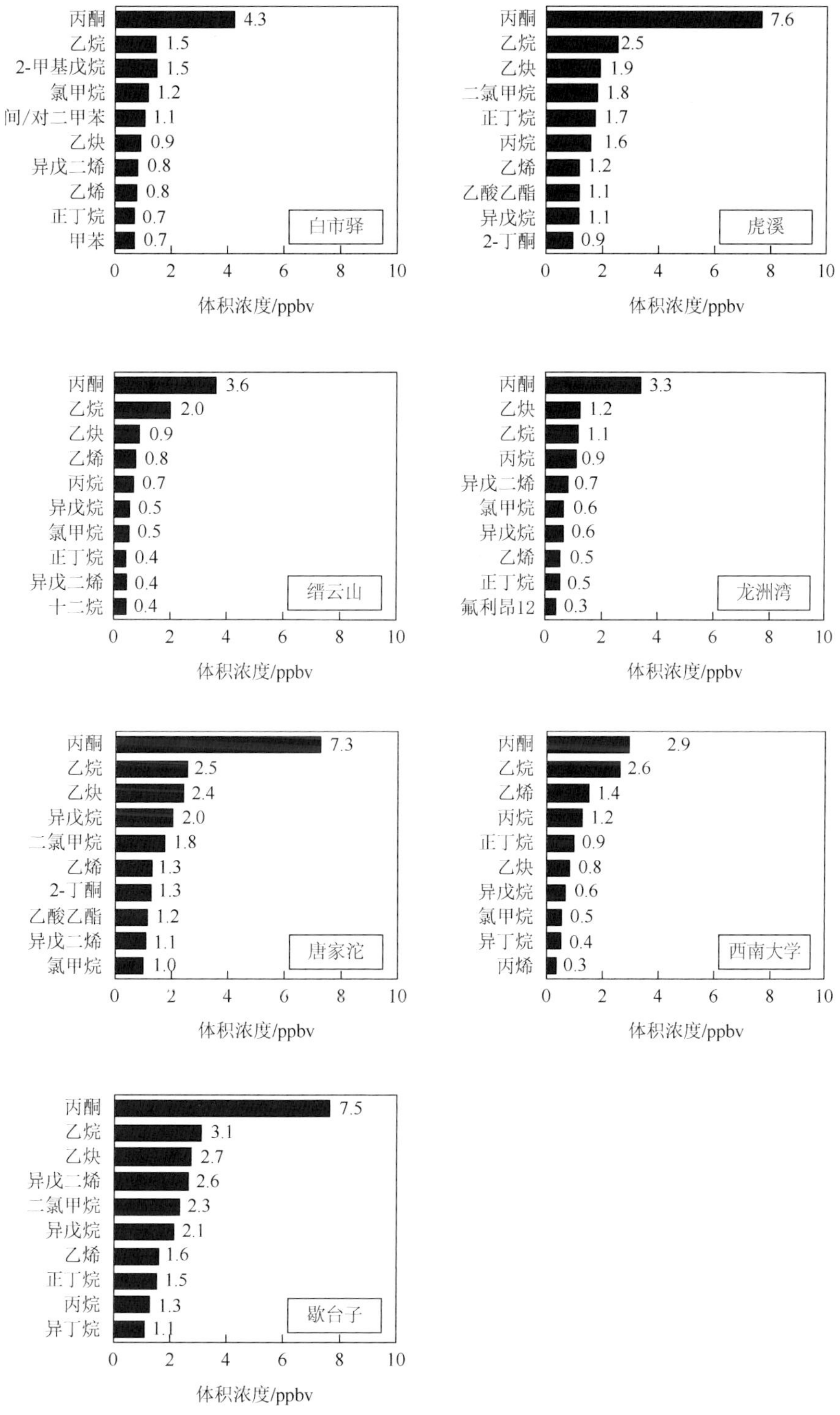

图 5.3-4　各站点 2019 年 VOCs 体积浓度排名前十组分

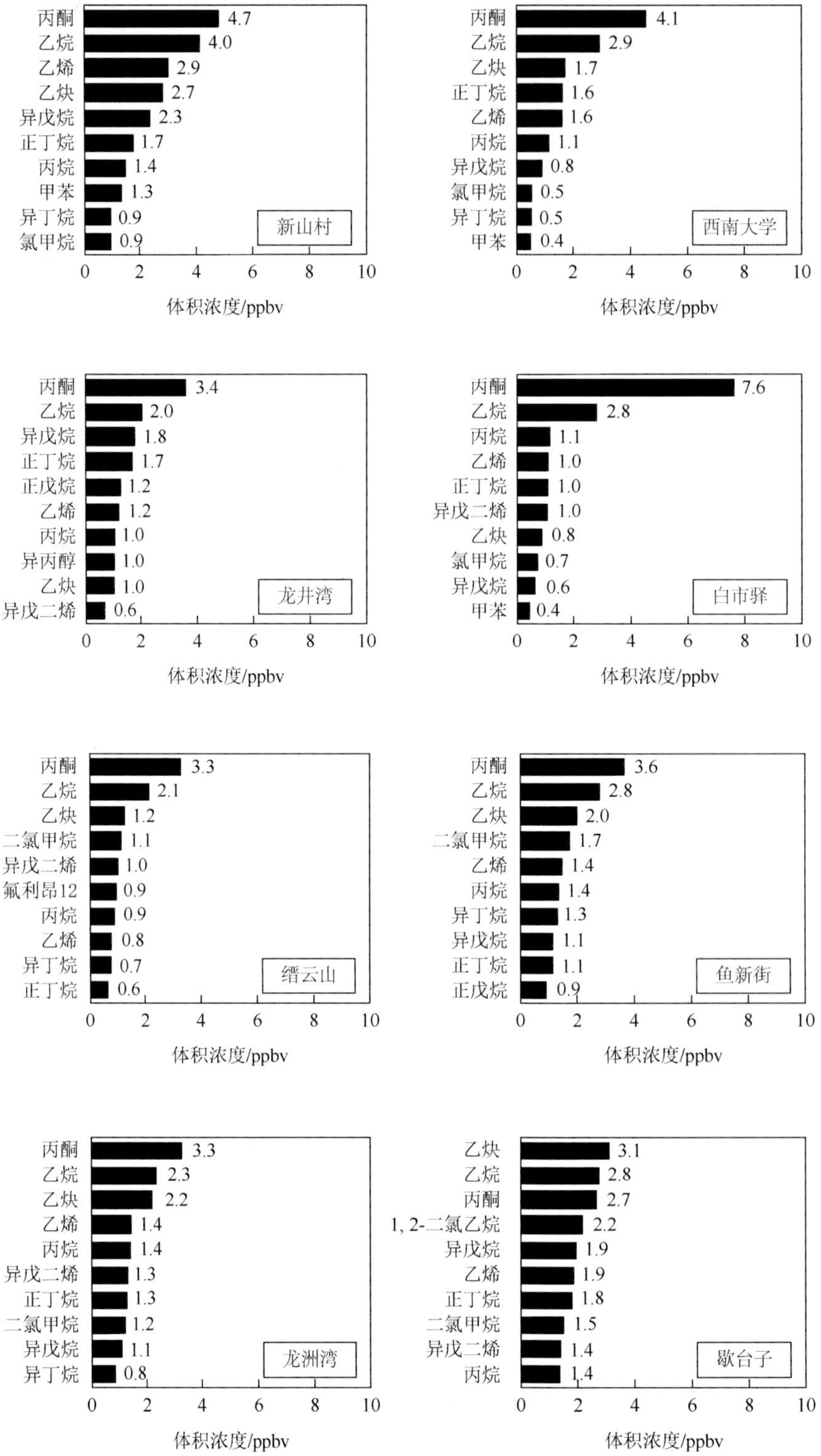

图 5.3-5　各站点 2020 年 VOCs 体积浓度排名前十组分

5.4　VOCs 活性分析及关键组分

VOCs 是环境大气中化学组成非常复杂的痕量组分，参与了大气环境中的各种化学反应，在大气环境化学中一直扮演着非常重要的角色。VOCs 进入大气中后，会通过光解反应或者与 OH 自由基、NO_3 自由基（夜间）和 O_3 的氧化反应进行转化和去除。VOCs 的氧化过程会打破 NO_2-NO-O_3 三者之间的平衡，导致 O_3 的生成和积累，另外 VOCs 自身会被氧化生成挥发性更低的产物进入颗粒相，生成 SOA。不同 VOCs 组分生成 O_3 和 SOA 的能力不同，因此为了更加有针对性地降低近地面臭氧和 SOA 的浓度，要优先削减生成 O_3 和 SOA 能力强的 VOCs 组分。基于 VOCs 数据估算 O_3 和 SOA 生成潜势能够指示不同 VOCs 对二次生成贡献的大小。

目前用于观测数据估算 VOCs 反应活性及对臭氧生成贡献的方法主要包括 OH 自由基反应活性法和增量反应活性法两种。由于各类 VOCs 的起始反应一般都是与 OH 自由基的反应（唐孝炎等，2010），OH 自由基反应活性法是把所有 VOCs 组分置于同一个平等的基点上来进行比较，VOCs 组分的 OH 消耗速率是其大气浓度与 OH 反应速率的乘积，用该方法可以估算初始 RO_2 的生成速率，表征 VOCs 的 OH 自由基活性（Atkinson and Arey，2003）。但该方法仅考虑了 VOCs 与 OH 自由基的反应速率，没有考虑 OH 引发反应之后的后续反应，也忽略了大气中其他反应过程如光解反应、NO_3 和 O_3 与 VOCs 的反应以及生产有机硝酸酯和 PAN 等对 NO_x 去除而减少的 O_3 生产潜势。为了综合衡量各种 VOCs 化合物的反应活性及对 O_3 生成潜势的影响，提出了 VOCs 增量反应活性（incremental reactivity，IR）的概念：根据烟雾箱模拟实验，通过改变特定 VOCs 加入的量来观察 O_3 生成的实际变化。IR 考虑了给定 VOCs 产生的 O_3 分子数（机理反应性），也考虑了 OH 或动力学反应性和混合物的相互作用。有研究发现 IR 与给定气团的性质和 VOCs/NO_x 的比值有关，改变 VOCs/NO_x 比值，使 IR 达到最大值，即最大增量反应活性（maximum incremental reactivity，MIR），此时 VOCs 组分在 O_3 生成中的作用最大。研究者多用 MIR 来计算 VOCs 的臭氧生成潜势（ozone formation potential，OFP），OFP 是某种 VOCs 的大气浓度与最大增量反应活性的乘积，以此衡量某地区 VOCs 生成 O_3 的最大能力。

$$OFP_i = MIR_i \times [VOCs]_i \tag{5.4-1}$$

式中，MIR 的取值源自 Carter 的研究。

环境大气中的 VOCs 在氧化剂的作用下生成其他半挥发性的氧化产物，继而进入气溶胶中，按照质量守恒的基本原则，气溶胶中可等量换算的挥发性有机物的物质的量与反应过程中对应消耗掉的挥发性有机物的物质的量之比，被称为挥发性有机物的气溶胶产率。Grosjean 假设 VOCs 生成 SOA 的产率是固定不变的，并根据烟雾箱实验的结果提出了气溶胶生成系数（fractional aerosol coefficient，FAC）的概念，即消耗单位质量的 VOCs 可以生成 SOA 的量，用来反映 SOA 生成与 VOCs 初始浓度之间的关系，并对多种 VOCs 的气溶胶生成系数进行了测定，计算时采用了 Grosjean 等（Grosjean and Seinfeld，1989；Grosjean，1992）大量的烟雾箱实验数据。环境大气的总 SOA 生成潜势（aerosol formation potential，AFP）就是各种污染组分的大气浓度与其气溶胶生成系数乘积的加和：

$$\mathrm{AFP} = \sum \mathrm{AFP}_i = \sum [\mathrm{VOCs}]_i \times \mathrm{FAC}_i \tag{5.4-2}$$

本节将通过计算 VOCs 的臭氧生成潜势（OFP）和颗粒物生成潜势（AFP），表征重庆市环境空气中 VOCs 生成近地面 O_3 和 SOA 的能力，并识别出对 O_3 和 SOA 生成起到关键作用的 VOCs 活性组分。

主要 VOCs 组分及其对应的 MIR 和 FAC 值如表 5.4-1 所示。

表 5.4-1　主要 VOCs 组分及其对应的 MIR 和 FAC 值

序号	名称	MIR	FAC	序号	名称	MIR	FAC
1	乙烷	0.28		30	2-甲基戊烷	1.5	
2	乙烯	9		31	环戊烷	2.39	0.04
3	乙炔	0.95		32	3-甲基戊烷	1.8	
4	丙烷	0.49		33	甲基叔丁基醚	0.73	
5	丙烯	11.66		34	1-已烯	5.49	
6	氯甲烷	0.038		35	正已烷	1.24	
7	异丁烷	1.23		36	1, 1-二氯乙烷	0.069	
8	1-丁烯	9.73		37	乙酸乙烯酯	3.2	
9	正丁烷	1.15		38	2, 4-二甲基戊烷	1.55	0.009
10	氯乙烯	2.83		39	甲基环戊烷	2.19	0.04
11	1, 3-丁二烯	12.61		40	顺-1, 2-二氯乙烯	1.7	
12	反-2-丁烯	15.16		41	甲基乙基酮	1.48	
13	顺-2-丁烯	14.24		42	氯仿	0.022	
14	溴甲烷	0.0187		43	2-甲基已烷	1.19	0.009
15	氯乙烷	0.29		44	1, 1, 1-三氯乙烷	0.0049	
16	异戊烷	1.45		45	环已烷	1.25	0.04
17	1-戊烯	7.21		46	2, 3-二甲基戊烷	1.34	0.009
18	正戊烷	1.31		47	3-甲基已烷	1.61	0.009
19	反-2-戊烯	10.56		48	1, 2-二氯乙烷	0.21	
20	异戊二烯	10.61		49	苯	0.72	0.37
21	顺-2-戊烯	10.38		50	2, 2, 4-三甲基戊烷	1.26	0.041
22	丙烯醛	7.45		51	正庚烷	1.07	0.009
23	1, 1-二氯乙烯	1.79		52	三氯乙烯	0.64	
24	2, 2-二甲基丁烷	1.17		53	甲基环已烷	1.7	0.121
25	丙酮	0.36		54	1, 2-二氯丙烷	0.29	
26	异丙醇	0.61		55	2, 3, 4-三甲基戊烷	1.03	0.041
27	乙酸乙酯	0.63		56	2-甲基庚烷	1.07	0.041
28	2, 3-二甲基丁烷	0.97		57	反-1, 3-二氯丙烯	5.03	
29	二氯甲烷	0.041		58	3-甲基庚烷	1.24	0.041

续表

序号	名称	MIR	FAC	序号	名称	MIR	FAC
59	4-甲基-2-戊酮	3.88		73	异丙苯	2.52	0.36
60	甲苯	4	0.3	74	正丙基苯	2.03	0.36
61	辛烷	0.9	0.041	75	3-乙基甲苯	7.39	0.36
62	顺-1, 3-二氯丙烯	3.7		76	4-乙基甲苯	4.44	0.36
63	1, 1, 2-三氯乙烷	0.086		77	正癸烷	0.68	0.146
64	四氯乙烯	0.031		78	1, 3, 5-三甲苯	11.76	0.36
65	2-己酮	3.14		79	2-乙基甲苯	5.59	0.36
66	1, 2-二溴乙烷	0.102		80	1, 2, 4-三甲苯	8.87	0.36
67	氯苯	0.32		81	1, 4-二氯苯	0.178	
68	乙苯	3.04	0.36	82	1, 2, 3-三甲苯	11.97	0.36
69	正壬烷	0.78	0.08	83	间二乙苯	7.1	0.36
70	间/对二甲苯	7.8	0.36	84	对二乙苯	4.43	0.36
71	邻二甲苯	7.64	0.36	85	正十一烷	0.61	0.025
72	苯乙烯	1.73	0.36	86	1, 2-二氯苯	0.178	

图 5.4-1 分别给出了重庆市 2018 年、2019 年和 2020 年 VOCs 化学组成对 OFP 的贡献。2018 年 VOCs 化学组成对 OFP 的贡献从大到小排序依次为芳香烃、OVOCs、烯烃、烷烃、卤代烃、炔烃。2019 年烯烃对 OFP 的贡献率最高，为 38.94%，占比较 2018 年上升，其次是芳香烃，贡献率为 30.19%，占比较 2018 年下降。2020 年 VOCs 化学组成对 OFP 贡献大的主要为烯烃、芳香烃、烷烃和 OVOCs。2019 年和 2020 年烯烃对 OFP 的贡献率大幅度上升，成为臭氧光化学生成的最主要贡献者。

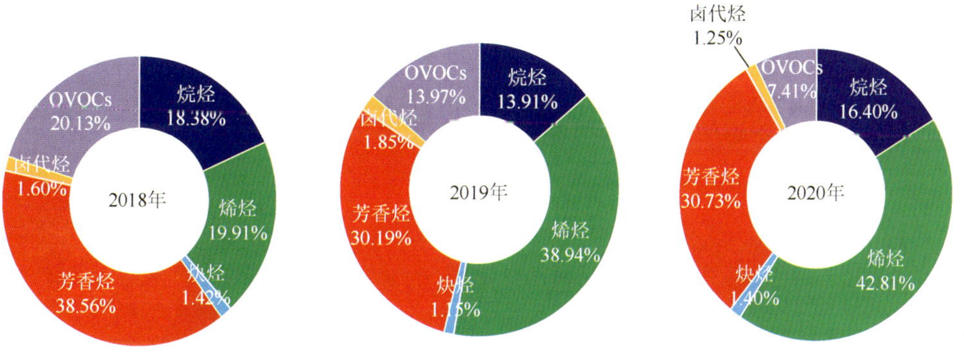

图 5.4-1　2018 年、2019 年和 2020 年重庆市 VOCs 化学组成对 OFP 的贡献

图 5.4-2 分别给出了重庆市 2018 年、2019 年和 2020 年 OFP 贡献排名前十的组分。从图中可以看出，2018 年、2019 年和 2020 年 OFP 排名前三的组分分别是异戊二烯、间/对二甲苯与乙烯。表明观测期间主要受植被源、溶剂使用源、机动车排放源等影响，由于观测时间均为夏季，异戊二烯浓度较高。

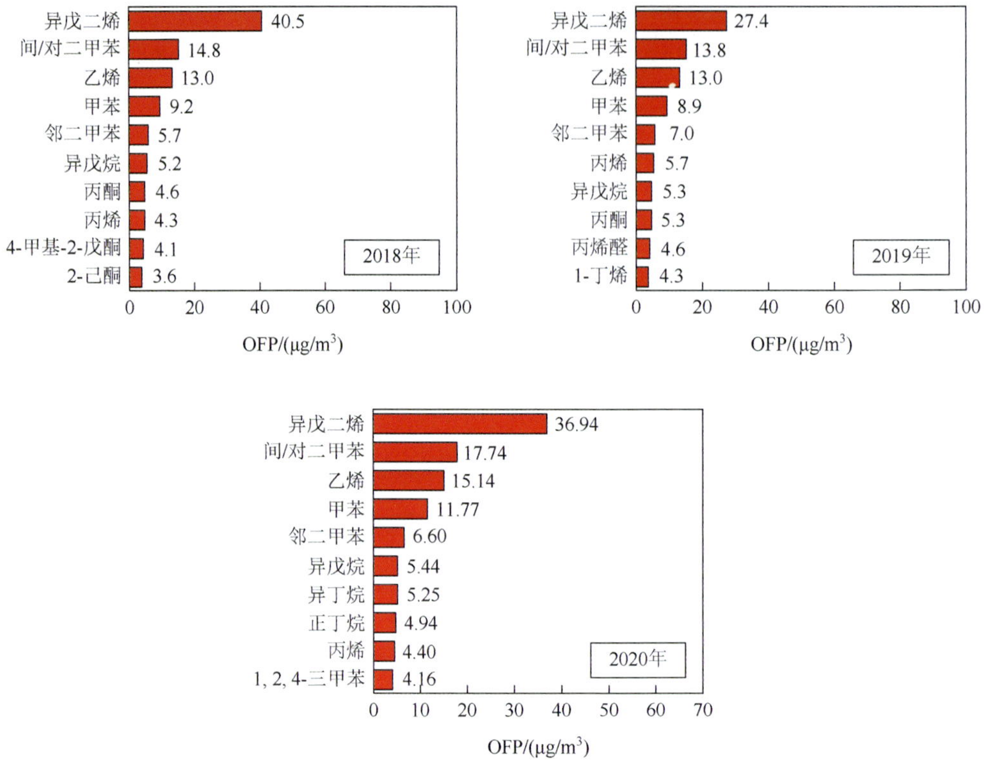

图 5.4-2　2018 年、2019 年和 2020 年重庆市 OFP 排名前十组分

下文计算了 2018～2020 年白市驿、虎溪、缙云山、龙洲湾、唐家沱、天生、西南大学和歇台子站点 VOCs 对 OFP 的贡献。各站点 OFP 的详细分析如下。

1）白市驿站

白市驿镇位于重庆市九龙坡区，周边工业企业发达，不远处有新营房工业园、清河工业园、白市驿工业园、双福工业园（江津）环绕，溶剂使用量较大。因此，白市驿站芳香烃对 OFP 的贡献是所有站点中占比最高的。从 VOCs 排名前十组分对臭氧生成的贡献（图 5.4-3）可以看出，2019 年 OFP 排名前三的组分分别是间/对二甲苯、异戊二烯和

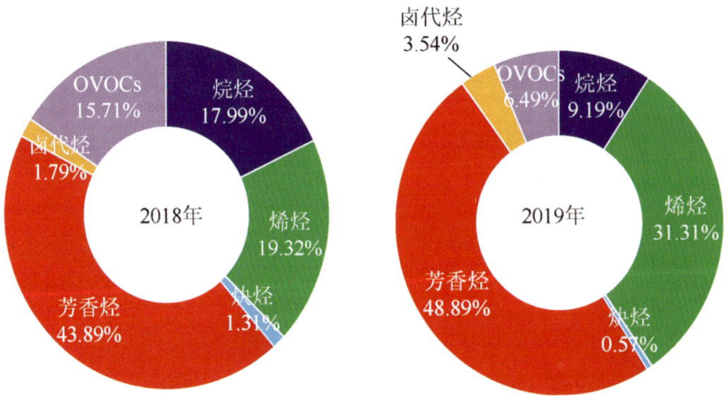

图 5.4-3　2018 年和 2019 年白市驿站 VOCs 化学组成对 OFP 的贡献

邻二甲苯，OFP 值分别为 39.6μg/m³、27.0μg/m³ 和 12.7μg/m³（图 5.4-4），间/对二甲苯较 2018 年上升 98.0%，取代异戊二烯成为 2019 年 OFP 的最主要贡献者，异戊二烯较 2018 年下降了 58.5%。

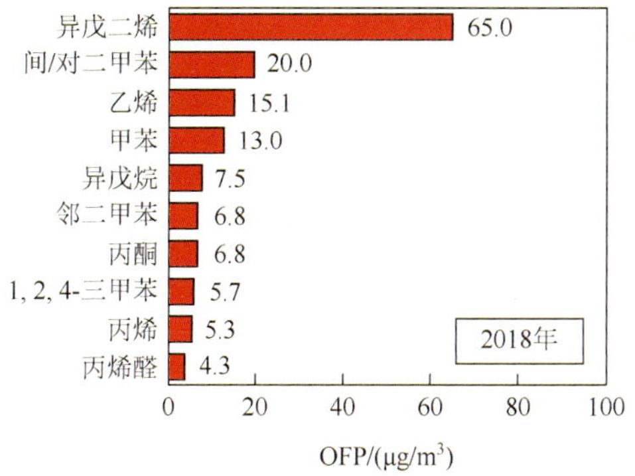

图 5.4-4　2018 年和 2019 年白市驿站 OFP 排名前十组分

2）虎溪站

图 5.4-5 为虎溪站 2018 年和 2019 年 VOCs 化学组成对 OFP 的贡献占比。芳香烃为 2018 年对臭氧生成贡献的优势化学组成，2019 年烯烃取代芳香烃成为对 OFP 贡献最高的组分，且占比上升超过 50%；从图 5.4-6 来看，2018 年与 2019 年 OFP 排名前三的组分均是异戊二烯、间/对二甲苯和乙烯，2019 年异戊二烯和间/对二甲苯较 2018 年分别上升了 31.1%、51.7%，乙烯与 2018 年基本持平。

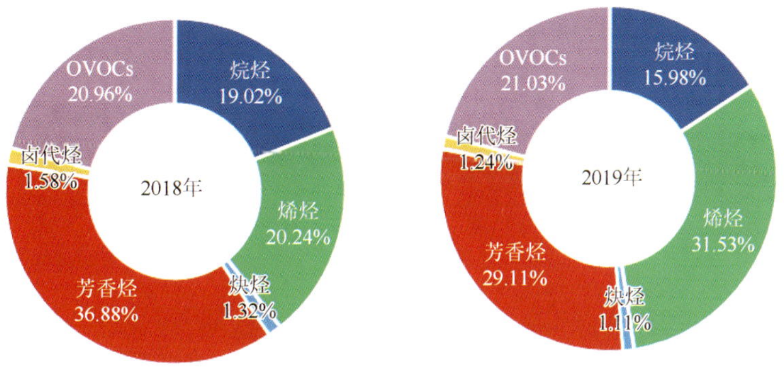

图 5.4-5　2018 年和 2019 年虎溪站 VOCs 化学组成对 OFP 的贡献

3）缙云山站

图 5.4-7 和图 5.4-8 为缙云山站 2019 年和 2020 年 VOCs 化学组成对 OFP 的贡献占比及 OFP 前十组分，烯烃对 OFP 贡献最高，其次为芳香烃和烷烃。2019 年 OFP 值排名前三的组分是异戊二烯、乙烯和间/对二甲苯，2020 年为异戊二烯、乙烯和甲苯。

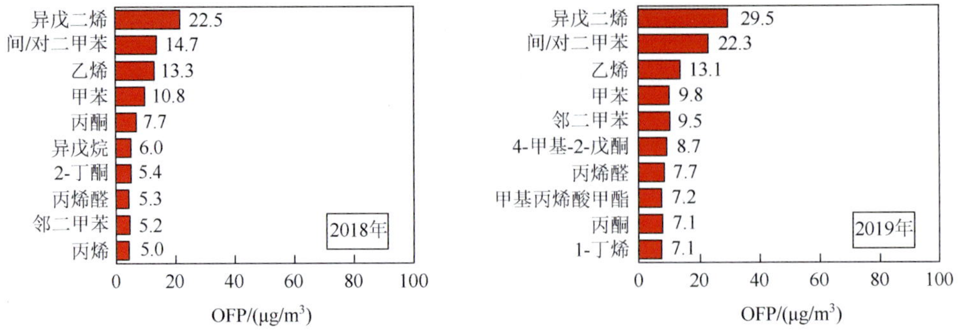

图 5.4-6　2018 年和 2019 年虎溪站 OFP 排名前十组分

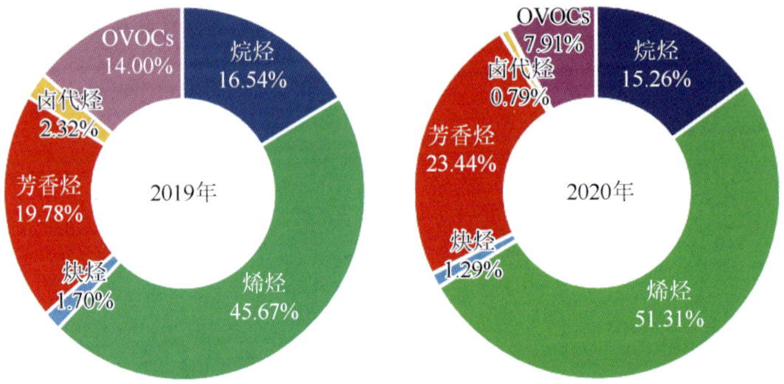

图 5.4-7　2019 年和 2020 年缙云山站 VOCs 化学组成对 OFP 的贡献与排名前十组分

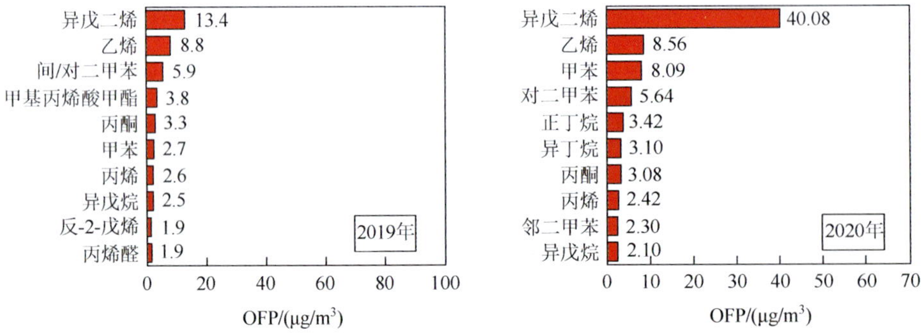

图 5.4-8　2019 年和 2020 年缙云山站 VOCs 化学组成对 OFP 的贡献与排名前十组分

4）龙洲湾站

龙洲湾站 2018 年、2019 年和 2020 年 VOCs 化学组成对 OFP 的贡献占比如图 5.4-9 所示，2019 年和 2020 年烯烃对 OFP 的贡献占比由 2018 年的 18.18%升至 2019 年的 41.11%和 2020 年的 39.24%，而 OVOCs 对 OFP 的贡献占比大幅下降。VOCs 关键组分方面（图 5.4-10），2018～2020 年异戊二烯 OFP 逐年上升，间/对二甲苯 OFP 排名第二，表明龙洲湾站需进一步加强对芳香烃污染源的管控。

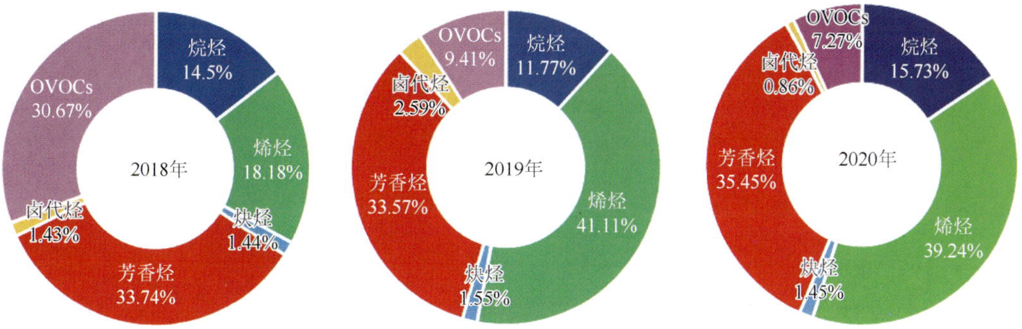

图 5.4-9　2018 年、2019 年和 2020 年龙洲湾站 VOCs 化学组成对 OFP 的贡献

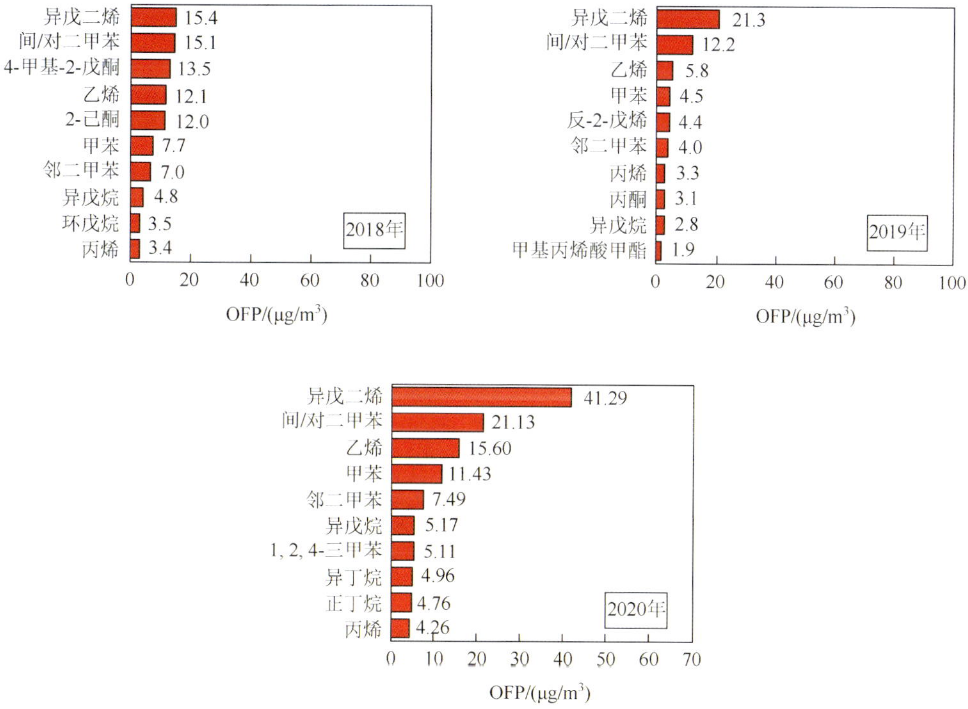

图 5.4-10　2018 年、2019 年和 2020 年龙洲湾站 OFP 排名前十组分

5）唐家沱站

唐家沱站 2018 年和 2019 年 VOCs 化学组成对 OFP 的贡献占比如图 5.4-11 所示，烯烃对 OFP 的贡献占比由 2018 年的 17.67%提升至 2019 年的 33.59%，而芳香烃对 OFP 的贡献占比由 2018 年的 40.05%降至 2019 年的 28.18%，表明唐家沱站周边对溶剂涂料排放管控颇有成效。从图 5.4-12 来看，2019 年 OFP 排名前三的组分是异戊二烯、间/对二甲苯和乙烯，分别为 34.4μg/m^3、20.1μg/m^3、14.6μg/m^3，分别比 2018 年上升 93.3%、87.9%、69.8%。

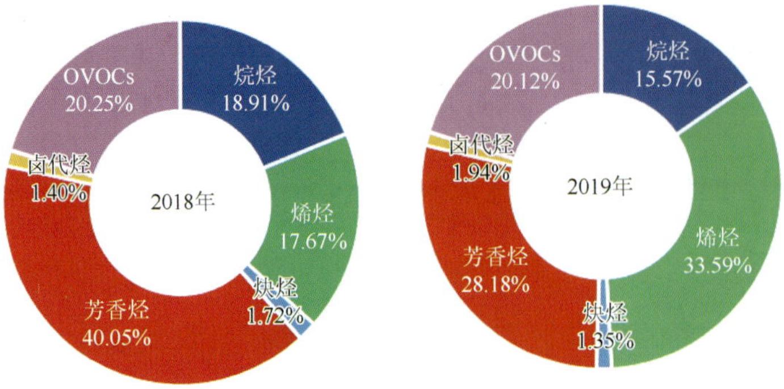

图 5.4-11　2018 年和 2019 年唐家沱站 VOCs 化学组成对 OFP 的贡献

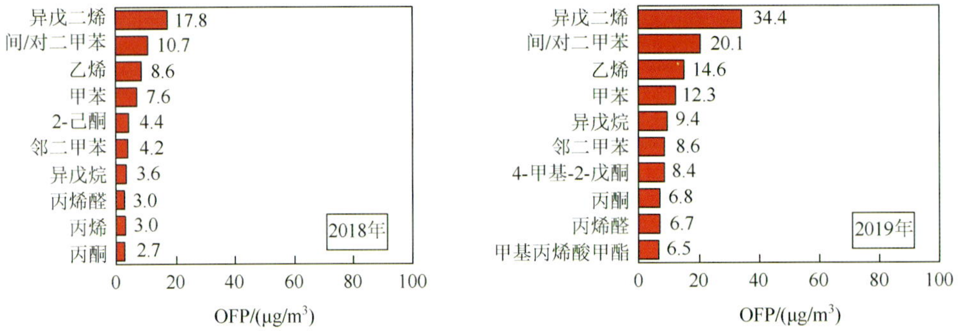

图 5.4-12　2018 年和 2019 年唐家沱站 OFP 排名前十组分

6）西南大学站

图 5.4-13 给出了西南大学站 2018 年和 2019 年 VOCs 化学组成对 OFP 的贡献占比，2019 年芳香烃、OVOCs、炔烃和烷烃对 OFP 的贡献占比较 2018 年降低，其他化学组成占比有所上升，但烯烃上升幅度较大，取代芳香烃成为对臭氧生成贡献最大的化学组成。从关键组分来看（图 5.4-14），2018 年 VOCs 对 OFP 贡献排名前五的组分依次为异戊二烯、乙烯、间/对二甲苯、甲苯和丙烯，2019 年顺-2-丁烯取代甲苯，且异戊二烯浓度下降 83.2%。

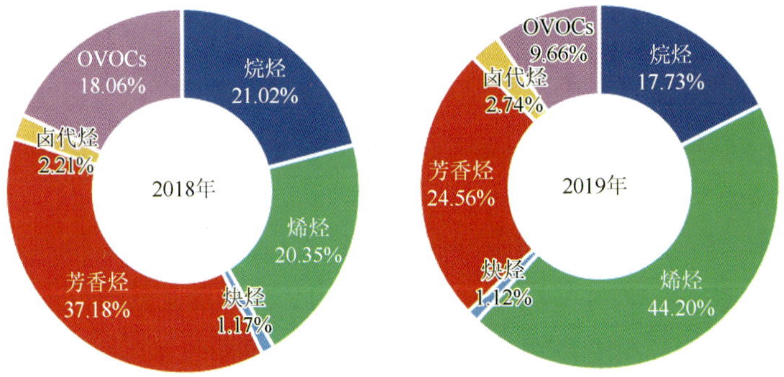

图 5.4-13　2018 年和 2019 年西南大学站 VOCs 化学组成对 OFP 的贡献

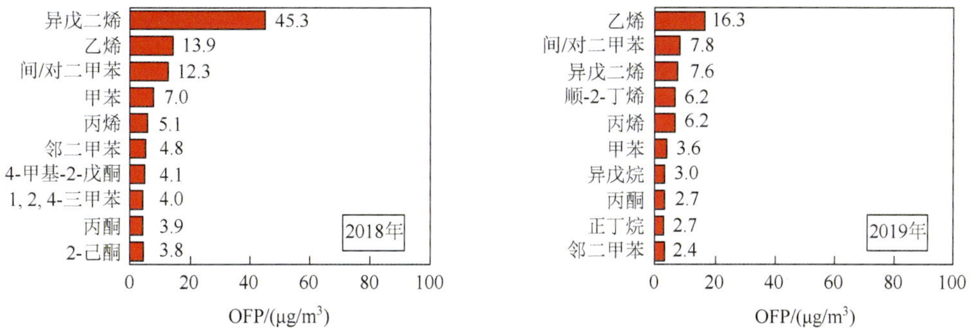

图 5.4-14　2018 年和 2019 年西南大学站 OFP 排名前十组分

7）歇台子站

图 5.4-15 为歇台子站 2018 年、2019 年和 2020 年 VOCs 化学组成对 OFP 的贡献占比，2019 年和 2020 年烯烃对 OFP 的贡献占比由 2018 年的 23.02%升至 2019 年的 50.15%和 2020 年的 44.29%，是对臭氧生成影响最大的一类组分，从图 5.4-16 可进一步知道，烯烃类组分主要为异戊二烯、乙烯和丙烯。

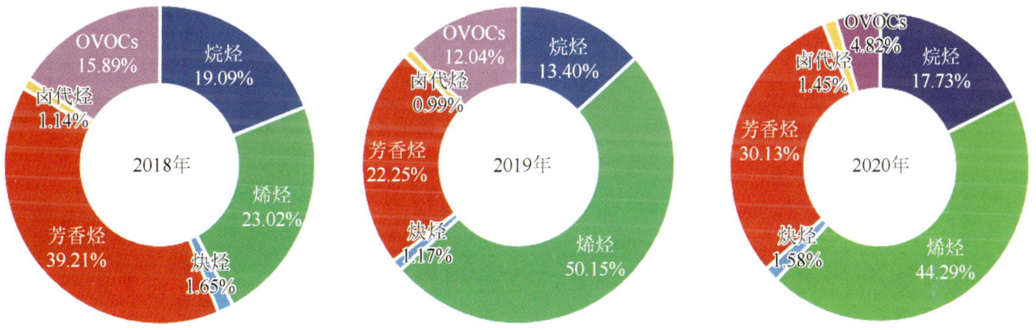

图 5.4-15　2018 年、2019 年和 2020 年歇台子站 VOCs 化学组成对 OFP 的贡献

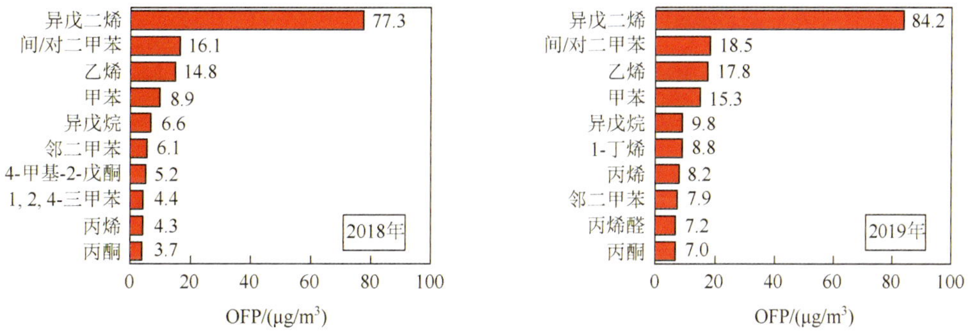

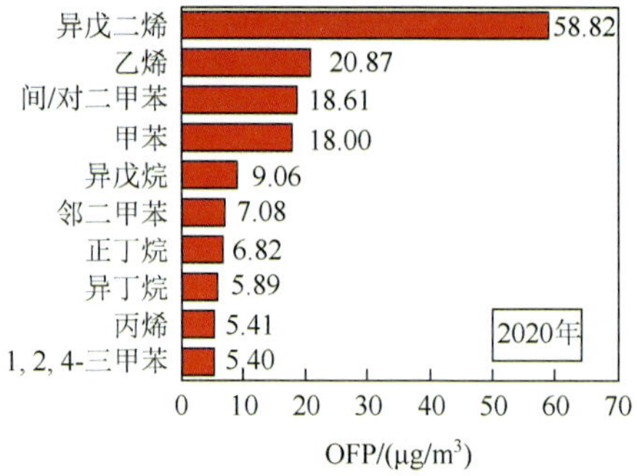

图 5.4-16　2018 年、2019 年和 2020 年歇台子站 OFP 排名前十组分

参 考 文 献

刘芮伶，翟崇治，李礼，等，2017. 重庆主城区夏秋季挥发性有机物（VOCs）浓度特征及来源研究[J]. 环境科学学报，37（4）：8.

庞晓蝶，2023. 关中平原传统工业城市大气 VOCs 污染特征及来源解析：以宝鸡市为侧[D]. 北京：中国环境科学研究院.

唐孝炎，张远航，邵敏，2010. 大气环境化学［M］. 2 版. 北京：高等教育出版社.

Atkinson R，Arey J，2003. Atmospheric degradation of volatile organic compounds[J]. Chemical Reviews，103（12）：4605-4638.

Grosjean D，1992. In situ organic aerosol formation during a smog episode：estimated production and chemical functionality[J]. Atmospheric Environment Part A General Topics，26（6）：953-963.

Grosjean D，Seinfeld J H，1989. Parameterization of the formation potential of secondary organic aerosols[J]. Atmospheric Environment（1967），23（8）：1733-1747.

第 6 章　重庆市臭氧形成机理及来源解析

城市地区臭氧主要由光化学反应生成，控制臭氧污染，关键是要弄清本地臭氧生成与前体物 VOCs 和 NO_x 排放之间的关系，即臭氧生成的敏感性。臭氧重要前体物 VOCs 在大气中成分十分复杂，其化学组成和活性差异取决于它们的来源。对大气臭氧进行敏感性分析和对 VOCs 进行来源研究工作，对制定科学有效的控制对策具有重大意义。

6.1　臭氧形成机理及敏感性分析

6.1.1　臭氧生成光化学简化机制及敏感性分析方法

1. 臭氧生成机制简介

近地面大气中的臭氧是典型的二次污染物，主要由光化学反应生成。要对臭氧污染进行控制，关键是要弄清本地臭氧生成与前体物 VOCs 和 NO_x 排放之间的关系，即臭氧生成的敏感性。国内外研究表明，VOCs、NO_x、甲烷和 CO 等都是 O_3 的前体物（唐孝炎等，2010；谢飞等，2013；韩丽等，2021），由于甲烷和 CO 活性相对较低，其在全球或区域尺度对 O_3 生成起着重要作用，但在城市地区，影响 O_3 光化学生成的主要因素是 VOCs 和 NO_x（高东峰等，2007；董赵鑫等，2022）。

O_3 生成的简化机制可由表 6.1-1 中的 18 个反应方程式进行简单概括（唐孝炎等，2010）。

表 6.1-1　O_3 生成的简化机制

	反应式	编号
O_3、NO、NO_2 基本光化学循环反应	$NO_2 + h\nu$（λ＜420nm）$\longrightarrow NO + O$	（6-1）
	$O + O_2 + M \longrightarrow O_3 + M$	（6-2）
	$O_3 + NO \longrightarrow NO_2 + O_2$	（6-3）
自由基引发反应	$O_3 + h\nu$（λ＜320nm）$\longrightarrow O(^1D) + O_2$；$O(^1D) + H_2O \longrightarrow 2OH$	（6-4）
	$HONO + h\nu \longrightarrow OH + NO$	（6-5）
	$RCHO + h\nu \longrightarrow RO_2 + HO_2 + CO$	（6-6）
	$HCHO + h\nu \longrightarrow HO_2 + CO$	（6-7）
自由基传递反应	$CO + OH + O_2 \longrightarrow HO_2 + CO_2$	（6-8）
	$H_2 + OH \longrightarrow H_2O + HO_2$	（6-9）
	$RH + OH \longrightarrow RO_2 + H_2O$	（6-10）

续表

	反应式	编号
自由基传递反应	$RCHO + OH \longrightarrow RC(O)O_2 + H_2O$	（6-11）
	$HO_2 + NO \longrightarrow NO_2 + OH$	（6-12）
	$RO_2 + NO \longrightarrow NO_2 + RCHO + HO_2$	（6-13）
	$RC(O)O_2 + NO \longrightarrow NO_2 + RO_2 + CO_2$	（6-14）
自由基终止反应	$HO_2 + HO_2 + M \longrightarrow H_2O_2 + O_2 + M$	（6-15）
	$HO_2 + RO_2 \longrightarrow ROOH + O_2$	（6-16）
	$OH + NO_2 + M \longrightarrow HNO_3 + M$	（6-17）
	$RC(O)O_2 + NO_2 \longrightarrow RC(O)O_2NO_2$	（6-18）

1）基本光化学循环

NO_2光解是对流层O_3的主要来源：NO_2光解产生氧原子，其与大气中的O_2发生反应生成O_3，但O_3又会与NO发生反应，生成NO_2，在这一循环过程中O_3的生成量与消耗量相等。如果没有CO和VOCs的介入，这3个反应处于稳态，只是O_3、NO、NO_2之间的转化，本身不会造成O_3浓度的积累。

2）自由基循环

当大气中有其他氧化剂氧化NO，与O_3和NO的反应进行竞争，会使得O_3消耗量减少，而NO被氧化所生成的NO_2不断光解产生O_3，就会导致臭氧积累直至臭氧污染的出现。研究发现大气中最重要的氧化剂是自由基，其种类繁多，其中最主要的是OH、HO_2、RO_2和RO自由基。由于大气中自由基可以发生多次传递反应，相对于NO-NO_2-O_3之间的循环过程，自由基循环“慢”，两个循环耦合在一起，使得NO不断被氧化为NO_2，NO_2光解又会产生O_3。大气中自由基的循环过程可以分为产生、传递和终止3类反应。

（1）自由基的产生。

臭氧可以光解产生O（^{1}D）原子，O（^{1}D）与大气中的水蒸气反应可以生成OH自由基。OH自由基是大气中最为重要的氧化剂，OH自由基与多种痕量气体反应，决定了气体的氧化和去除，以及在大气中的存在寿命。在污染大气中，气态亚硝酸（HONO）光解也是OH自由基的初级来源。另外，甲醛（HCHO）光解可以产生HO_2自由基，HO_2可以与NO反应生成OH自由基。除此以外，大气中的烯烃可以与O_3反应产生OH自由基。

（2）自由基的传递。

反应（6-7）～反应（6-14）是自由基的链传递过程，在这些反应中，一种自由基被消耗，又生成了另外一种自由基。CO和H_2与OH自由基反应生成过氧羟基自由基（HO_2），烷烃（RH）和OH自由基反应生成过氧烷基自由基（RO_2），醛类（RCHO）与OH反应生成过氧酰基自由基[$RC(O)O_2$]；过氧自由基[HO_2或RO_2或$RC(O)O_2$]会与NO反应，将NO氧化为NO_2，同时又会导致自由基的再生。

3）自由基的终止

反应（6-15）～反应（6-18）是自由基链终止的主要过程。当大气中的氮氧化物浓度较低时，HO_2自由基会与HO_2或RO_2发生反应生成过氧化氢（H_2O_2）或过氧有机物

（ROOH），退出自由基循环。当大气中 NO_x 浓度较高时，OH 等自由基可以与 NO_2 反应生成气态硝酸或硝酸酯类物质。

外场观测和数值模拟的结果均表明，O_3 生成与前体物 NO_x 和 VOCs 呈高度的非线性关系。一般说来，O_3 的生成可以划分为 NO_x 控制区和 VOCs 控制区。这两个区域的划分可以归结为 OH 自由基（VOCs 相对 NO_x 过量）和 NO_x 来源相对比例大小的不同情况。当 OH 自由基的来源大于 NO_x 来源时（VOCs 饱和），自由基的终止反应主要是通过反应（6-15）和反应（6-16）的途径进行的，终止链上生成的产物以 H_2O_2 和 ROOH 为主，且生成量远远大于 HNO_3 的，O_3 生成速率受与 HO_2 和 RO_2 反应的 NO 浓度水平的制约，即 O_3 的生成受 NO_x 控制，处于 NO_x 控制区；在这种情况下，降低 NO_x 的浓度或源排放，可以使得 O_3 的浓度水平降低，而 O_3 浓度的变化对 VOCs 浓度或源排放的变化是不敏感的。当 OH 自由基的来源小于 NO_x 来源时（NO_x 饱和），自由基的终止反应主要通过反应式（6-17）进行，O_3 的生成速率受到自由基生成速率的制约，受 VOCs 控制，O_3 生成对于 VOCs 的浓度或源排放变化是敏感的，O_3 生成随 VOCs 浓度（或排放）的增长而增加，并不随 NO_x 浓度（或排放）的增长而增加，甚至会有所下降（NO_x 的滴定效应）。

综上，VOCs 和 NO_x 作为 O_3 的重要前体物，二者与 O_3 之间的浓度变化呈现高度的非线性关系，研究在不同的 NO_x 和 VOCs 浓度条件下，两种前体物对 O_3 生成的贡献，对于定量分析大气 O_3 变化与前体物之间的关系，根据 O_3 控制目标制定前体物 VOCs 和 NO_x 减排策略具有重要意义。

2. 臭氧敏感性分析方法

要对 O_3 污染进行控制，关键是要弄清本地 O_3 生成与前体物 VOCs 和 NO_x 排放之间的关系，即 O_3 生成的敏感性。以 O_3 为代表的光化学污染复杂性在于，它的形成、输送及沉积机制非常复杂，近地面 O_3 污染是多项因子综合作用的结果，且与形成 O_3 的前体物浓度呈高度非线性关系，根据 O_3 形成受何种前体物影响较大，学者将其分为：①VOCs 控制区，削减人为源 VOCs 可以有效降低 O_3 浓度；②NO_x 控制区，O_3 生成主要受到前体物 NO_x 排放的影响；③协同控制区，介于 NO_x 控制区和 VOCs 控制区之间，此时削减 NO_x 和人为源 VOCs 排放均能有效控制 O_3 生成。基于观测到的 O_3 及其前体物的区域浓度，可以确定特定区域大气臭氧局地生成速率以及臭氧生成敏感性（即 O_3 生成究竟是由 VOCs 控制还是由 NO_x 控制），这不仅是 O_3 生成机制的核心科学问题，而且对制定污染控制对策十分重要。王红丽（2015）的研究显示上海市主城区 O_3 生成大部分时间段受到 VOCs 控制，仅青浦站点有 25%的时间段受到 VOCs 和 NO_x 协同控制；杨笑笑等（2016）利用 VOCs 与 NO_x 的比值定性地判断出南京市 O_3 生成受到 VOCs 控制。

表 6.1-2 给出了 O_3 敏感性分析的方法及其优劣势，其中基于源排放的模型（EBM）和基于观测的模型（OBM）应用范围最广。EBM 在研究中考虑了化学反应、沉降、云效应、传输等物理化学过程，对实际大气情况描述更为详尽准确，但也存在运行三维网格模式时间长、需要完整的源清单和气象模拟结果、受源清单误差和气象模拟误差的影响、不确定性大等问题。基于 NO_x 和 VOCs 观测的模型是美国乔治亚理工学院 Cardelino 和 Chamedies 在 1995 年开发的一个盒子模型（张铁志，2009），OBM 是假设盒子内污染物

充分混合，在一些组分实测逐时浓度数据的约束下，模拟大气化学过程，反推 NO 和 VOCs 的源效应，然后假设源效应的削减，来计算不同 O_3 前体物的相对增量反应活性（relative incremental reactivity，RIR），据此来分析 O_3 的生成机制及其对 VOCs 和 NO_x 的敏感性。近年来，OBM 在城市大气臭氧敏感性分析中发挥了重要作用，高东峰等（2007）应用 OBM 研究广州及周边地区夏秋季度臭氧生成过程的相对敏感性，结果表明，广州市环境保护研究所 O_3 生成由 VOCs 控制，夏季花都 O_3 生成由 NO_x 控制，秋季新垦 O_3 生成由 NO_x 控制。本节正是运用上述方法对重庆的 O_3 生成机制及其与前体物的敏感性进行分析，得到不同站点 O_3 污染控制区，为后续分析提供理论依据。

表 6.1-2　判断 O_3 及其前体物关系研究方法的优势和劣势比较

<table>
<tr><th>分类</th><th>方法</th><th>优势</th><th>劣势</th></tr>
<tr><td>基于观测数据的方法</td><td>RIR
LN/Q
EKMA
基于光化学年龄的EKMA
光化指标
OPE</td><td>使用观测的化学组分诊断 O_3 与前体物的关系，不依赖于源清单，不受源清单误差影响，运行时间短</td><td>不考虑传输、云效应、夜间滑雪等物理化学过程；结果依赖于观测数据在时空上的代表性；不能区别本地生成的 O_3、传输来的 O_3、传输来的前体物产生的 O_3</td></tr>
<tr><td rowspan="3">基于源排放的三维网格模式的方法</td><td>EKMA
SPM
光化指标
OPE</td><td>考虑详尽的大气化学反应、水平与垂直的三维传输、沉降等物理化学过程；针对大气污染状况提供最准确的描述</td><td rowspan="3">运行时间长；依赖于完整的源清单数据，受源清单误差影响；占用大量的存储空间；需要气象模拟的结果，受气象模拟误差影响</td></tr>
<tr><td>CAMx-OSAT
NAQPMS-OSAM
IPR/IRR</td><td>同上；可以进行细化的 VOCs 贡献分析；可以进行化学反应、沉降、传输等不同过程的定量分析</td></tr>
<tr><td>（H）DDM</td><td>同上；相对于强力法，提高了运算效率和准确性，可以同时计算多个参数的敏感性系数</td></tr>
</table>

注：相对增量反应活性：relative incremental reactivity（RIR）；LN/Q：与 NO_x 反应的 RO_x 损耗率/RO_x 生成率；经验动力学建模方法：empirical kinetics modeling approach（EKMA）；臭氧生成效率：ozone production efficiency（OPE）；烟雾产量模型：smog production model（SPM）；扩展的综合空气质量模型-O_3 来源解析技术：comprehensive air quality model with extensions-ozone source apportionment technology（CAMx-OSAT）；（高阶）去耦合直接法：（high-order）decoupled direct method（H）DDM；嵌套网格空气质量预报模式系统-O_3 来源解析技术：nested air quality prediction modeling system-ozone source apportionment model（NAQPMS-OSAM）；积分过程速率/积分反应速率：integrated process rate/integrated reaction rate（IPR/IRR）。

3. OBM 原理

OBM 为基于观测的模型，其采用实际观测的数据进行臭氧生成敏感性研究。OBM 的输入不需要污染源清单，因此可不受来自污染源清单误差的影响。OBM 是基于实际观测的数据进行分析，判断局地臭氧生成机制，提出大气改善控制方案。OBM 利用实际观测资料作为实验约束条件进行模拟大气光化学污染过程，通过假设源效应削减方案判断臭氧生成机制以及前体物敏感性。OBM 的计算大致可分为如下两步。

第一步，假设盒子内的各项污染物均充分混合，在实际观测数据的约束条件下，遵循光化学反应机理从而模拟大气污染的物理化学过程，计算获得未观测组分浓度与时间的变化趋势，并计算实际测量组分的源效应（沈龙娇，2020）；

$$\frac{\partial C_j}{\partial t} = P_j - L_j - D(t)(C_j - C_j^{\mathrm{FT}}) \tag{6.1-1}$$

$$\sum_i(t) = \left[\frac{\partial C_i}{\partial t}\right]_{\mathrm{obs}} - P_j + L_j + D(t)(C_j - C_j^{\mathrm{FT}}) \tag{6.1-2}$$

式中，L_j 和 P_j 分别表示组分 j 的消耗速率和化学生成速率；$D(t)(C_j - C_j^{\mathrm{FT}})$ 表示大气扩散作用对组分浓度的稀释影响。实际监测组分的源效应的物理含义为局地排放与传输通量的加和。

第二步，假定源效应的削减量，改变 VOCs 和 NO_x 的排放输入，计算不同的臭氧生成前体物排放情景下的臭氧生成潜势，分析臭氧的生成机制。

经验动力学模拟方法（EKMA）是由美国国家环境保护局建立的用于诊断臭氧生成敏感性的方法，是最早建立的臭氧与其前体物 VOCs、NO_x 三者之间关系的模型方法。EKMA 曲线指使用不同削减比例的 VOCs 和 NO_x 的初始浓度所对应的臭氧生成量进行绘制臭氧等浓度曲线的方法，其常用于研究城市臭氧生成与前体物之间的敏感性关系。通过使用未发生光化学反应前不同浓度的 VOCs 和 NO_x 的浓度，在不考虑异戊二烯（指征天然源）的情景下，设置不同初始浓度的 VOCs 和 NO_x，计算最大的臭氧生成潜势 $P(O_3\text{-}NO)$，其非线性关系通过如下公式进行定量（韩淑艳，2023）：

$$P(O_3\text{-NO}) = f(NO_x \pm \Delta NO_x, \mathrm{VOCs} \pm \Delta\mathrm{VOCs}) \tag{6.1-3}$$

6.1.2　基于 OBM 的敏感性分析

借助 OBM 对 2019 年在线观测站点白市驿、龙洲湾、西南大学和缙云山的臭氧及其前体物非线性相应关系进行详细研究（图 6.1-1）。从图中来看，白市驿站大部分时间处于 VOCs 和 NO_x 协同控制区，即削减 VOCs 或者削减 NO_x 都能有效控制臭氧；龙洲湾站大部分时间处于 NO_x 控制区，但靠近协同控制区，需以 NO_x 控制为主，VOCs 控制为辅；西南大学站多数时间处于 VOCs 控制区，部分时段靠近协同控制区；缙云山站多数时间处于 VOCs 控制区。

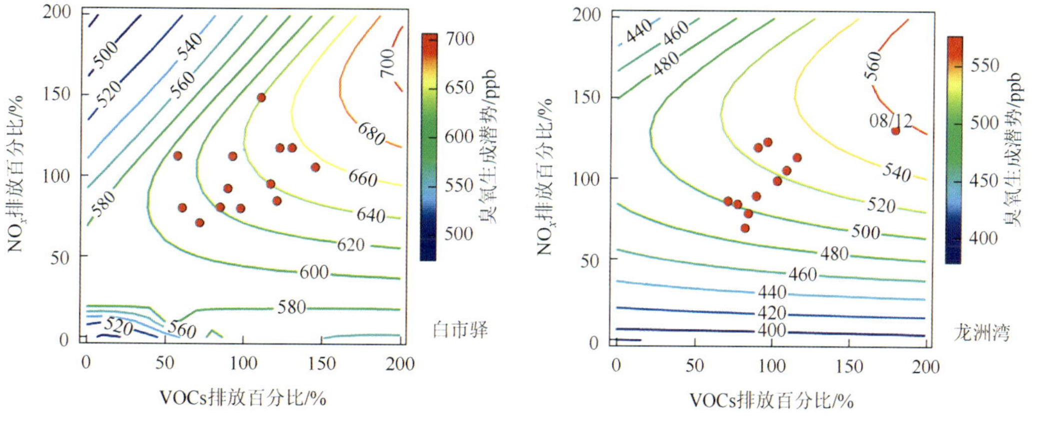

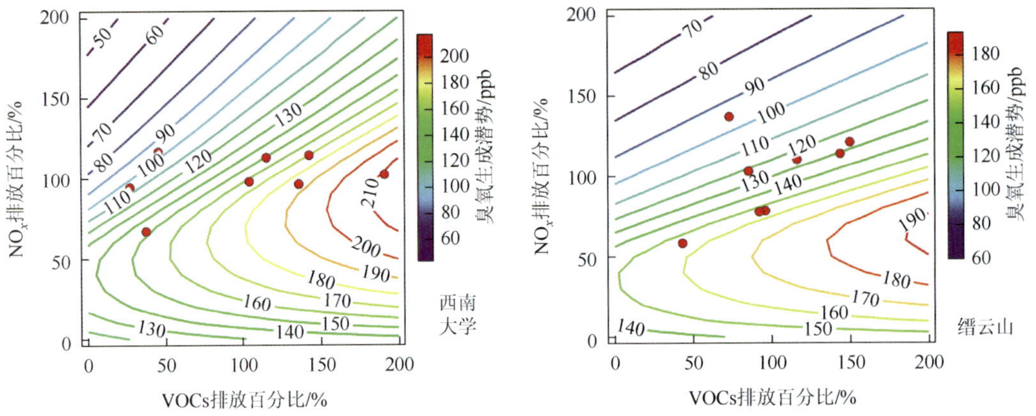

图 6.1-1　2019 年重庆市在线观测站点 EKMA 曲线

6.2　臭氧及其前体物来源解析

6.2.1　来源解析方法

1. 组分比值法

甲苯与苯的比值（*T*/*B*）是一种常用的识别芳香烃来源的指标（罗达通等，2015）。在城市地区，苯的主要来源是燃烧过程，如机动车尾气排放、生物质燃烧、燃煤过程等；甲苯除了来自机动车排放，涂料和溶剂的使用也是重要来源。在工业区的环境空气中测到的 *T*/*B* 为 4.8～5.8，而溶剂使用中 *T*/*B* 为 11.5，在隧道实验中 *T*/*B* 为 1.52，在其他燃烧过程中 *T*/*B* 为 0.2～0.6。

2. 示踪物法

环境大气中的 VOCs 既可以由污染源直接排放进入环境大气（一次来源），也可以通过光化学反应生成（二次来源）。其中一次来源又可分为天然源和人为源，天然源包括生物排放（如植被、土壤微生物等）和非生物过程（如火山喷发、森林或草原大火等）；人为源则主要来自化石燃料燃烧（如机动车尾气、煤燃烧等）、生物质燃料燃烧、油料挥发和泄漏（如汽油、液化石油气、天然气等）、溶剂和涂料的挥发（如油漆、清洗剂和黏合剂等）、石油化工、烹饪和烟气等。从全球尺度上，天然源对 VOCs 排放的贡献占主导地位，但是在人为活动主导的地区，人为活动排放是 VOCs 最重要的来源。

不同污染源所排放的 VOCs 化学组成存在差异。例如，乙烯、乙炔和苯等化合物在这些化石燃料和生物质燃烧源中含量丰富；机动车尾气是城市地区最重要的燃烧排放源，相比于煤、液化石油气和天然气等其他燃料排放源，汽油车尾气中乙炔、异戊烷、正戊烷、2, 2-二甲基丁烷、甲基叔丁基醚、正己烷和 2-甲基己烷的含量更为丰富；柴油车尾气中高碳组分（如癸烷和十一烷）和羰基化合物的含量则显著高于汽油车尾气。

大气中的 VOCs 还可能来自一些非燃烧过程，包括燃料（如汽油、液化石油气和天然气）的挥发或泄漏、溶剂和涂料使用、化工原料或产品存储或泄漏等。与燃烧过程不同，这些排放过程中不含乙炔等燃烧示踪物。异戊烷、甲基叔丁基醚、正戊烷、丁烷、C6 烷烃和甲苯是汽油顶空蒸气中丰度最高的 VOC 组分；丙烷是液化石油气的主要组分，而甲烷和乙烷则是天然气的主要成分。

在溶剂和涂料挥发排放的 VOCs 源成分谱中，芳香烃是丰度最高的非甲烷烃类化合物。在一些工业过程中（如电子行业、有机合成等），低碳卤代烃（如二氯甲烷、一氯甲烷、三氯乙烯、四氯乙烯、氯仿等）是常用的工业溶剂和工业原料或介质。

在石油产品生产、输送和储存过程中都可能存在 VOCs 泄漏。Jobson 等（2004）发现在休斯敦地区大气中的乙烯、丙烯、1-丁烯、正己烷、甲基环己烷、苯乙烯等组分会受到当地化工排放的影响。由于工艺过程和产品的差异，石化行业无组织排放的 VOCs 在化学组成上会存在较大差异。Liu 等（2008）通过在化工厂下风向进行外场测量发现，某些企业排放的 VOCs 中卤代烃含量可以达到 32%，有些企业的 VOCs 排放是以苯和苯乙烯为主要组分，而石油精炼排放的主要 VOCs 组分是乙烯、正己烷、C5～C6 环烷烃和苯等。

除人为排放外，生物源排放和二次生成也是一些 VOCs 组分的重要来源。尽管机动车尾气和化工行业也是异戊二烯的排放源，但生物排放是夏季异戊二烯的最重要来源。另外，α-蒎烯、β-蒎烯和柠檬烯等萜烯类 VOCs 也主要来自生物源排放。大气中的羰基化合物可以通过烃类的光化学氧化过程生成，也可以来自一次排放。

污染示踪物指的是某类污染源区别于其他排放源的特征性组分，也称作“标志物（marker）”。示踪物一般具备以下性质：①这些组分反映的是特殊污染源的信息，只代表某一类排放源而不代表其他的源；②化学性质稳定，在传输过程中保持原有的状态。通过观测示踪物环境浓度的变化，可定性分析某类污染源对大气 VOCs 的影响；在来源解析技术中，大气样品的 VOCs 组成可看成各污染源排放组分的线性加和，选择各污染源的示踪物可在一定程度上解决源成分谱的共线性问题，表 6.2-1 对常见 VOCs 示踪物及其对主要排放源的标识作用进行了汇总（邵敏等，2020）。

表 6.2-1　常见 VOCs 示踪物对主要排放源的标识作用

来源		示踪物
燃烧过程	燃料不完全燃烧	乙烯、乙炔
	汽油车尾气	C4-C5 烯烃、2, 2-二甲基丁烷、2-甲基戊烷、3-甲基戊烷
	柴油车尾气	癸烷、十一烷
	生物质燃烧	乙腈
挥发或泄漏过程	天然气	甲烷、乙烷
	液化石油气	丙烷
	汽油挥发	异戊烷、甲基叔丁基醚
	石油化工	乙烯、正己烷、苯乙烯
	工业溶剂/工业固定源	氯仿、四氯乙烯、二氯甲烷
其他	生物源	异戊二烯、萜烯
	二次源或光化学生成	烷基硝酸酯、过氧乙酰硝酸酯

3. PMF 来源解析

除了传统的源清单法，自 20 世纪 70 年代开始，受体模型（receptor model）就开始应用于研究大气中的 VOCs 来源问题。受体模型认为大气中污染物的浓度为各排放源的线性加和，如果两个污染源的排放特征有差别，则可以通过对受体点环境大气中和各类排放源中的 VOCs 化学组分进行回归分析，估算各类排放源对受体点 VOCs 浓度的贡献。受体模型不依赖于排放量的估算，因此是一种“自上而下”的来源分析方法。且由于受体模型对排放源的贡献进行解释而不是预测，结果比较客观和准确（邵敏等，2020）。

受体模型法需要输入外场观测到的受体点环境大气中 VOCs 的浓度和化学组成，不依赖于活动水平数据和气象条件。常用的来源解析模型有化学质量平衡（chemical mass balance，CMB）和正定矩阵因子分解（positive matrix factorization，PMF）模型两种。其中 CMB 模型需要预先了解和输入污染源的排放信息，因此主要应用于 VOCs 排放特征研究较充分的地区；而 PMF 模型不需要源谱，但对观测数据量有一定要求。

PMF、PCA/APCS①和 UNMIX②都是多元分析模型，这些模型的运行并不需要输入 VOCs 源谱信息。PCA/APCS 对解释源种类较少时非常有用，而且所需数据也较少。但它需要将数据全部标准化，还需要将真实的零值换算成绝对主成分得分以参与计算，PCA/APCS 一般用于 PMF 模型解析前的预判工作。

PMF 模型不需要将数据标准化，而是直接运用最小二乘法，寻求最优解。在对 PMF 解析出的各个因子进行解释时，需要依据已知的各个 VOCs 排放源的化学组成特征，但不需要将源谱作为输入数据。PMF 和 CMB 都是 EPA 官方推荐的来源解析技术，在国内外的发展均比较成熟，是应用最为广泛的来源解析工具。UNMIX 是图像比值分析和多元受体模型的结合，需要假定某种源的示踪物来源唯一，并给定源的个数，目前在 VOCs 源解工作中应用较少。

在对所研究区域 VOCs 来源构成和排放特征认识不足的情况下，CMB 模式的应用会受到限制。PMF 模型则只需要输入环境数据，通过分析各 VOCs 组分的变化规律（时间变化或空间差异）识别出主要的 VOCs 排放源及其化学组成特征，并计算各类排放源对环境大气中 VOCs 浓度的贡献。和其他方法相比，PMF 模型具有不需要测量源成分谱、分解矩阵中元素非负、可以利用数据标准偏差来进行优化等优点。该方法已经成功地对北京、香港、广州等地区大气中颗粒物和 VOCs 的来源进行了研究。在 PMF 模型中，n 行 m 列（n 和 m 分别为样品数和被测组分数）的数据矩阵 $\boldsymbol{X}$ 可以分解为两个矩阵 $\boldsymbol{G}$（$n \times p$）和 $\boldsymbol{F}$（$p \times m$）和一个残余阵 $\boldsymbol{E}$，其中 p 代表提取的因子数，PMF 模型原理如图 6.2-1 所示。

---

① PCA/APCS 指主成分分析/绝对主成分得分模型，principal component analysis/absolute principal component scores。

② UNMIX 是美国国家环境保护局（USEPA）开发的一种受控来源解析模型的名称，专门用于污染来源解析。

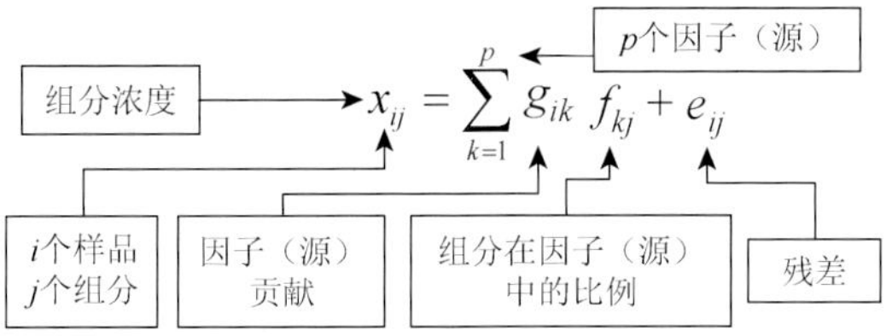

图 6.2-1　PMF 模型原理示意图

G 是有 p 个源的源贡献矩阵，***F*** 为源成分矩阵。PMF 法通过最小化目标函数 Q 来获得解决方案。Q 是基于样品观测误差的函数，定义如下：

$$Q=\sum_{i=1}^{n}\sum_{j=1}^{m}\left(\frac{e_{ij}}{s_{ij}}\right)^2 \tag{6.2-1}$$

$$e_{ij}=x_{ij}-\sum_{k=1}^{p} g_{ik} f_{kj} \tag{6.2-2}$$

式中，s_{ij} 是观测值 x_{ij} 的测量误差。PMF 法通过最小二乘法并利用非负约束来求解，这些非负约束包括：①源不能具有负的组分浓度（$f_{kj}\geqslant 0$）；②样品不能具有负的源贡献（$g_{kj}\geqslant 0$）。通过利用这些非负约束，使所解得的因子具有更好的物理解释。

1）PMF 模型运算步骤

PMF 模型不需要输入源谱信息，因此尤其适用于对本地化源谱信息库不是特别完整的地区进行 VOCs 来源解析。该模型所需要输入数据较少，仅需测量浓度和不确定性，但在模型运算过程中仍有许多环节需要有经验的研究人员进行判断，保证结果的合理性。PMF 解析的流程主要包括以下环节。

（1）测量浓度数据的整理及检查。

（2）测量误差的计算。

（3）模式运行（拟合组分的选择、解析因子个数的确定、因子解释）。

（4）检验旋转空间。

（5）不确定分析。

（6）确定最终解析结果。

PMF 平台实现流程如图 6.2-2 所示。

2）拟合组分筛选

在 PMF 模型中，将组分分别设置 strong、weak、bad 用来区别各 VOCs 组分在参与最优解求解过程的重要性。例如，设置为 strong 表示运算中该列数据权重较大，设置为 weak 表示权重降低，设置为 bad 则表示不参与运算。

在选择参与 PMF 拟合的 VOCs 组分及设置其属性（strong、weak、bad）时主要考虑以下几方面因素。

（1）VOCs 组分测量准确性。样本中组分浓度信噪比（S/N）大于 2 为合格数据，可直接用于模型，S/N 在 0.2～2 的组分数据需通过扩大其不确定度（uncertainty，UNC）降低计算权重，S/N 小于 0.2 的组分数据不能在模型中使用。

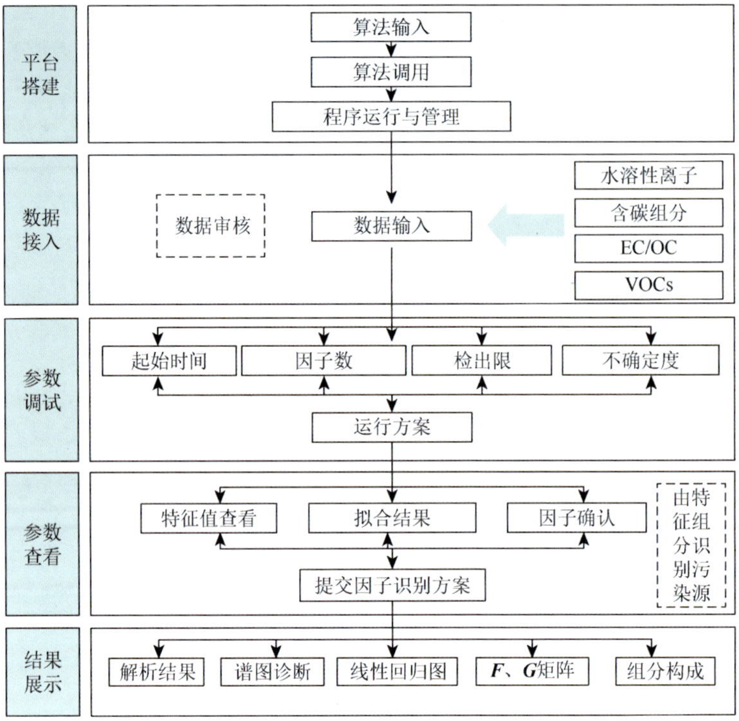

图 6.2-2　PMF 平台实现流程

（2）VOCs 组分浓度。组分浓度较大的优先考虑设置为 strong，对于浓度特别低的组分，根据测量误差大小，可酌情设置为 weak 或 bad。

（3）VOCs 组分示踪意义：具有源示踪意义的组分，即使其浓度较低，也可酌情设置为 strong。

（4）VOCs 组分活性：VOCs 从排放源到受体点要经过一定距离的传输，在传输过程中一些性质比较活泼的有机物容易受光照辐射等各种因素的影响而反应消耗，导致 PMF 运行结果有偏差。所以在选取参与拟合的 VOCs 组分时，优先考虑反应活性较低的组分，但有些组分虽然活性强，但其源示踪作用显著，在进行 PMF 拟合时仍会将其作为拟合组分。

综合考虑以上原则，最终筛选 37 个拟合组分来解析各类排放源对重庆市环境大气 VOCs 浓度的相对贡献，主要包括 14 种 C2～C6 烷烃、4 种烯烃、乙炔、11 种芳香烃、3 种卤代烃、3 种 OVOCs 以及机动车尾气的示踪组分甲基叔丁基醚。重庆市来源解析中参与拟合的组分及来源解析组分检出限设置如表 6.2-2 和表 6.2-3 所示。

表 6.2-2　重庆市来源解析中参与拟合的组分

排放源	特征组分
工艺过程源	化工厂主要排放 C6～C8 烷烃及苯系物和乙烯、苯乙烯、三氯乙烯、氯化物、酯类
生物质燃烧源	氯甲烷
溶剂使用源	苯/甲苯/二甲苯/三甲基苯

续表

排放源	特征组分
天然排放源	异戊二烯
移动源	乙烯/苯/乙炔/乙苯（不完全燃烧产物）、丙烷（内燃机产物）、C10～C12 烷烃、芳香族
化石燃料燃烧源	乙烯、乙炔、1, 2-二氯甲烷
餐饮油烟源	C2～C6 烷烃、C2～C6 烷烯烃、C6～C9 芳香烃、C1～C3 及 C6 卤代烃、C2～C6 的 OVOCs

表 6.2-3　重庆市来源解析组分检出限

序号	中文名称	英文名	CAS 号	分类	检出限
1	乙烯	Ethylene	74-85-1	PAMS	0.026
2	乙炔	Acetylene	74-86-2	PAMS	0.020
3	乙烷	Ethane	74-84-0	PAMS	0.016
4	丙烯	Propylene	115-07-1	PAMS	0.031
5	丙烷	Propane	74-98-6	PAMS	0.020
6	异丁烷	Isobutane	75-28-5	PAMS	0.020
7	1-丁烯	1-Butene	106-98-9	PAMS	0.011
8	正丁烷	*n*-Butane	106-97-8	PAMS	0.022
9	顺-2-丁烯	*cis*-2-Butene	590-18-1	PAMS	0.009
10	反-2-丁烯	*trans*-2-Butene	624-64-6	PAMS	0.011
11	异戊烷	Isopentane	78-78-4	PAMS	0.005
12	1-戊烯	1-Pentene	109-67-1	PAMS	0.009
13	正戊烷	*n*-Pentane	109-66-0	PAMS	0.005
14	反-2-戊烯	*trans*-2-Pentene	646-04-8	PAMS	0.004
15	2-甲基-1, 3-丁二烯	Isoprene	78-79-5	PAMS	0.020
16	顺-2-戊烯	*cis*-2-Pentene	627-20-3	PAMS	0.016
17	2, 2-二甲基丁烷	2, 2-Dimethylbutane	75-83-2	PAMS	0.005
18	环戊烷	Cyclopentane	287-92-3	PAMS	0.009
19	2, 3-二甲基丁烷	2, 3-Dimethylbutane	79-29-8	PAMS	0.013
20	2-甲基戊烷	2-Methylpentane	107-83-5	PAMS	0.040
21	3-甲基戊烷	3-Methylpentane	96-14-0	PAMS	0.007
22	1-己烯	1-Hexene	592-41-6	PAMS	0.011
23	正己烷	*n*-Hexane	110-54-3	PAMS	0.016
24	2, 4-二甲基戊烷	2, 4-Dimethylpentane	108-08-7	PAMS	0.007
25	甲基环戊烷	Methylcyclopentane	96-37-7	PAMS	0.015
26	苯	Benzene	71-43-2	PAMS	0.018
27	环己烷	Cyclohexane	110-82-7	PAMS	0.020
28	2-甲基己烷	2-Methylhexane	591-76-4	PAMS	0.011
29	2, 3-二甲基戊烷	2, 3-Dimethylpentane	565-59-3	PAMS	0.007

续表

序号	中文名称	英文名	CAS 号	分类	检出限
30	3-甲基己烷	3-Methylhexane	589-34-4	PAMS	0.016
31	2, 2, 4-三甲基戊烷	2, 2, 4-Trimethylpentane	540-84-1	PAMS	0.015
32	正庚烷	*n*-Heptane	142-82-5	PAMS	0.009
33	甲基环己烷	Methylcyclohexane	108-87-2	PAMS	0.011
34	2, 3, 4-三甲基戊烷	2, 3, 4-Trimethylpentane	565-75-3	PAMS	0.009
35	2-甲基庚烷	2-Methylheptane	592-27-8	PAMS	0.016
36	甲苯	Toluene	108-88-3	PAMS	0.011
37	3-甲基庚烷	3-Methylheptane	589-81-1	PAMS	0.013
38	正辛烷	*n*-Octane	111-65-9	PAMS	0.016
39	对二甲苯	*p*-Xylene	106-42-3	PAMS	0.022
40	乙苯	Ethylbenzene	100-41-4	PAMS	0.009
41	间二甲苯	*m*-Xylene	108-38-3	PAMS	0.022
42	正壬烷	*n*-Nonane	111-84-2	PAMS	0.022
43	苯乙烯	Styrene	100-42-5	PAMS	0.018
44	邻二甲苯	*o*-Xylene	95-47-6	PAMS	0.015
45	异丙基苯	Isopropylbenzene	98-82-8	PAMS	0.013
46	正丙苯	*n*-Propylbenzene	103-65-1	PAMS	0.026
47	1-乙基-2-甲基苯	2-Ethyltoluene	611-14-3	PAMS	0.022
48	1-乙基-3-甲基苯	3-Ethyltoluene	620-14-4	PAMS	0.038
49	1, 3, 5-三甲苯	1, 3, 5-Trimethylbenzene	108-67-8	PAMS	0.007
50	对-乙基甲苯	*p*-Ethyltoluene	622-96-8	PAMS	0.027
51	正癸烷	*n*-Decane	124-18-5	PAMS	0.038
52	1, 2, 4-三甲苯	1, 2, 4-Trimethylbenzene	95-63-6	PAMS	0.007
53	1, 2, 3-三甲苯	1, 2, 3-Trimethylbenzene	526-73-8	PAMS	0.035
54	间二乙苯	*m*-Diethylbenzene	141-93-5	PAMS	0.040
55	对二乙苯	*p*-Diethylbenzene	105-05-5	PAMS	0.040
56	正十一烷	*n*-Undecane	1120-21-4	PAMS	0.033
57	正十二烷	*n*-Dodecane	112-40-3	PAMS	0.050
58	甲醛	Formaldehyde	50-00-0	醛酮类	
59	乙醛	Acetaldehyde	75-07-0	醛酮类	
60	丙烯醛	Acrolein	107-02-8	醛酮类	0.050
61	丙酮	Acetone	67-64-1	醛酮类	0.050
62	丙醛	Propionaldehyde	123-38-6	醛酮类	
63	丁烯醛	Crotonaldehyde	123-73-9	醛酮类	
64	甲基丙烯醛	methacrylaldehyde	78-85-3	醛酮类	
65	2-丁酮	2-Butanone	78-93-3	醛酮类	0.050

续表

序号	中文名称	英文名	CAS 号	分类	检出限
66	正丁醛	Butyraldehyde	123-72-8	醛酮类	
67	苯甲醛	Benzaldehyde	100-52-7	醛酮类	
68	戊醛	Pentanal	110-62-3	醛酮类	
69	间甲基苯甲醛	*m*-Tolualdehyde	620-23-5	醛酮类	
70	已醛	Hexaldehyde	66-25-1	醛酮类	
71	二氯二氟甲烷	Dichlorodifluoromethane	75-71-8	其他	0.050
72	一氯甲烷	Chloromethane	74-87-3	其他	0.007
73	1, 2-二氯四氟乙烷	1, 2-Dichlorotetrafluoroethane	76-14-2	其他	0.002
74	氯乙烯	Vinyl chloride	75-01-4	其他	0.042
75	1, 3-丁二烯	1, 3-Butadiene	106-99-0	其他	0.037
76	溴甲烷	Bromomethane	74-83-9	其他	0.024
77	氯乙烷	Chlorethane	75-00-3	其他	0.031
78	三氯一氟甲烷	Trichlorofluoromethane	75-69-4	其他	0.046
79	1, 1-二氯乙烯	1, 1-Dichlorethene	75-35-4	其他	0.031
80	1, 1, 2-三氯-1, 2, 2-三氟乙烷	1, 1, 2-trichloro-1, 2, 2-trifluoroethane	76-13-1	其他	0.027
81	二硫化碳	Carbon disulfide	75-15-0	其他	0.033
82	二氯甲烷	Methylene chloride	75-09-2	其他	0.029
83	异丙醇	2-Propanol	67-63-0	其他	0.009
84	顺-1, 2-二氯乙烯	*cis*-1, 2-Dichloroethene	156-59-2	其他	0.024
85	甲基叔丁基醚	2-Methoxy-2-methylpropane	1634-04-4	其他	0.015
86	1, 1-二氯乙烷	1, 1-Dichloroethane	75-34-3	其他	0.031
87	乙酸乙烯酯	Vinyl acetate	108-05-4	其他	0.015
88	反-1, 2-二氯乙烯	*trans*-1, 2-Dichloroethene	156-60-5	其他	0.020
89	乙酸乙酯	Ethyl acetate	141-78-6	其他	0.029
90	三氯甲烷	Trichloromethane	67-66-3	其他	0.029
91	四氢呋喃	Tetrahydrofuran	109-99-9	其他	0.022
92	1, 1, 1-三氯乙烷	1, 1, 1-Trichloroethane	71-55-6	其他	0.027
93	1, 2-二氯乙烷	1, 2-Dichloroethane	107-06-2	其他	0.027
94	四氯化碳	Carbon tetrachloride	56-23-5	其他	0.024
95	三氯乙烯	Trichloroethene	79-01-6	其他	0.020
96	1, 2-二氯丙烷	1, 2-Dichloropropane	78-87-5	其他	0.018
97	甲基丙烯酸甲酯	Methyl methacrylate	80-62-6	其他	0.029
98	1, 4-二氧六环	1, 4-Dioxane	123-91-1	其他	0.050
99	一溴二氯甲烷	Bromodichloromethane	75-27-4	其他	0.024
100	顺-1, 3-二氯丙烯	*cis*-1, 3-Dichloropropene	10061-01-5	其他	0.007
101	4-甲基-2-戊酮	4-Methyl-2-pentanone	108-10-1	其他	0.050

续表

序号	中文名称	英文名	CAS 号	分类	检出限
102	反-1, 3-二氯丙烯	*trans*-1, 3-Dichloropropene	10061-02-6	其他	0.018
103	1, 1, 2-三氯乙烷	1, 1, 2-Trichloroethane	79-00-5	其他	0.026
104	2-己酮	2-Hexanone	591-78-6	其他	0.050
105	二溴一氯甲烷	Dibromochloromethane	124-48-1	其他	0.015
106	四氯乙烯	Tetrachloroethene	127-18-4	其他	0.026
107	1, 2-二溴乙烷	Ethylene dibromide	106-93-4	其他	0.018
108	氯苯	Chlorobenzene	108-90-7	其他	0.011
109	三溴甲烷	Bromoform	75-25-2	其他	0.022
110	1, 1, 2, 2-四氯乙烷	1, 1, 2, 2-Tetrachloroethane	79-34-5	其他	0.018
111	苄基 1, 3-二氯苯	1, 3-Dichlorobenzene	541-73-1	其他	0.016
112	氯化苄	Benzyl chloride	100-44-7	其他	0.013
113	1, 4-二氯苯	1, 4-Dichlorobenzene	106-46-7	其他	0.024
114	1, 2-二氯苯	1, 2-Dichlorobenzene	95-50-1	其他	0.007
115	1, 2, 4-三氯苯	1, 2, 4-Trichlorobenzene	120-82-1	其他	0.046
116	萘	Naphthalene	91-20-3	其他	0.022
117	六氯-1, 3-丁二烯	Hexachloro-1, 3-butadiene	87-68-3	其他	0.007
118	间/对二甲苯	*m*-Xylene/*p*-Xylene		PAMS	0.022

注：CAS 号指美国化学学会的下设组织化学文摘社（Chemical Abstracts Service，CAS）为每一种出现在文献中的物质分配的编号。

4. CMB 来源解析

CMB 模型是根据质量平衡原理建立起来的，其通过组分丰富度和源贡献的乘积之和来表达环境化学浓度，由于该模型物理意义明确，算法日趋成熟而成为目前最重要、最实用的受体模型之一。CMB 不依赖详细的排放源强信息和气象资料，需要输入源谱信息和受体点成分谱信息，能够定量解析源强难以确定的源类，比如扬尘源类的贡献（Watson et al., 2020），解析结果具有明确的物理意义。CMB 模型进行来源解析须满足以下 6 个条件。

（1）对受体有贡献的所有源都能被确定，通过分析能够准确知道它们排放出来的颗粒物的化学组成。

（2）从各类源排放出来的颗粒物的化学组成相对稳定。

（3）从各类源排放出来的颗粒物之间没有相互影响。

（4）各类源排放出来的颗粒物的化学组成有明显的差异。

（5）分析元素的个数要大于等于源的个数，这是由方程所决定的。

（6）测样方法的误差是随机的，符合正态分布规律。

模型由一组线性方程构成，受体中每一种化学元素的浓度等于源成分谱的元素含量值和源贡献浓度值乘积的线性和，其数学表达式为

$$C_i = \sum_{j=1}^{J} F_{ij} \times S_j \qquad (6.2\text{-}3)$$

式中，$i = 1, 2, \cdots, I$（I 为组分的数目）；$j = 1, 2, \cdots, J$（J 为源类数目）；C_i 为受体大气 VOCs 中组分 i 的浓度测量值；F_{ij} 为第 j 类源的 VOCs 中组分 i 的积累测量值；S_j 为第 j 类源贡献的浓度计算值。

只有当 $i \geqslant j$ 时，式（6.2-3）的解为正。第 j 源类贡献率为

$$\eta = S_j / C \times 100\% \qquad (6.2\text{-}4)$$

式中，C 为受体大气 VOCs 的浓度测量值。

CMB 模型的输入参数是所分析的各类源和受体颗粒物的成分谱，输出参数是各类源对受体颗粒物的贡献值。源成分谱的研究是 CMB 模型的基础，其合理性和准确性直接关系解析结果的可靠性。不同的排放源，在排放过程中可能会经历物理变化和化学变化，因此源样品的采集要遵循一定的原则和方法。

1）CMB 来源解析源谱选择

（1）源谱浓度数据。选择新构建的重庆市 VOCs 源谱数据，源谱库包括天然源、化石燃料燃烧源、移动源、工艺过程源、溶剂使用源、生物质燃烧源和餐饮油烟源 7 大类 117 种 VOCs 组分。

（2）源谱不确定度数据。选择源谱库中源谱的不确定数据。

2）环境数据选择

（1）选择重庆市大气超级站 VOCs 组分在线监测数据和移动监测的 VOCs 组分在线监测数据。

（2）不确定度确定。根据 117 种 VOCs 组分的方法检出限，利用不确定度（UNC）公式进行计算：

$$\text{UNC} = \sqrt{[(\text{error coefficient} \times \text{concentration})^2 + (0.5 \times \text{MDL})^2]} \qquad (6.2\text{-}5)$$

式中，error coefficient 表示误差系数，concentration 表示组分浓度。

6.2.2　解析结果分析

1. 组分比值法结果分析

根据图 6.2-3 可以看出，2018 年和 2019 年 T/B 大部分集中在 0.2～2，且更靠近隧道实验的比值，表明这两年重庆甲苯和苯的含量主要受到机动车尾气的影响，同时也相当程度上受燃烧源影响。

2. 示踪物来源解析结果分析

图 6.2-4 和图 6.2-5 给出了 2018 年和 2019 年重庆市 9 种典型示踪组分日变化图，2018 年和 2019 年乙烯、乙炔、苯和异戊烷均在 9:00 前后达到峰值，与交通早高峰的时间一致，说明该时段机动车尾气排放是这 4 种 VOCs 的重要来源，这 4 种 VOCs 浓度在

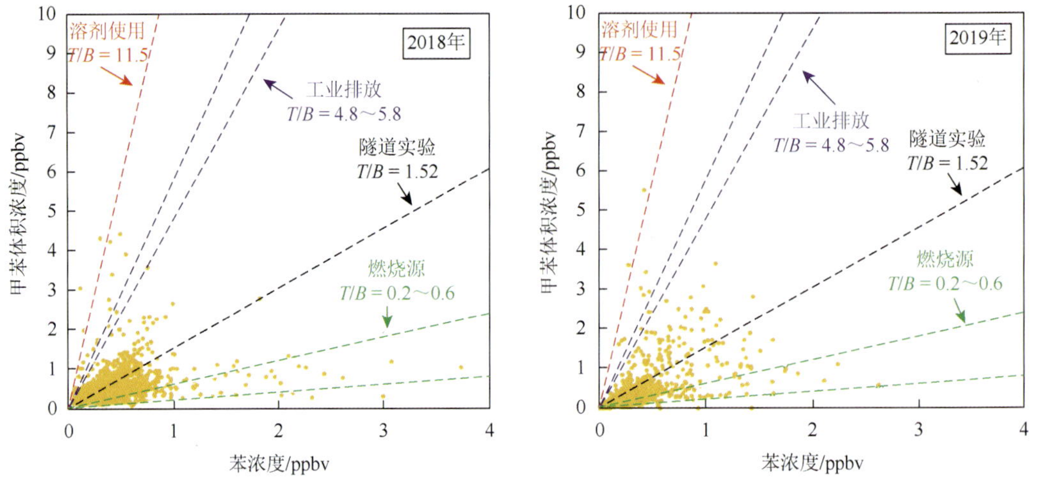

图 6.2-3　2018 年和 2019 年重庆市甲苯/苯体积浓度比值

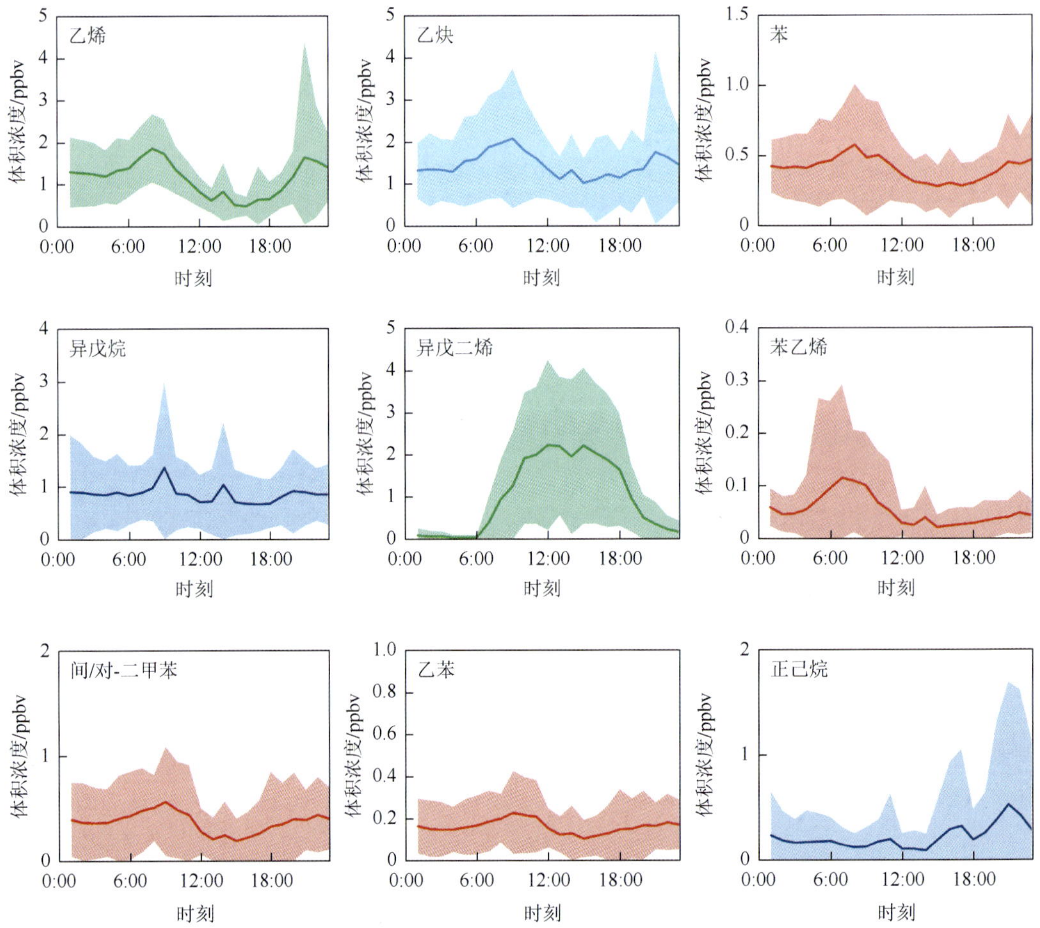

图 6.2-4　2018 年重庆市示踪组分日变化图

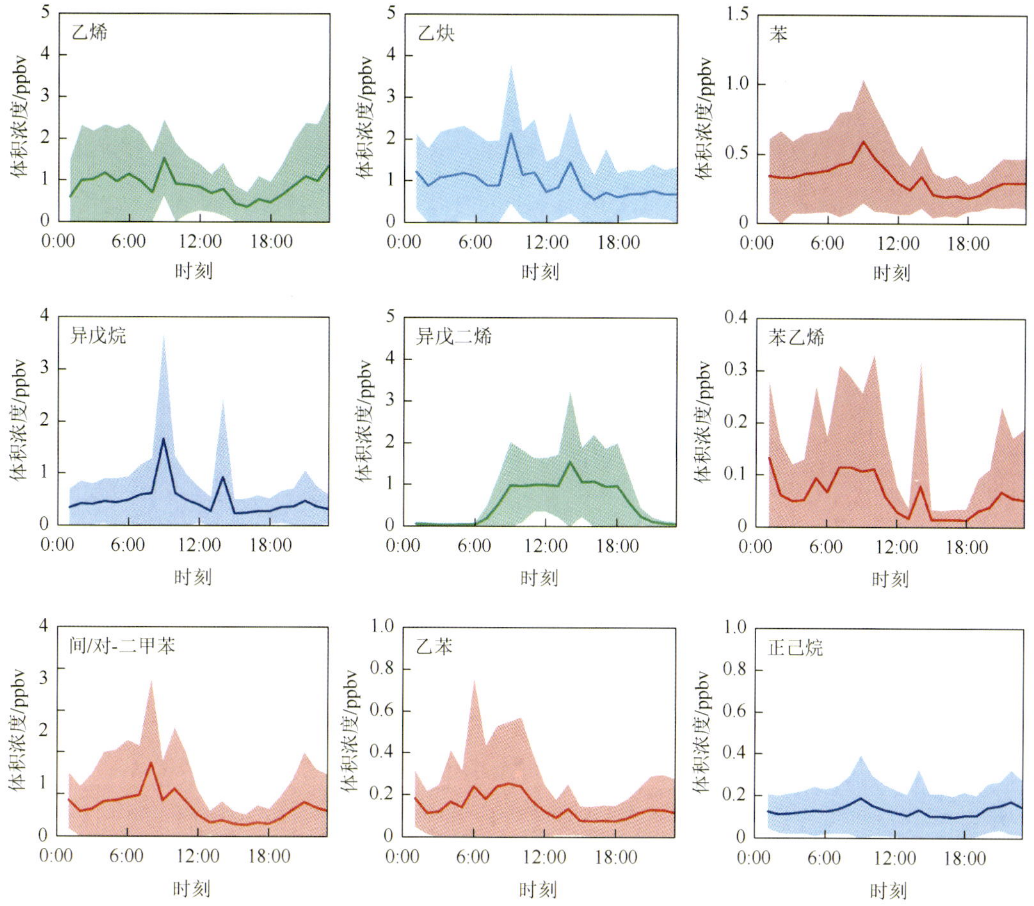

图 6.2-5　2019 年重庆市示踪组分日变化图

14:00 均有不同程度的反弹，表明该时段存在机动车尾气排放高峰。2018 年和 2019 年异戊二烯浓度大致呈白天高夜间低的趋势，夏季环境空气中的异戊二烯主要来自植物排放，正午植物源高强度的植被排放导致了异戊二烯浓度的升高，2019 年白天异戊二烯浓度明显低于 2018 年。苯乙烯是重要的工业原料，2018 年和 2019 年苯乙烯 7:00 前后出现高值，主要来自工业企业的排放，此外 2019 年苯乙烯浓度在 14:00 上升，且上升幅度高于 2018 年，可能与该时段工业排放增加有关。2018 年和 2019 年乙苯、间/对二甲苯的日变化大致呈现双峰结构，在 18:00～23:00 保持稳定，7:00 左右上升，并在 9:00 前后达到峰值，主要来自溶剂涂料排放的影响，且 2019 年间/对二甲苯早晨浓度高于 2018 年，存在更多溶剂涂料排放。2019 年正己烷日变化较 2018 年平稳且浓度较低，表明 2019 年相关工业排放有所减少。

3. PMF 来源解析结果分析

1）在线 PMF 来源解析平台参数设置

VOCs-OFP-PMF 较 VOCs-PMF 算法模型，其区别在于将 VOCs 的臭氧生成潜势（ozone formation potential，OFP）代入 PMF 模式中，VOCs 臭氧生成潜势计算方法见 5.4 节。

PMF 中 VOCs 来源解析和 VOCs-OFP 来源解析设置如表 6.2-4 所示。

表 6.2-4　PMF 中 VOCs 来源解析和 VOCs-OFP 来源解析

组分	检出限	不确定度	组分	检出限	不确定度
异丁烷	0.02	30	正戊烷	0.0005	50
正丁烷	0.022	30	甲苯	0.011	10
丙烷	0.02	20	苯	0.018	10
异戊烷	0.0005	50	乙炔	0.02	30
正戊烷	0.0005	50	异戊二烯	0.02	20
乙烷	0.016	20	乙烯	0.026	50
2-甲基戊烷	0.04	50	丙烯	0.031	20
丙烯	0.031	20	2-甲基戊烷	0.04	50
乙烯	0.026	50	乙烷	0.016	20
乙炔	0.02	30	异丁烷	0.02	30
甲苯	0.011	10	异戊烷	0.0005	50
苯	0.018	10	正丁烷	0.022	30

2）PMF 来源解析结果

利用 PMF 模型解析出 10 月 1～10 日重庆市主要有 7 类 VOCs 排放源，并量化了各类来源的分担率（图 6.2-6）。分担率是描述排放源对大气污染物浓度贡献的定量比值率，对控制污染排放具有较强的指示意义。

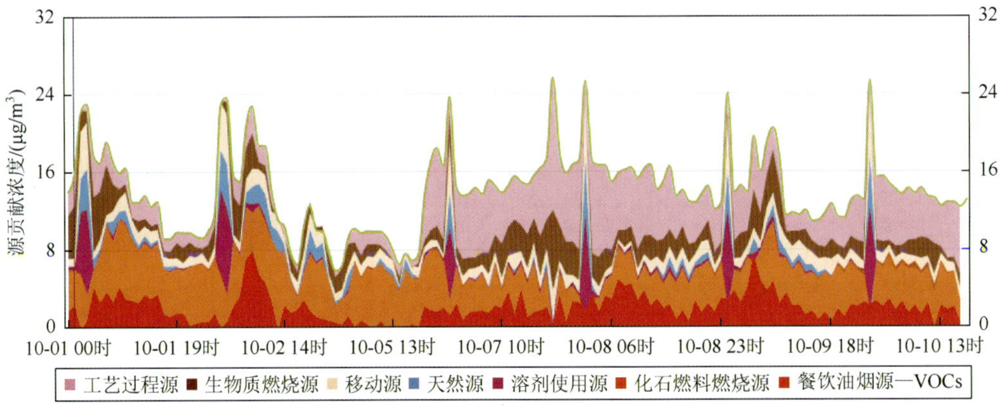

图 6.2-6　重庆市 10 月 1～10 日 VOCs 各类源时序变化图

从重庆市 10 月 1～10 日 PMF-VOCs 解析结果（图 6.2-7）可知，化石燃料燃烧源贡献率占比最大，为 29.0%。其余来源解析结果从高到低依次是工艺过程源（26.0%）、餐饮油烟源（14.2%）、生物质燃烧源（12.6%）、移动源（10.2%）、溶剂使用源（4.8%）、天然源（3.2%）。

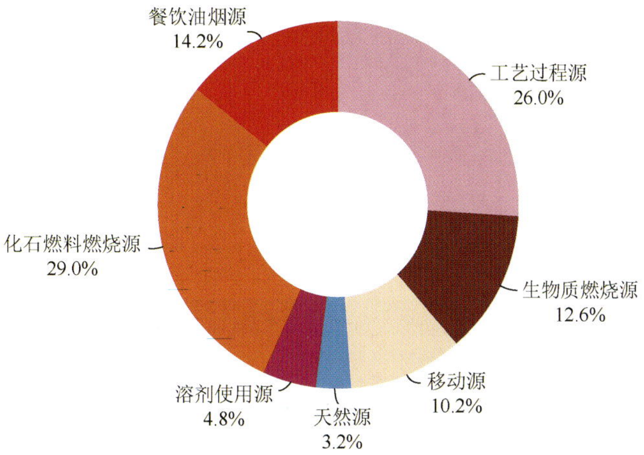

图 6.2-7　重庆市 10 月 1～10 日 VOCs 各类源贡献占比图

重庆市 10 月 1～10 日 VOCs 各类源对 O_3 的生成贡献时序图如图 6.2-8 所示，结合 VOCs 各类源对 O_3 生成贡献占比（图 6.2-9）可知，源占比以化石燃料燃烧源最多，占

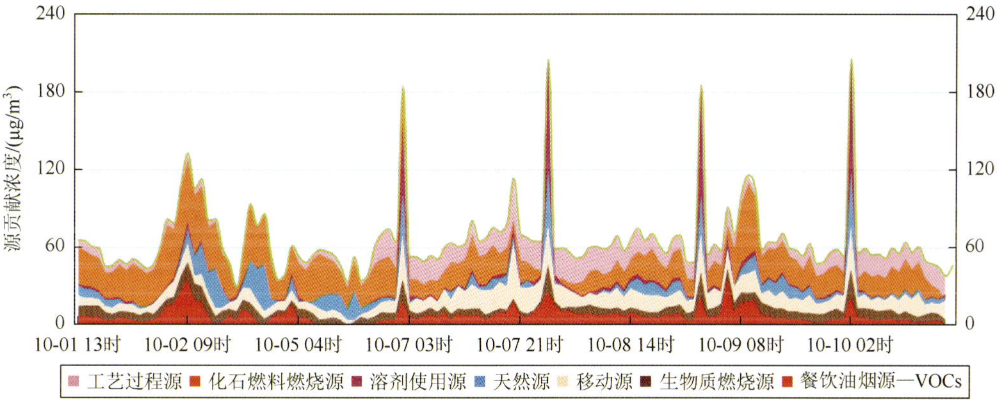

图 6.2-8　重庆市 10 月 1～10 日 VOCs 各类源对 O_3 生成贡献时序图

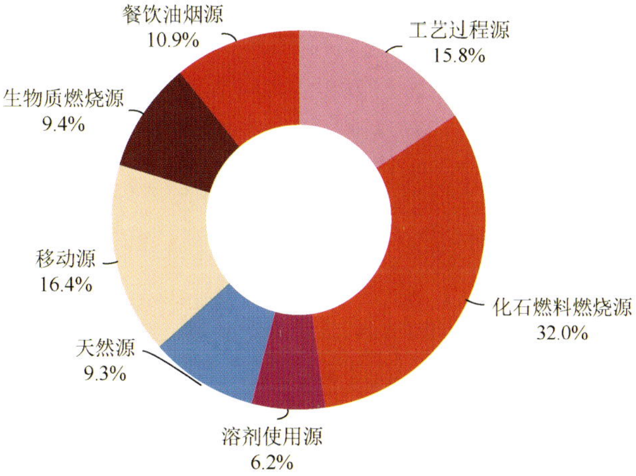

图 6.2-9　重庆市 10 月 1～10 日 VOCs 各类源对 O_3 生成贡献占比图

32.0%。其余来源解析结果从高到低依次是移动源（16.4%）、工艺过程源（15.8%）、餐饮油烟源（10.9%）、生物质燃烧源（9.4%）、天然源（9.3%）、溶剂使用源（6.2%）。

4. CMB 解析结果分析

1）在线 CMB 来源解析平台参数设置

在线 CMB 来源解析平台参数设置占比图如图 6.2-10 所示。

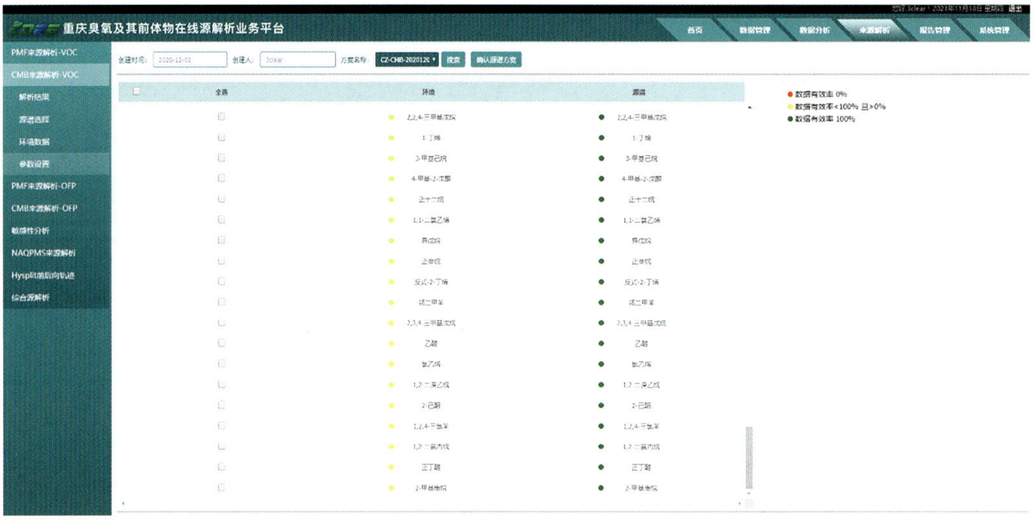

图 6.2-10　在线 CMB 来源解析平台参数设置占比图

本章研究选取的源谱组分和环境组分见表 6.2-5。

表 6.2-5　重庆市 CMB 来源解析平台参数

源谱组分	环境组分
丙烷	丙烷
正戊烷	正戊烷
2-甲基戊烷	2-甲基戊烷
乙烷	乙烷
异丁烷	异丁烷
异戊烷	异戊烷
正丁烷	正丁烷
异戊二烯	异戊二烯
丙烯	丙烯
乙烯	乙烯
乙炔	乙炔
甲苯	甲苯
苯	苯

2）在线 CMB 来源解析结果

10 月 1～10 日 CMB-VOC 解析结果显示（图 6.2-11），源占比以移动源最多，占 32%。其余来源解析结果从高到低依次是天然源（23%）、溶剂使用源（19%）、生物质燃烧源（15%）、化石燃料燃烧源（6%）、工艺过程源（5%）。

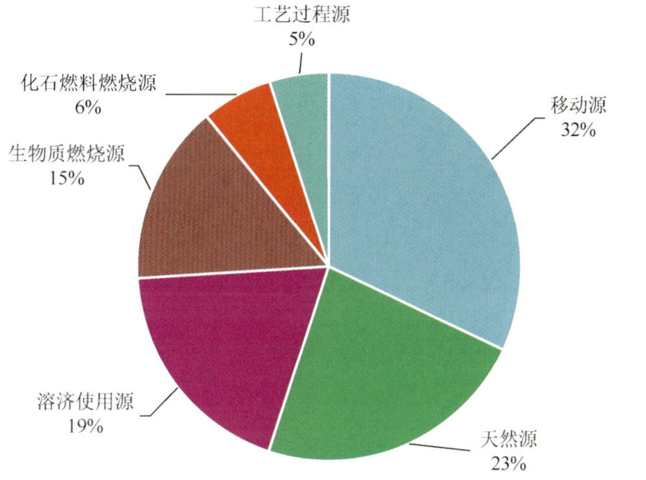

图 6.2-11　重庆市 10 月 1～10 日 CMB VOCs 各类源占比

由重庆市 10 月 1～10 日 CMB-OFP 解析结果（图 6.2-12）可知，源占比以生物质燃烧源最多，占 15.8%。其余来源解析结果从高到低依次是餐饮油烟源（15.7%）、天然源（15.4%）、化石燃料燃烧源（15.4%）、移动源（15.3%）、工艺过程源（15.3%）、溶剂使用源（7.1%）。

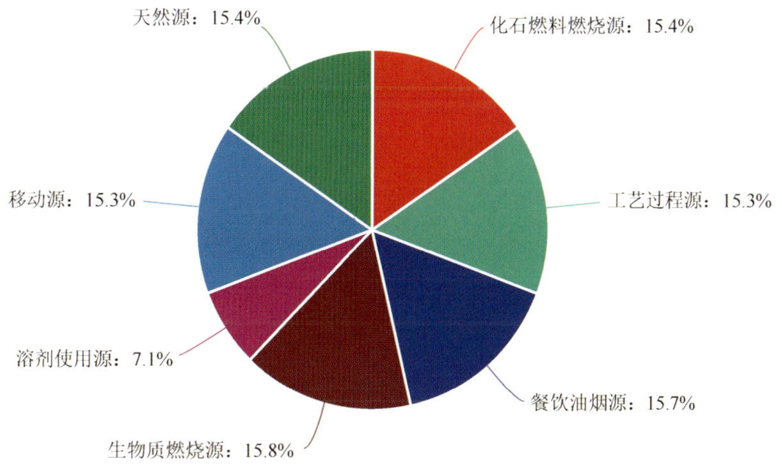

图 6.2-12　重庆市 10 月 1～10 日 CMB 模型解析 VOCs 各类源对 O_3 生成贡献占比

6.3　基于 EBM 的来源解析

6.3.1　来源解析方法原理

1. NAQPMS 方法原理

NAQPMS（嵌套式空气质量预报模式系统，nested air quality prediction modeling system）耦合的污染在线源追踪技术从源排放开始对各种物理、化学过程进行分源类别、分地域的质量追踪，可以跟踪污染物来源，分析输送过程及区域污染排放贡献率。此方法有机地结合了传统来源解析和气象追溯各自的特点，通过在线追踪，减小非线性过程误差，同时也不需要对模拟过程进行多次设定，可大大节约计算时间。该方法已被多次应用于污染物的区域或城市间输送定量评估，也是我国环境保护部确定的三种污染来源解析方法（排放清单法、受体模型法、数值模型法）之一（Wu et al.，2017）。NAQPMS 来源解析技术路线如图 6.3-1 所示。

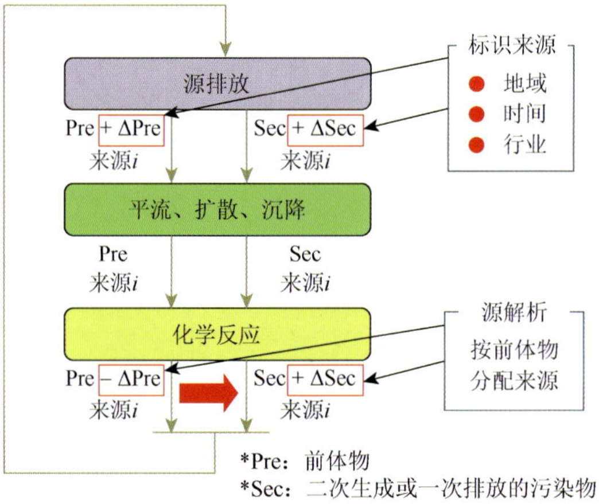

图 6.3-1　NAQPMS 来源解析技术路线

生成地污染来源解析（SM）与去向追踪技术的核心问题是实时在线追踪污染物生消演变的各个过程。以污染物 A（如 SO_2、O_3、BC、一次 $PM_{2.5}$ 等）为例，A 用生成地来标记，对来自顶层、侧边界和初始条件的 A 也作出标记。计算已标记污染物（A_T）占所有来源的 A 总量百分比。假定不同形式的 A_T 在每个格点都能均匀混合，每种 A_T 的损失系数和 A 总量（包括流出、化学消耗、干湿沉降）相同，因此所有的物理化学清除过程都不会改变任一 A_T 在任一格点中占 A 总量的比例。A_T 在每个格点中的百分比可以用下列公式表示：

$$\left(\frac{\mathrm{d}FA_T}{\mathrm{d}t}\right)_{ij}=\frac{\{P_{ij}+(M_{ij})_{\text{dif+adv+conv}}\}}{A}\tag{6.3-1}$$

式中，i 和 j 分别代表第 i 个地理源区和第 j 个格点；FA_T 表示在 j 格点上 i 区域排放产生

的 A_T 所占的比例；P_{ij} 代表 j 格点中 i 区域通过化学反应的 A 总生成量，如果 j 格点包含在被追踪的 i 源区里面，则 P_{ij} 的计算方法和先前的计算方法相同，否则 $P_{ij}=0$（j 格点在 i 区域之外）；$(M_{ij})_{dif+adv+conv}$ 表示由平流、扩散和对流运动导致的从相邻格点流入的 A_T，通过流入通量和下一个格点里的 i 区域 A_T 产生量的比例来计算；A 代表所计算的模式网格中的污染物浓度。

臭氧前体物来源解析（SA）方法的重要特点之一是臭氧生成贡献来源的计算是基于 VOC/NO_x-limited 或者过渡带等条件。臭氧来源解析在一次模拟中在线追踪其前体物（VOCs 和 NO_x）以及由前体物生成的臭氧。需要指出的是，来源解析在化学反应、传输、扩散和排放源等物理化学过程中追踪前体物。因此，示踪物可称为臭氧反应示踪物。来源解析可以在一次模拟中解析多个目标区域的贡献。来源分类可以定义成地理区域和排放源类别或者排放时段。另外，NAQPMS 的初始条件、外边界条件和上边界条件作为独立的来源。需要指出的是，这里的外边界条件为第一区域的外边界条件，母区域的来源解析信息可通过子区域的边界条件传递到子区域。因此，在最细区域，NAQPMS 不仅可以追踪本区域划分的空间标识来源的污染物，还可追踪到区域外的标识来源的污染物，这样可避免信息缺失。

臭氧化学同时涉及 NO_x 和 VOCs，在同一网格同一时间步长内的臭氧生成可能来自不同地区不同种类的源排放贡献。根据判别方法可以将臭氧生成分为受 NO_x 控制或者受 VOCs 控制。因此，可进一步将特定时间步长、特定网格内生成的臭氧按不同源在局地 NO_x 中所占比例（臭氧生成受 NO_x 控制时）或不同源在局地 VOCs 中所占比例（臭氧生成受 VOCs 控制时）分配给不同源，从而计算源排放对各地臭氧生成的分担情况，即在臭氧来源解析中，当臭氧在特定网格点特定时间受 NO_x 控制，臭氧生成贡献归于 NO_x 排放源；同样地，当臭氧受 VOCs 控制，臭氧生成贡献归于 VOCs 排放源。本产品中，臭氧来源解析模式采用了 $P(H_2O_2)/P(HNO_3)$ 指示剂法判断臭氧生成对 NO_x 和 VOCs 的敏感性，其中 $P(H_2O_2)$ 和 $P(HNO_3)$ 表示反应过程中 H_2O_2 和 HNO_3 的生成速率。当 $P(H_2O_2)/P(HNO_3)\geqslant 0.42$ 时，臭氧生成受 NO_x 控制；当 $P(H_2O_2)/P(HNO_3)\leqslant 0.19$ 时，臭氧生成受 VOCs 控制；当 $P(H_2O_2)/P(HNO_3)$ 的处于过渡带（即 $0.19<P(H_2O_2)/P(HNO_3)<0.42$）时，臭氧生成的 50% 受 NO_x 控制，另外 50% 受 VOCs 控制。

2. 参数设置

1）VOCs 排放源分类

VOCs 排放源具体分类如表 6.3-1 所示。

表 6.3-1　VOCs 排放源分类

排放源	分类
天然源	植被
工业源	化石燃料燃烧
	工艺过程
	溶剂使用

续表

排放源	分类
居民源	溶剂使用（干洗等）
	化石燃料燃烧
	生物质燃烧
	餐饮油烟
交通源	建筑机械
	柴油车
	船舶飞机
	出租车-天然气
	汽油车
其他	生物质燃烧
	垃圾填埋
	污水处理
	溶剂使用（建筑装修）

2）气象场

使用由美国国家环境预报中心（National Centers for Environmental Prediction，NCEP）、美国国家大气研究中心（National Center for Atmospheric Research，NCAR）等单位联合开发的新一代高分辨率中尺度气象研究与预报数值模式及同化系统（weather research and forecasting model，WRF）模式对气象场进行预报，气象资料数据来源于美国国家环境预报中心的全球预报系统（global forecast system，GFS），分辨率为0.5°×0.5°。

3）多层嵌套区域

模式计算采用两重嵌套区域设置，第一区域覆盖整个东亚地区；第二区域覆盖范围为重庆、云南、贵州、四川、陕西、甘肃、宁夏、湖南、湖北、广东、广西、河南、山西等区域。各嵌套区域网格数、空间分辨率及预报时长设置如表6.3-2所示。

表6.3-2　各嵌套区域网格数、空间分辨率及预报时长

区域	网格数（经向×纬向）	空间分辨率/km	预报时长/h
第一区域	231×201	27	172
第二区域	172×217	9	172

4）来源解析ID设置

来源解析区域设置为51个，其中包括重庆共38个辖区及周边省份、中国其他陆地和海洋及国外其他陆地（表6.3-3）。

表 6.3-3　来源解析区域设置

序号	地区名称	序号	地区名称
1	渝中区	27	城口县
2	万州区	28	丰都县
3	涪陵区	29	垫江县
4	大渡口区	30	忠县
5	江北区	31	云阳县
6	沙坪坝区	32	奉节县
7	九龙坡区	33	巫山县
8	南岸区	34	巫溪县
9	北碚区	35	石柱土家族自治县
10	綦江区	36	秀山土家族苗族自治县
11	大足区	37	酉阳土家族苗族自治县
12	渝北区	38	彭水苗族土家族自治县
13	巴南区	39	四川
14	黔江区	40	云南
15	长寿区	41	贵州
16	江津区	42	广西
17	合川区	43	湖南
18	永川区	44	湖北
19	南川区	45	陕西
20	璧山区	46	山西
21	铜梁区	47	河南
22	潼南区	48	甘肃
23	荣昌区	49	其他中国地区
24	开州区	50	国外陆地地区
25	梁平区	51	海洋
26	武隆区		

3. CAMx 方法原理

1）CAMx 模式

本章研究所使用的模式为 CAMx（Comprehensive Air Quality Model with extensions，7.00 版本）模式，是美国环境技术公司（Environ International Corporation）在 UAM-V 模式基础上开发的三维网格欧拉光化学模式，属于第三代综合空气质量模型，已经多次在国内外空气质量的模拟和分析过程中得到应用（徐冉等，2019）。美国环境技术公司致力于将所有优秀的空气质量模型的技术方法融合进单一系统，因而 CAMx 除具有第三代空气质量模型的典型特征之外，还包含多个扩展模块包括臭氧来源解析技术（ozone source apportionment technology，OSAT）（李浩等，2015）、颗粒物来源解析技术（particulate matter source apportionment technology，PSAT）（薛文博等，2014）、网格烟羽模块（plume in grid，PiG）、高阶去耦合直接法（direct decoupled method，DDM）和过程分析（process analysis，PA）模块等，适用于对气态和颗粒物态的大气污染物在城市和区域多种尺度上进行模拟。CAMx 模式采用双向嵌套网格结构，以 WRF、MM5、RAMS 等中尺度模式提供的气象场作为驱动，由 SMOKE、CONCEPT、EPS3 等模块处理排放源，适用于模拟大气污染物的平流、扩散、沉降和化学反应过程。

2）CAMx-OSAT 臭氧来源解析技术

来源解析技术是 CMAx 的一个重要扩展模块。臭氧来源解析技术（OSAT）基于示踪物方法来追踪选定网格臭氧浓度的源区域和源类别贡献，详细技术路线如图 6.3-2 所示。模式中使用 ΔH_2O_2 / ΔHNO_3 作为臭氧受 NO_x 或 VOCs 控制的指示参数，分别对受 NO_x 控制的臭氧（O_3N）和受 VOCs 控制的臭氧（O_3V）进行追踪。

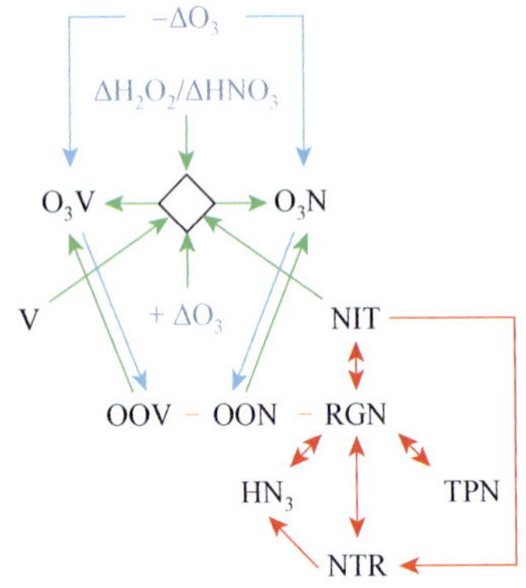

图 6.3-2　OSAT 技术方案（来源：CAMx 模式用户手册）

颗粒物来源解析技术（PSAT）通过对各种污染源加入反应性示踪物跟踪污染源的反应过程，解析硫酸盐、硝酸盐、铵盐、二次有机气溶胶、颗粒态汞以及六类一次颗粒物（元素碳、一次有机气溶胶、地壳细颗粒物、其他细颗粒物、地壳粗颗粒物和其他粗颗粒物）的来源。单一的示踪物可以解析一次颗粒物，而二次颗粒物组分需要几种示踪物来跟踪气态前体物和生成的颗粒物之间的关系。其中硝酸盐和二次有机气溶胶最为复杂，因为排放的气态前体物（NO、VOCs 等）与生成的颗粒物之间相差好几个步骤。PSAT 对计算资源要求较高，但是并非所有的组分都需要解析，能够根据使用者需求灵活操作，对任意或所有组分类别进行来源解析。

基于 OSAT 来源解析技术，可以得到不同地区、不同类型污染源对于选定的任何受体点和时间内臭氧及其前体物的贡献，是国内外常用的一种臭氧来源解析技术。

3）模式使用的数据介绍

CAMx 模式使用的气象场为美国国家大气研究中心（NCAR）的 WRF 模式输出的结果，初始场气象场使用的是欧洲中期天气预报中心（European Centre for Medium-Range Weather Forecasts，ECMWF）的 ERA-interm 分析场资料，水平分辨率为 0.75°×0.75°。

臭氧柱浓度数据对于光化学机制而言很重要，使用的臭氧柱浓度数据为美国国家航空航天局（National Aeronautics and Space Administration，NASA）提供的全球臭氧数据，水平分辨率为 0.25°×0.25°（数据来源：https://acd-ext.gsfc.nasa.gov/anonftp/toms/omi/data/Level3e/ozone/）。

CAMx 模式使用的污染物排放清单是 2017 年重庆市本地清单结合中国多尺度排放清单模型（multi-resolution emission inventory for China，MEIC），自然源排放使用的是天然源排放模型（model of emissions of gases and aerosols from nature，MEGAN）的处理结果。

4）参数设置

CAMx 使用的气象场由 WRF 提供，因此两者的参数设置应尽量保持一致，使用前处理模块 WRFCAMx 将 WRF 模拟结果处理为 CAMx 所需的格式。前处理模块 O_3MAP 为 CAMx 和辐射传输模块 TUV 准备所需的臭氧柱浓度输入文件，这两个模块对光化学机制十分重要。CAMx 的初始场和边界条件使用 Ramboll 提供的前处理模块 ICBCPREP 生成，气象化学机制使用 CB05 机制以便于与排放清单匹配，CAMx-OSAT 来源解析技术的气溶胶方案只支持 CF 方案，二次有机化学只支持 SOAP 方案，其他参数设置见表 6.3-4。模式模拟提前 1 天开始，尽量降低初始和边界条件对模拟结果的影响。

表 6.3-4　参数设置

指标	参数设置		
中心点	35°N，103°E		
投影类型	兰勃特（Lambert）投影		
网格	层数	分辨率/km	网格数（经向×纬向）
	1	9	168×150
	2	3	212×203
初始场和边界条件	ICBCPREP		
气象化学机制	CB05		
液相化学机制	RADM		
干沉降参数化方案	ZHANG03		
水平平流方案	PPM 方案		
垂直扩散方案	标准 K 理论		

对第二区域进行臭氧来源解析研究，污染物排放源区一共划分为 7 个，分别为成都平原经济区，包括成都、德阳、绵阳、眉山、乐山、资阳、遂宁和雅安；川南经济区，包括内江、自贡、泸州和宜宾；川东北经济区，包括南充、广安和达州；重庆市主城区，包括巴南、大渡口、九龙坡、南岸、渝中、渝北、江北、沙坪坝和北碚区；近郊区（主城以西），包括永川、荣昌、璧山、铜梁、潼南、合川、重庆市主城区和江津区；近郊区（主城以东），包括綦江、万盛、南川、涪陵和长寿区，重庆市主城区、主城以西和主城以东统称为重庆市都市圈；模拟区域内的其他部分划分为一个整体的源区（下文简称“其他”区域）。

6.3.2　解析结果分析

1. NAQPMS 解析结果分析

2021 年 10 月 8 日 NAQPMS 来源解析近地层主城区 O_3 因子展示如图 6.3-3 所示。

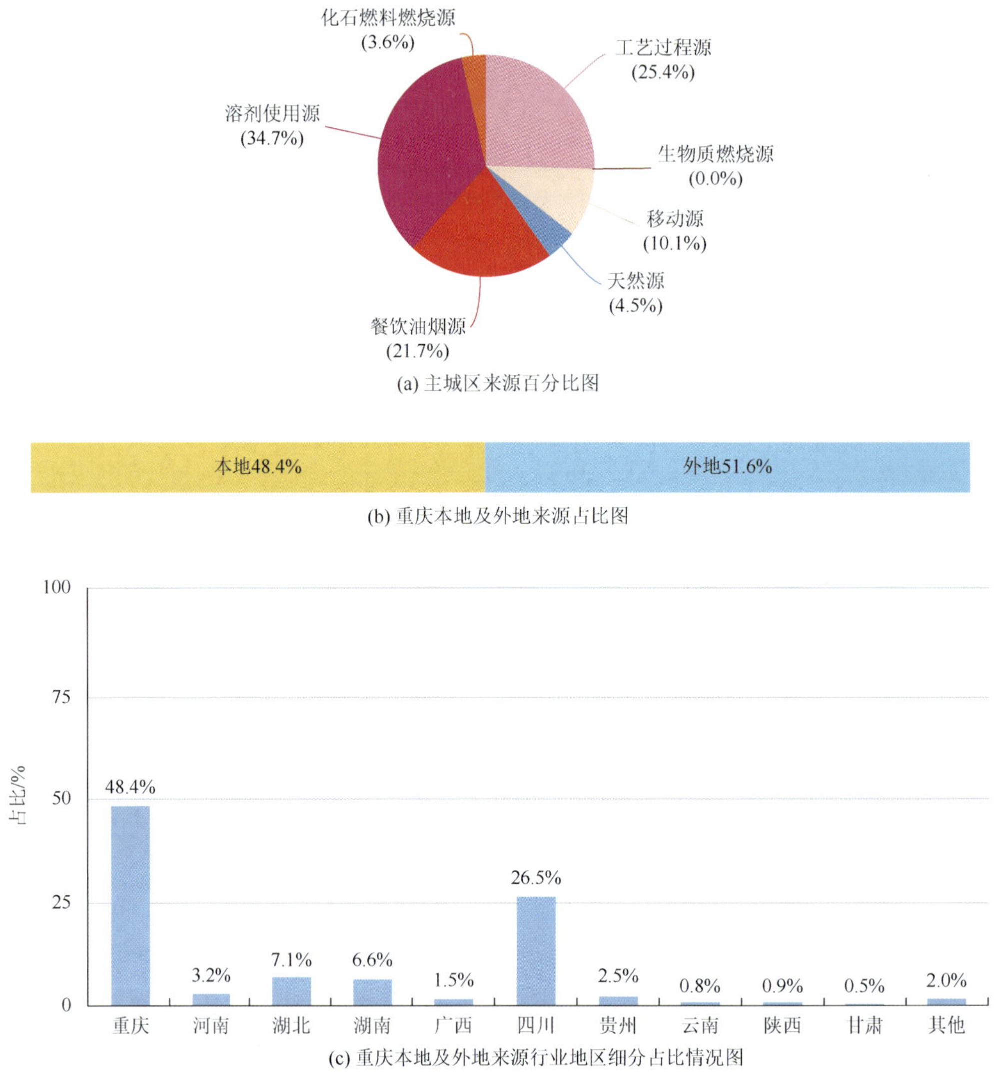

图 6.3-3　NAQPMS 来源解析结果

混合单粒子拉格朗日积分轨迹模型（hybrid single particle Lagrangia integrated trajectory model，HYSPLIT）后向轨迹结果显示，2021 年 10 月 8 日污染物主要从甘肃、四川、贵州、湖南、湖北、河南和陕西等地传输至重庆，这与 NAQPMS 来源解析结果相符。另外，100m 处 2:00、8:00 和 14:00 后向轨迹结果显示气团经过四川，500m 处 2:00 和 8:00 后向轨迹结果显示气团经过四川，所以这可能是四川外来贡献较大的原因。

2. CAMx 解析结果分析

1）模式评估结果

为了验证 CAMx 模式的模拟效果，将 2020 年 8 月 24～30 日模拟时段重庆市主城区的臭氧观测和模拟结果进行对比，图 6.3-4 为臭氧日最大 8 小时观测和模拟结果，整体来看，臭氧浓度水平和变化趋势基本一致。

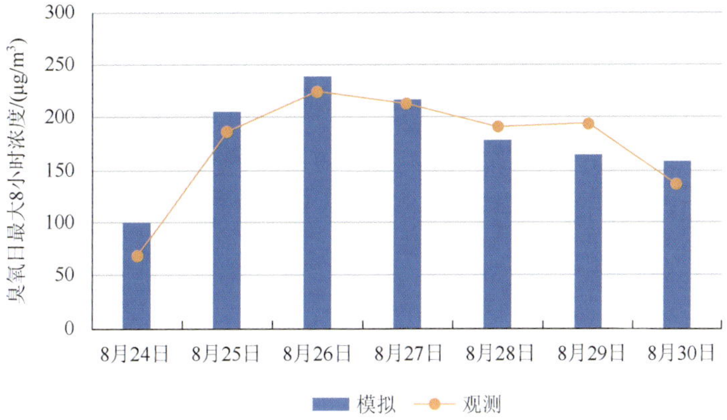

图 6.3-4　2020 年 8 月 24～30 日重庆市主城区臭氧日最大 8 小时浓度

表 6.3-5 为 2020 年 8 月 24～30 日重庆市主城区臭氧日最大 8 小时观测和模拟结果的统计参数，统计了观测值与模拟值的相关系数（R）、标准化平均偏差（normalized mean bias，NMB）、平均偏差（mean bias，MB）、均方根误差（root mean square error，RMSE）、标准化平均误差（normalized mean error，NME）和一致性指数（index of agreement，IOA）。Huang 等（2021）整理了 2006～2019 年发布的 307 篇空气质量模型相关的文章，统计了文章中使用的模型评估方案和标准，归纳总结并给出了推荐的评估方案和标准，本书选取的 6 类统计参数为推荐的前 6 种方案。可以看到，MB 和 RMSE 数值较低，观测和模拟浓度量级基本一致，R、IOA、NMB 和 NME 统计参数整体上明显优于推荐标准。

表 6.3-5　臭氧浓度的观测值与模拟值的统计参数

项目	MB/(μg/m³)	R	RMSE/(μg/m³)	IOA	NMB/%	NME/%
推荐标准	*	≥0.60	*	≥0.70	≤±20	≤45
统计结果	6.29	0.92	20.51	0.95	3.60	10.63

注：“*”表示没有推荐标准，数值越低模型表现越好。

模式使用的排放清单为 2017 年的清单数据，与研究时段时间不同，此外，清单本身存在的误差、CAMx 模式的化学机制的不确定性以及气象场的准确性等因素，都会导致模拟与观测之间的差异，但是整体来看，模式模拟的臭氧浓度和变化趋势与观测相对一致，模式模拟结果可以接受。

2）来源解析结果

以下展示的来源解析结果均为去除了初始边界和研究区域以外的其他区域。

（1）重庆市主城区结果。

对 2020 年 8 月 24～30 日一次污染过程的臭氧进行来源解析。图 6.3-5 为此次污染期间不同区域对重庆市主城区臭氧的贡献占比，图中黑色曲线为臭氧日最大 8 小时平均浓度。

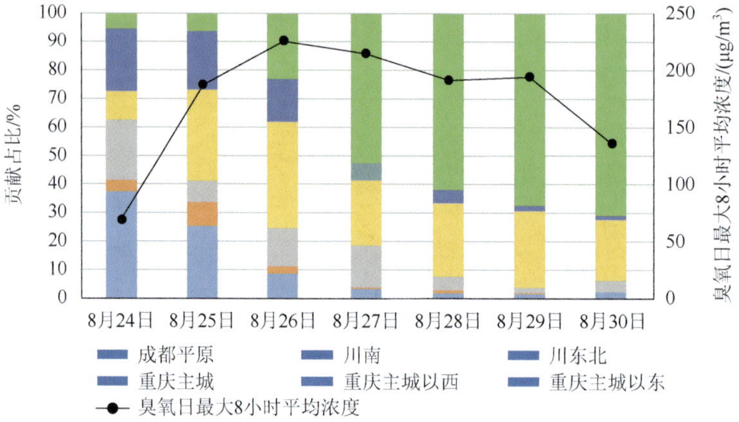

图 6.3-5　污染过程期间重庆市主城区臭氧区域贡献

8 月 24 日污染水平上升之前，重庆市主城区臭氧主要贡献区域为四川和重庆主城以西，贡献率分别为 62.39%和 22.56%，本地贡献率较低。随着污染的发展，贡献较大的区域逐渐由四川和重庆主城以西转变为重庆市主城和主城以东。

图 6.3-6 为 8 月 24～30 日污染期间各受体区域平均污染来源贡献占比，其中纵轴红色字体代表受体区域，横轴为污染来源区域。整个污染过程期间，重庆市主城区本地贡

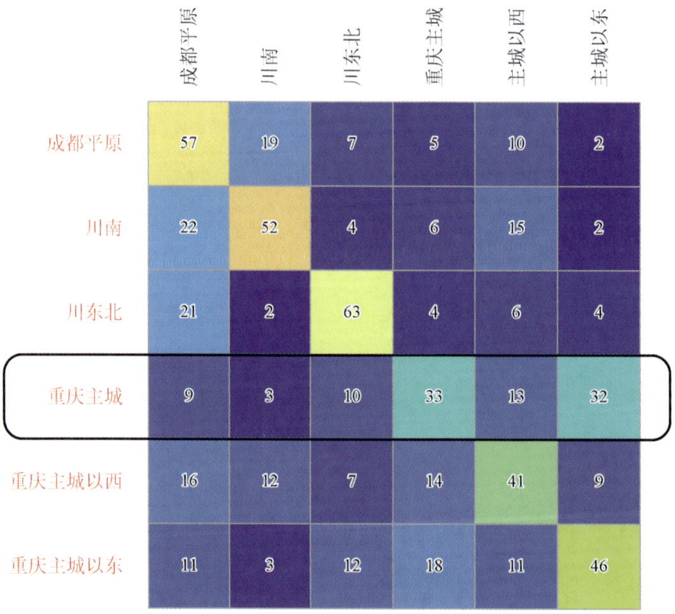

图 6.3-6　8 月 24～30 日污染期间各受体区域平均污染来源贡献（%）

献占比 32.90%，成都平原、川南、川东北、主城以西和主城以东对重庆市主城区臭氧的贡献分别为 9.11%、2.69%、10.01%、12.79%和 32.50%；四川贡献相对较低，整个渝西贡献占比 78.19%。从本次污染的臭氧来源解析平均结果来看，除了本地贡献以外，重庆市主城区的臭氧显著受到主城以西和主城以东周边区域的影响。

（2）重点区县结果。

图 6.3-7 为不同区域对 3 个示范区臭氧的区域贡献占比，图中黑色曲线为臭氧日最大 8 小时平均浓度。臭氧污染水平上升期（8 月 24、25 日），3 个区的臭氧主要贡献区域都为成都平原和重庆主城以西，累计贡献比例约为 60%，本地贡献较低。随着污染的发展，贡献较大的区域逐渐由四川和重庆主城以西转变为重庆主城和主城以东，累计贡献比例范围为 40%～90%。

北碚区、沙坪坝区和大渡口区区域传输类似，但贡献占比略有不同，主城区对沙坪坝区和大渡口区的传输影响更大，北碚区更多地受到来自重庆主城以东的影响。

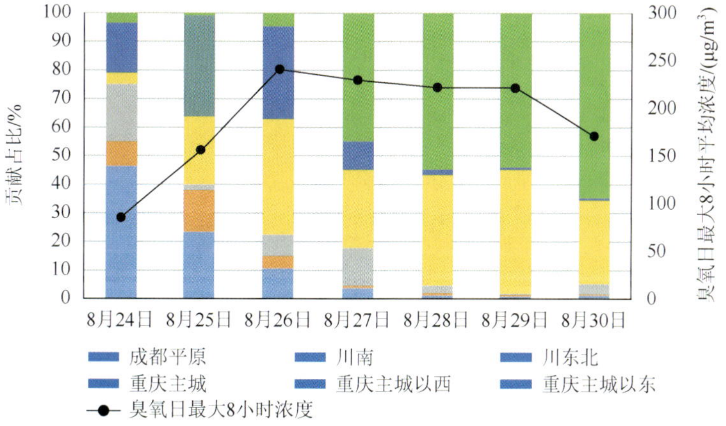

(a) 北碚区

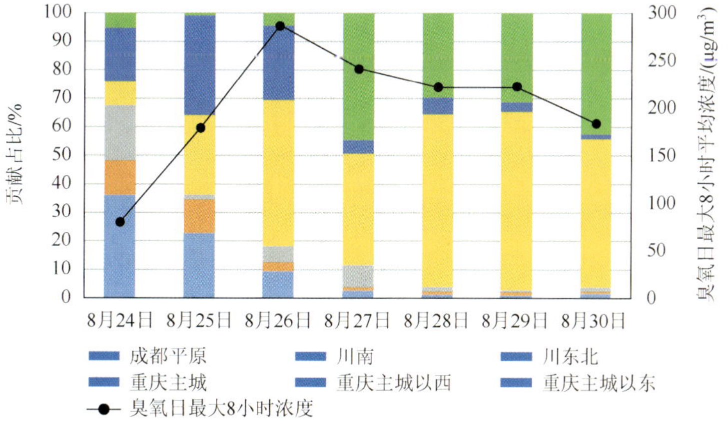

(b) 沙坪坝区

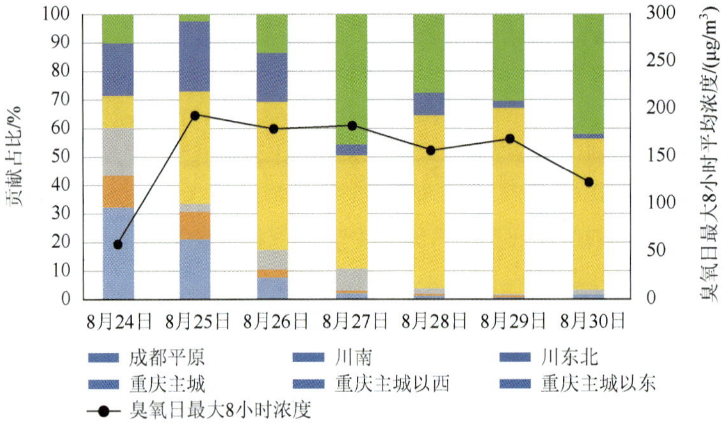

(c) 大渡口区

图 6.3-7　三个示范区（北碚、沙坪坝、大渡口）区域贡献解析结果

6.4　Hysplit 前后向轨迹分析

6.4.1　Hysplit 模型

Hysplit 模型是由美国国家海洋和大气管理局（National Oceanic and Atmospheric Administration，NOAA）开发，用于大气计算和分析大气污染输送、扩散轨迹的专业模式。该模式具有处理多种气象要素输入场、多种物理过程和不同类型污染物排放源的较为完整的输送、扩散和沉降模式，已经被广泛应用于大气污染在各个地区传输轨迹和扩散的研究中（王芳等，2009；Stein et al.，2015；折远洋等，2020）。

O_3 为二次生成的光化学污染物，白天以 O_3 生成和积累为主，夜间以 O_3 消耗为主，具有典型的日变化特征，因此本节研究主要模拟 10:00～20:00（北京时间）每间隔 2h 的 24h 后向轨迹。模拟日期范围为 2015～2019 年每年 4～9 月，受点位置为重庆市主城区（29.60°N，106.50°E）。考虑 500m 高度的风场较能准确反映边界层的平均流场特征，故模拟高度选为 500m（王艳等，2008；赵恒等，2009）。

6.4.2　轨迹聚类方法

聚类分析是研究多变量分类的多元统计方法，该方法通过寻找能够客观反映样本之间相似程度的统计量，并根据这些统计量对样本进行分类。气流轨迹聚类是根据气团轨迹的空间相似度，即传输速度和方向，对所有轨迹进行分组，通过轨迹空间相异度（spatial variance，SPVAR）和总空间相异度（total spatial variance，TSV）的计算结果，对所有达到模式受点的气团轨迹进行分组聚类，判断受点不同时间段主导气流方向和污染物潜在来源。常见的轨迹聚类分析有 2 种，即角距离法和欧氏距离法，前者主要考虑轨迹角度，后者主要考虑轨迹长度（Sirois and Bottenheim，1995）。本书重点关注重庆市主城区 O_3 污染输送路径，因此选用角距离法对 O_3 污染期间的后向轨迹进行聚类。

6.4.3　潜在源贡献算法

潜在源贡献算法是一种利用气流轨迹出现概率表征每个网格对受点区域污染贡献的方法。该方法将研究区域按经纬度划分成若干细小的水平网格，通过设定污染物浓度阈值，比较网格内轨迹点对应污染物浓度是否高于该阈值，判断网格内污染轨迹点数量（Sirois and Bottenheim，1995；Begum et al.，2005；王芳等，2009）。潜在源贡献因子（potential source contribution function，PSCF）值就是研究区域内经过网格（i，j）的污染轨迹点数量（m_{ij}）与经过该网格所有轨迹点数量（n_{ij}）的比值，即

$$\mathrm{PSCF}=\frac{m_{ij}}{n_{ij}} \tag{6.4-1}$$

PSCF 值越大，代表该网格区域对目标定位污染物浓度影响越大。本节研究轨迹覆盖范围为 26°N～33°N、101°E～111°E，网格分辨率为 0.25°×0.25°，O_3 浓度阈值采用《环境空气质量标准》（GB 3095—2012）中的日最大 8 小时平均二级标准限值 160μg/m^3。

由于 PSCF 是一种条件概率，当网格内轨迹点较少时，PSCF 值不确定性较大，为了减少不确定性，引入 W_{ij}（权重因子）（Wang et al.，2009；Jeong et al.，2011），即 WPSCF = W_{ij}×PSCF。W_{ij} 定义如下：

$$W_{ij}=\begin{cases}1.00, & n_{ij}>60\\ 0.70, & 20<n_{ij}\leqslant 60\\ 0.42, & 10<n_{ij}\leqslant 20\\ 0.05, & n_{ij}\leqslant 10\end{cases} \tag{6.4-2}$$

6.4.4　分析结果

2015～2019 年 4～9 月 O_3 污染日期间，重庆市主城区气团后向轨迹以本地及周边省市中短距离输送为主。其中中距离的输送轨迹主要来自南北方向，短距离的输送轨迹主要来自东西方向，可能与山地城市下垫面南北走向的山脉地形有关。O_3 中度及以上的 15 条污染日轨迹中，有 9 条轨迹是短距离传输，且部分轨迹存在“回流”现象，污染物累积且难以扩散加剧了本地 O_3 污染。这些污染日的天气类型中，出现最多的天气类型分别是低压西北侧（T1）、弱环流背景（T2）和低压后部型（T4）（表 6.4-1）。

从 2015～2019 年 O_3 超标日轨迹聚类结果来看，重庆市主城区的 O_3 污染传输途径主要有 4 条（表 6.4-2），即南偏东方向（贵州省、綦江区、南川区、江津区等沿线），东略偏北方向（涪陵区、长寿区等沿线），北略偏西方向（南充市、广安市、合川区等沿线）和西偏南方向（内江市、荣昌区、永川区、江津区、璧山区等沿线）。其中南偏东方向轨迹频率最高，约占 47.7%，其他 3 个方向轨迹频率相当，为 16%～19%。

表 6.4-1 O_3 中度及以上污染日所属天气分型类型

天气分型类型	中度及以上 O_3 污染天	天数统计/d
T1	2017 年：7 月 30 日、8 月 1 日 2018 年：8 月 26 日 2019 年：7 月 1 日	4
T2	2016 年：6 月 5 日 2018 年：6 月 10 日 2019 年：6 月 3 日、8 月 15 日	4
T3	2017 年：7 月 11 日	1
T4	2017 年：7 月 10 日 2018 年：6 月 6 日、6 月 7 日 2019 年：8 月 12 日	4
T6	2019 年：8 月 16 日、8 月 17 日	2
合计		15

2015～2019 年的气流轨迹聚类方向大致相同，各方向轨迹频率及污染浓度存在一定差异，污染来源有一个明显的由北转南的趋势。2015 年来自四川南部经江津区、綦江区的轨迹频率最高（35.0%），来自四川北部经合川区、长寿区的气流轨迹对应 O_3 浓度最大（154μg/m^3）。2016 年来自东南、西、北的气团轨迹频率相当（25%～33%），来自四川北部经长寿区的气流轨迹对应 O_3 浓度最大（156μg/m^3）。2017 年依然是来自四川东北部途经合川区的气团轨迹 O_3 浓度最高（158μg/m^3）和污染轨迹频率最高（35.5%）。2018 年和 2019 年高污染轨迹均转为偏南和偏东气流轨迹，2018 年偏南和偏东气流 O_3 污染轨迹占比接近 70%，对应的 O_3 浓度接近 160μg/m^3；2019 年偏南和偏东 O_3 污染轨迹占比达到 77%，且 O_3 浓度均超过 160μg/m^3。

可以看出，在 2017 年以前，主城区 O_3 污染受到来自北面的传输影响较大，2018 年及以后受南部和南偏东传输影响较大。这种转变与气象条件和污染排放密切相关，一方面 2019 年及 2018 年 4～9 月的偏南气流频率较前几年有明显的增加（表 6.4-2），另一方面 O_3 前体物排放发生了明显变化。NO_x 和 VOCs 是 O_3 的重要前体物，主城区及北面部分区作为大气污染防治重点控制区，2019 年之前完成了燃煤电厂超低排放改造等系列重点工程措施。

表 6.4-2 研究时段重庆市主城区 O_3 超标日典型时段气团后向轨迹聚类统计

年份	主要传输轨迹	轨迹数量	轨迹频率/%	$O_{3\text{-}8h}$ 浓度均值/(μg/m^3)	高污染轨迹数量	高污染轨迹频率/%
2015	长距离：宜宾、泸州、江津、綦江等沿线	21	35.0	148	11	18.3
	中距离：南充、广安、合川、长寿等沿线	15	25.0	154	11	18.3
	短距离：潼南、铜梁、璧山等沿线	13	21.7	139	3	5.0
	短距离：长寿、涪陵等沿线	11	18.3	143	10	16.7

续表

年份	主要传输轨迹	轨迹数量	轨迹频率/%	$O_{3\text{-}8h}$ 浓度均值/(μg/m^3)	高污染轨迹数量	高污染轨迹频率/%
2016	短距离：綦江、南川等沿线	32	33.3	148	21	21.9
	中距离：自贡、内江、永川、璧山等沿线	28	29.2	140	13	13.5
	长距离：南充、达州、广安、长寿等沿线	24	25.0	156	17	17.7
	短距离：涪陵、长寿等沿线	12	12.5	146	7	7.3
2017	中距离：南充、广安、合川等沿线	81	35.5	158	29	12.7
	长距离：贵州、南川、綦江等沿线	50	21.9	154	21	9.2
	短距离：涪陵、长寿等沿线	36	15.8	154	14	6.1
	短距离：潼南、铜梁、璧山等沿线	36	15.8	146	7	3.1
	长距离：宜宾、泸州、江津、綦江等沿线	25	11.0	152	12	5.3
2018	长距离：贵州、綦江、南川等沿线	79	35.6	157	37	16.7
	短距离：武隆、涪陵、南川等沿线	74	33.3	158	30	13.5
	短距离：达州、广安、合川等沿线	47	21.2	145	11	5.0
	短距离：永川、璧山等沿线	22	9.9	153	8	3.6
2019	中距离：贵州、南川等沿线	60	28.6	161	21	10.0
	短距离：涪陵、长寿等沿线	55	26.2	169	20	9.5
	中距离：贵州、綦江等沿线	47	22.4	165	20	9.5
	中距离：南充、广安、合川等沿线	25	11.9	144	7	3.3
	中距离：内江、荣昌、大足、永川、璧山等沿线	23	10.9	161	7	3.3

注：高污染轨迹按 $O_{3\text{-}8h}$ 浓度大于 160μg/m^3 选择。

6.5　臭氧综合来源解析

6.5.1　目的意义

目前臭氧来源解析方法包括基于观测的模型（OBM）方法和基于源排放的模型（EBM）方法。

基于源排放的模型（EBM）方法是指以本地高时空分辨率排放清单数据和气象场数据为基础，以不同尺度数值模式方法定量描述臭氧前体物从排放到生成臭氧所经历的大气物理化学过程，定量估算不同地区和不同类别污染源排放对环境空气中臭氧及其前体物形成贡献的技术方法。常用的 EBM 解析方法有基于嵌套网格空气质量预报模式系统的二次污染物来源解析模型 NAQPMS-OSAM 和基于开源空气质量模式的臭氧来源解析模型 CAMx-OSAT/PSAT 等。由于存在排放因子不确定性大、人类污染活动水平资料缺乏、各类源排放量难以准确统计等问题，所以源清单存在较大误差。同时污染物在大气环境中复杂的迁移转化过程，致使污染源与受体之间的关系建立存在较大难度，其解析结果往往存在较大的不确定性。因此，无论是 NAQPMS-OSAM 还是 CAMx-OSAT/

PSAT，其解析结果均明显受污染源清单的误差和复杂的迁移转化机制的影响，不确定性较大。

基于观测的模型（OBM）方法是指根据臭氧与前体物实际观测数据，采用数据分析和模型方法判断臭氧形成的敏感性，并利用受体模型定量解析各 VOCs 污染源类对臭氧及其前体物形成贡献的技术方法。常用的来源解析方法有化学质量平衡（CMB）模型和正定矩阵因子分解（PMF）模型等。

化学质量平衡（CMB）模型需要满足 6 个假设：①各污染排放源的化学组成在源样品采集及从源到受体的传输过程中相对稳定；②各源类排放的颗粒物的化学组分之间没有相互作用，即满足线性加和；③各源类对受体污染物的贡献是肯定的，所排放的污染物的化学组成有明显差别；④各源成分谱之间相对独立，不存在共线性；⑤测量不确定度独立且随机，服从正态分布；⑥源中化学组分的数目要大于等于源的数目。实际应用中同时满足 6 个条件存在很大的困难，所以 CMB 模型解析结果有一定的偏离，同时源成分谱对化学质量平衡模型的结果准确性有较大影响。由于缺乏本土的污染源成分谱，在排放源的选择上也存在一定的主观性与经验性，也影响解析结果。另外，CMB 的解析结果常出现负值，致使解析结果缺乏实际物理意义。

正定矩阵因子分解（PMF）法与传统的因子分析法相比，在求解过程中对因子得分与因子载荷都做了非负约束，避免了矩阵分解结果中出现负值，使得源成分谱和源贡献率具有可解释性和明确的物理意义。正定矩阵因子分解法虽然不需要测量源成分谱，并对每个单独的数据点使用误差估计，使数据的处理更加精确，但该模型也存在一些缺点：模型虽可以确保污染源贡献率为正，但没有考虑污染源排放的不确定性；同时不同源类的 VOCs 特征组分并非该类源独有的组分，这也影响来源解析的结果。

因此，综合基于观测的模型（OBM）和基于排放的模型（EBM）多模式来源解析结果，有利于减小不同模型来源解析结果的偏差，提高总体源解析结果的准确性和可靠性，更好地为环境管理提供技术支撑。

但实际上，来源解析结果没有“标准答案”，不像大气扩散模型模拟污染物扩散情况，可以用实际监测的环境污染物浓度来判定模拟结果的准确性。因此，如何综合不同的模型解析结果，难度很大。

鉴于此，提出一种臭氧综合来源解析方法，对于减少不同模型来源解析结果的偏差，提高总体来源解析结果的准确性和可靠性具有重要的现实意义。

6.5.2 综合来源解析技术方法

在统一 VOCs 排放源分类的基础上，耦合基于观测的模型（OBM）的化学质量平衡（CMB）模型、正定矩阵因子分解（PMF）模型，以及基于排放的模型（EBM）的 NAQPMS-OSAM 模型的解析结果，提出基于上述 3 个模型的统一 VOCs 是排放源分类的权重系数法计算的综合来源解析结果。具体步骤是：统一本地 VOCs 排放源分类（本研究统一分为 7 大类），并根据统一的污染源分类，建立本地 VOCs 排放源清单及 VOCs 源成分谱库；监测环境 VOCs 组分浓度，并分别利用化学质量平衡（CMB）模型、正定矩阵因子分解

（PMF）模型和 NAQPMS-OSAM 模型进行臭氧的来源解析，对不同模型不同来源分类的解析结果进行相关性分析，利用相关系数确定权重，然后利用权重系数法，确定最终的源解析结果。该方法可以弥补单一来源解析模型使用时存在的问题，减小单一来源解析模型解析结果的偏差和不确定性，提高最终来源解析结果的准确性和稳定性；同时通过计算的权重，可以初步判断出不同模型不同来源解析结果的不确定性，指导具体单一模型的参数优化。具体的技术路线见图 6.5-1。

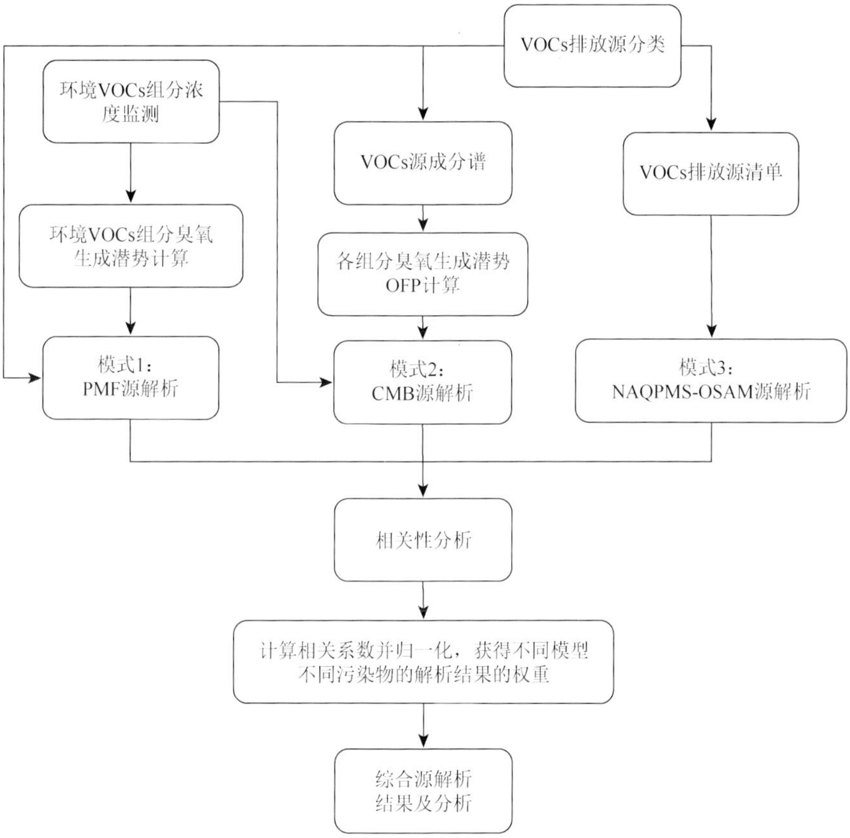

图 6.5-1　臭氧综合来源解析技术路线

1. VOCs 排放源分类

根据 VOCs 源清单编制指南和臭氧来源解析技术指南，结合本地 VOCs 排放源特征，把 VOCs 排放源统一分为 7 大类（Sn，$n = 1, 2, \cdots, 7$）。根据 7 大排放源分类，构建本地的 VOCs 排放源清单和源成分谱库。

根据式（6.5-1）分别计算每个污染源的多个组分的臭氧生成潜势（OFP），然后进行归一化，生成 VOCs 的 OFP 源成分谱。

$$OFP_i = MIR_i \times [VOCs]_i \tag{6.5-1}$$

式中，$i = 1, 2, \cdots, n$，n 为整数；OFP_i 为组分 i 的臭氧生成潜势；MIR_i 为组分 i 的最大增量反应活性系数。

2. 权重确认

对同一时段的 PMF、CMB 以及 NAQPMS-OSAM 模型进行计算，得到各类污染源的臭氧来源贡献值 M_{iSn}、C_{iSn}、N_{iSn}（i 为 VOCs 环境监测样本序号，Sn 为 VOCs 排放源本地分类）；并分别计算该时段 3 个模型的各污染源臭氧来源贡献的平均值 M_{Sn}、C_{Sn}、N_{Sn}。

计算上述 3 个模型的各类污染源臭氧来源贡献结果之间的皮尔逊（Pearson）相关系数 $R_{\text{M-C-S}n}$、$R_{\text{M-N-S}n}$、$R_{\text{C-N-S}n}$。其中 $R_{\text{M-C-S}n}$ 为 Sn 类污染源 PMF 模型和 CMB 模型来源解析结果之间的相关系数；$R_{\text{M-N-S}n}$ 为 Sn 类污染源 PMF 模型和 NAQPMS-OSAM 模型来源解析结果之间的相关系数；$R_{\text{C-N-S}}$ 为 Sn 类污染源 CMB 模型和 NAQPMS-OSAM 模型来源解析结果之间的相关系数，计算结果见表 6.5-1。在此基础上分别计算 Sn 类污染源 PMF 模型与其他模型来源解析结果的平均值 $R_{\text{PMF-S}n}$，CMB 模型与其他模型来源解析结果的平均值 $R_{\text{CMB-S}n}$，NAQPMS 模型与其他模型来源解析结果的平均值 $R_{\text{NP-S}n}$。分别对 Sn 类污染源不同模型解析结果进行归一化，得到归一化后的相关系数 $P_{\text{PMF-S}n}$、$P_{\text{CMB-S}n}$、$P_{\text{NP-S}n}$，即分别为 3 种模型各类污染源的权重系数，结果见表 6.5-2。

表 6.5-1 3 种模型臭氧来源解析各污染源相关系数

源分类	S1	S2	S3	S4	S5	S6	S7
PMF 和 CMB 来源解析结果的相关系数 $R_{\text{M-C}}$	0.0418	0.4151	−0.3346	−0.0899	−0.4129	0.4190	−0.1021
PMF 和 NAQPMS-OSAM 来源解析结果的相关系数 $R_{\text{M-N}}$	0.0525	−0.1084	0.4224	0.3227	−0.3354	0.3908	0.1533
CMB 和 NAQPMS-OSAM 来源解析结果的相关系数 $R_{\text{C-N}}$	0.0537	0.0779	−0.2260	−0.0247	0.1321	0.3785	0.2368

表 6.5-2 3 种模型不同 VOCs 排放源权重系数

源分类	S1	S2	S3	S4	S5	S6	S7
PMF 的权重系数 P_{PMF}	0.319	0.399	−0.318	0.559	0.607	0.341	0.089
CMB 的权重系数 P_{CMB}	0.322	0.641	2.028	−0.275	0.228	0.335	0.234
NAQPMS 的权重系数 P_{NP}	0.359	−0.04	−0.71	0.716	0.165	0.324	0.677

一般来说，3 种模型各类污染源的权重系数范围在 0～1，如果某种污染源计算出的权重系数明显超出该范围，则认为至少 1 种模型对该类污染源的解析结果可靠性不高，应进一步优化模型参数。从表 6.5-2 可以看出：3 种模型对 S3、S4 类污染源的权重系数偏离（0, 1）较为明显，结合表 6.5-1 各模型之间的相关系数结果，由于 PMF 与 NAQPMS 模型结果相关性较高，可以确定 CMB 对 S3、S4 类污染来源解析结果不可靠，需要对该模型运行参数进行优化调整，或对源成分谱进行复核。模型优化调整后，$P_{\text{PMF-S}n}$、$P_{\text{CMB-S}n}$ 和 $P_{\text{NP-S}n}$ 权重系数可以通过上述方法进行重新计算，从而实现动态更新。

模型优化调整后，重新计算权重系数，具体结果见表 6.5-3。

表 6.5-3　优化后 3 种模型不同 VOCs 排放源权重系数（%）

源分类	S1	S2	S3	S4	S5	S6	S7
PMF 的权重系数 P_{PMF}	22.1	60.2	40.5	48.9	66.7	20.1	8.9
CMB 的权重系数 P_{CMB}	32.0	36.8	30.2	12.4	22.8	25.5	23.4
NAQPMS 的权重系数 P_{NP}	45.9	3.0	29.3	38.7	10.5	54.4	67.7

3. 综合来源解析结果模型

利用以下算式计算各类污染源 Sn 的臭氧综合来源贡献比例：

$$C_{Sn} = M_{Sn} \times P_{PMF-Sn} + C_{Sn} \times P_{CMB-Sn} + N_{Sn} \times P_{NP-Sn} \tag{6.5-2}$$

式中，C_{Sn} 为 Sn 类污染源权重系数；P_{PMF-Sn}、P_{CMB-Sn} 和 P_{NP-Sn} 分别为 PMF、CMB 及 NAQPMS 模型对 7 类源的权重系数；M_{Sn}、C_{Sn}、N_{Sn} 分别为同一个计算时段的 PMF、CMB 及 NAQPMS 模型对 7 类源的来源贡献值。该方法具有以下优点。

（1）该方法综合了多种模型解析结果，可以在一定程度上避免单一模型解析结果的偏差和不确定性，提高了最终解析结果的准确性和可靠性，具有可操作性和推广价值，为环境管理部门臭氧污染控制提供可靠的技术支持。

（2）计算确定的权重系数，对评价单一模型的解析结果准确性具有参考价值，对指导单一模型参数优化具有指导意义。

（3）基于多种模型的综合来源解析方法，弥补了单一模型使用时存在的一些问题，对臭氧及颗粒物的精细化来源解析方法的完善具有一定的科学价值。

6.5.3　综合来源解析结果及分析

重庆超级站 VOCs 在线监测数据和源清单、源成分谱数据，可获得 3 个模型的来源解析结果。图 6.5-2、表 6.5-4 为 2021 年 9～10 月各模型臭氧来源解析结果。

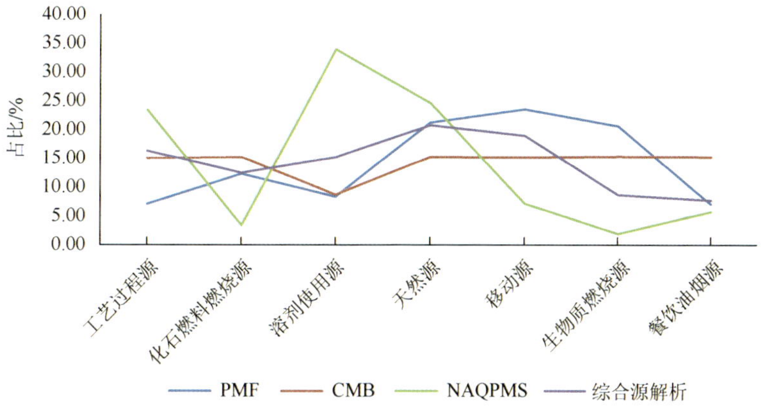

图 6.5-2　不同模型来源解析结果比较

表 6.5-4　2021 年 9～10 月各模型臭氧来源解析结果（%）

模型	工艺过程源	化石燃料燃烧源	天然源	移动源	生物质燃烧源	餐饮油烟源
PMF	7.03	12.30	21.22	23.51	20.62	7.02
CMB	15.02	15.21	15.27	15.18	15.35	15.29
NAQPMS	23.43	3.35	24.60	7.11	1.87	5.69

综合来源解析结果（图 6.5-3）显示，天然源对臭氧生成的贡献率最大，为 20.76%；移动源贡献率次之，为 18.95%；再次是工艺过程源和溶剂使用源，贡献率分别为 16.31% 和 15.18%；生物质燃烧源和餐饮油烟源贡献率最小，分别为 8.65%和 7.67%。

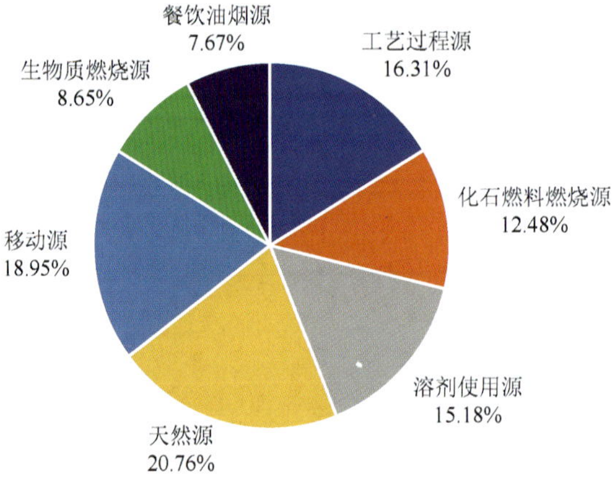

图 6.5-3　综合来源解析结果

参 考 文 献

董赵鑫，邢佳，丁点，等，2022. 长江三角洲区域细颗粒物和臭氧对前体物减排的响应及政策启示[J]. 科学通报，67（18）：2079-2088.

高东峰，张远航，曹永强，2007. 应用 OBM 模型研究广州臭氧的生成过程[J]. 环境科学研究，20（1）：47-51.

韩丽，陈军辉，姜涛，等，2021. 成都市春季 O_3 污染特征及关键前体物识别[J]. 环境科学，42（10）：4611-4620.

韩淑艳，2023. 典型热带海滨城市臭氧污染特征与成因分析[D]. 济南：山东大学.

李浩，李莉，黄成，等，2015. 2013 年夏季典型光化学污染过程中长三角典型城市 O_3 来源识别[J]. 环境科学，36（1）：1-10.

罗达通，高健，王淑兰，等，2015. 上海秋季大气挥发性有机物特征及污染物来源分析[J]. 中国环境科学，35（4）：987-994.

邵敏，袁斌，王鸣，等，2020. 挥发性有机物（VOCs）来源及其大气化学作用[M]. 北京：科学出版社.

沈龙娇，2020. 武汉大气臭氧及其前体物（VOCs）的污染特征和来源[D]. 武汉：武汉大学.

唐孝炎，张远航，邵敏，2010. 大气环境化学[M]. 2 版. 北京：高等教育出版社.

王芳，陈东升，程水源，等，2009. 基于气流轨迹聚类的大气污染输送影响[J]. 环境科学研究，22（6）：637-642.

王红丽，2015. 上海市光化学污染期间挥发性有机物的组成特征及其对臭氧生成的影响研究[J]. 环境科学学报，35（6）：1603-1611.

王艳，柴发合，刘厚凤，等，2008. 长江三角洲地区大气污染物水平输送场特征分析[J]. 环境科学研究，21（1）：22-29.

谢飞，田文寿，李建平，等，2013. 未来甲烷排放增加对平流层水汽和全球臭氧的影响[J]. 气象学报，71（3）：555-567.

徐冉，张恒德，杨孝文，等，2019. 北京地区秋冬季大气污染特征及成因分析[J]. 环境科学，40（8）：3405-3414.

薛文博，付飞，王金南，等，2014. 中国 $PM_{2.5}$ 跨区域传输特征数值模拟研究[J]. 中国环境科学，34（6）：1361-1368.

杨笑笑，汤莉莉，张运江，等，2016. 南京夏季市区 VOCs 特征及 O_3 生成潜势的相关性分析[J]. 环境科学，37（2）：443-451.

张铁志，2009. 北京地区冬季城市大气光化学特征分析[D]. 沈阳：东北大学.

赵恒，王体健，江飞，等，2009. 利用后向轨迹模式研究 TRACE-P 期间香港大气污染物的来源[J]. 热带气象学报，25（2）：181-186.

折远洋，李忠勤，王芳龙，等，2020. 秦巴山地西部地区 2015—2018 年大气污染物变化特征及潜在来源分析[J]. 环境科学学报，40（6）：1987-1997.

Begum B A，Kim E，Jeong C H，et al.，2005. Evaluation of the potential source contribution function using the 2002 Quebec forest fire episode[J]. Atmospheric Environment，39（20）：3719-3724.

Huang L，Zhu Y H，Zhai H H，et al.，2021. Recommendations on benchmarks for numerical air quality model applications in China Part 1：$PM_{2.5}$ and chemical species[J]. Atmospheric Chemistry and Physics，21（4）：2725-2743.

Jeong U，Kim J，Lee H，et al.，2011. Estimation of the contributions of long range transported aerosol in East Asia to carbonaceous aerosol and PM concentrations in Seoul，Korea using highly time resolved measurements：a PSCF model approach[J]. Journal of Environmental Monitoring，13（7）：1905-1918.

Jobson B T，Berkowitz C M，Kuster W C，et al.，2004. Hydrocarbon source signatures in Houston，texas：influence of the petrochemical industry[J]. Journal of Geophysical Research：Atmospheres，109（D24）：D24305.

Liu Y，Shao M，Fu L L，et al.，2008. Source profiles of volatile organic compounds（VOCs）measured in China：part I[J]. Atmospheric Environment，42（25）：6247-6260.

Sirois A，Bottenheim J W. 1995. Use of backward trajectories to interpret the 5-year record of PAN and O_3 ambient air concentrations at Kejimkujik National Park，Nova *Scotia*[J]. Journal of Geophysical Research：Atmospheres，100（D2）：2867-2881.

Stein A F，Draxler R R，Rolph G D，et al.，2015. NOAA's HYSPLIT atmospheric transport and dispersion modeling system[J]. Bulletin of the American Meteorological Society，96（12）：2059-2077.

Wang Y Q，Zhang X Y，Draxler R R，2009. TrajStat：GIS-based software that uses various trajectory statistical analysis methods to identify potential sources from long-term air pollution measurement data[J]. Environmental Modelling & Software，24（8）：938-939.

Watson J G，Robinson N F，Lewis C W，et al.，2020. Chemical Mass Balance Receptor odel Version 8（CMB8）User's Manual[EB/OL]. https:/www.dri.edu/images/stories/editors/eafeditor/Watsonetal1997CMB8Manual.pdf[2020-02-01].

Wu J B，Wang Z F，Wang Q，et al.，2017. Development of an on-line source-tagged model for sulfate，nitrate and ammonium：a modeling study for highly polluted periods in Shanghai，China[J]. Environmental Pollution，221：168-179.

第 7 章　重庆市臭氧实时在线综合来源解析平台建设

7.1　平台总体架构

本系统的总体架构主要分为基础设施层、应用支撑层、数据处理层等。

基础设施层主要是构建平台的物理、硬件、网络环境与流程体系，通过主机系统、网络系统、安全系统、存储系统等硬件设备的支撑，为平台提供安全保障、网络连接、服务运行、数据存储等方面的支持。

应用支撑层提供一个开放的框架，该框架具有良好的可扩展性，为应用系统提供统一的系统管理、用户认证与授权、业务支撑等功能。应用支撑层功能的设计开发将依据各类规范标准，使得本书研究在应用支撑层上能够快速、高效、稳定建设。

数据处理层对于本书研究的应用功能主要体现在应用层面上，这部分主要业务系统为相关来源解析集成平台。该平台基于成熟的企业级应用开发平台进行设计和开发，并采用国际、国内先进、成熟、实用的技术标准；采用主流数据库管理系统；采用组件化开发；系统架构设计具有良好的安全性；平台架构具有良好的可扩展性和兼容性，在硬件和软件上都具有良好的扩展能力，能够适应臭氧及其前体物在线来源解析的信息化发展变化的要求，使系统功能最优化，同时将整体系统内部在技术上的相互依赖性减至最低。

系统采用面向对象的组件技术，着重于开发构成应用程序“业务对象”的可重复使用的组件，利用这些组件顺利地建立分布式应用程序。应用程序开发与运行结构要基于统一的技术开发平台的三层架构，即 Web 服务器、应用支撑服务器和数据库服务器。应用系统充分利用现有先进技术手段，基于多层架构和组件技术进行构建，做到系统结构层次清晰。

7.2　系统功能模块

7.2.1　数据管理模块

1. 环境数据管理

1）常规数据

常规数据一般是指常规六参，包括 $PM_{2.5}$、PM_{10}、O_3、NO_2、SO_2、CO，并将空气质量指数一起加入展示。常规数据是先将采集仪器的数据通过工控机，传递到数据采集客户端，然后通过传输控制协议/互联网协议（TCP/IP）等传递到数据采集服务端，将各个市控点、国控点数据定时采集到国网数据表中。在需要展示时，再从数据库中查询，并在后台进行数据统计、分类等处理，然后通过 Highchars 图的形式展示出来。

2）光化学污染数据

光化学污染数据一般包括紫外辐射计、NO_y、PAN、VOCs、光解光谱仪的数据。其中，VOCs 主要包括烷烃、烯烃、炔烃、芳香烃、卤代烃等类别。这些数据是先将采集仪器的数据通过工控机，传递到数据采集客户端，然后通过 TCP/IP 等协议传递到数据采集服务端，最后采集到 data 表中。在需要展示时，通过查询条件（如时间、站点等）进行查询，并在后台经过数据的重新处理，然后在前台通过 Highchars 图的形式展示出来。

3）立体监测数据

立体监测数据与常规污染数据的不同之处在于，立体监测数据是采集的同一地点不同高度的数据，比如风廓线雷达的风向风速、臭氧雷达的消光值、臭氧值等。立体监测数据是通过数采服务器上单独的垂直数采程序，统一地接入数据库的垂直表中。在需要展示时，通过传入时间、站点、高度以及画图的参数等值，将数据从垂直表中查出，再通过后台 Graphics 画图，将数据在每个像素上展示出来，最后将图片返回到前台，就是所见的雷达图。

2. VOCs 源谱库数据管理

VOCs 源谱库是提供给 VOC-CMB、OFP-CMB 模型的源谱数据支撑，里面涉及源谱采样的样品及类别，每个大类源会分为至少一条数据，并用编号进行区分，每条数据除了编号，还包括：源样品类别，作为大类源标记；入库时间，方便查询源成分谱数据进入平台的时间；数据来源/文献，标识数据来源；每个组分的浓度（_A）及组分的不确定度（_U）。此外，该页面还可以进行源成分谱模板的下载，然后将数据放入模板中进行上传，同时还增加了对源成分谱数据的删除功能。

源谱库模块包括源成分谱库和源谱数据概况（详见图 7.2-1），以及用于本地化更新的污染源监测数据和 VOCs 源排放量数据（详见图 7.2-2）等部分组成。

(a) 源成分谱库

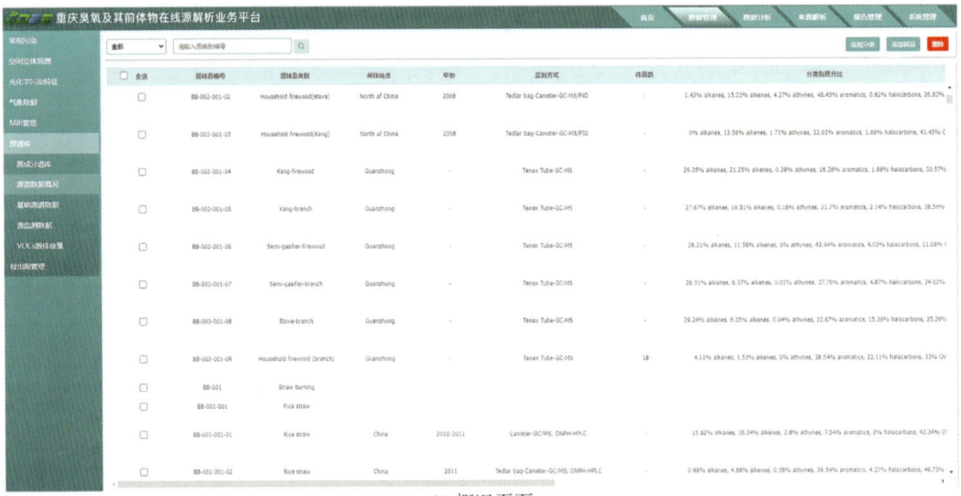

(b) 概况页面

图 7.2-1　VOCs 源成分谱库、源谱数据概况页面图

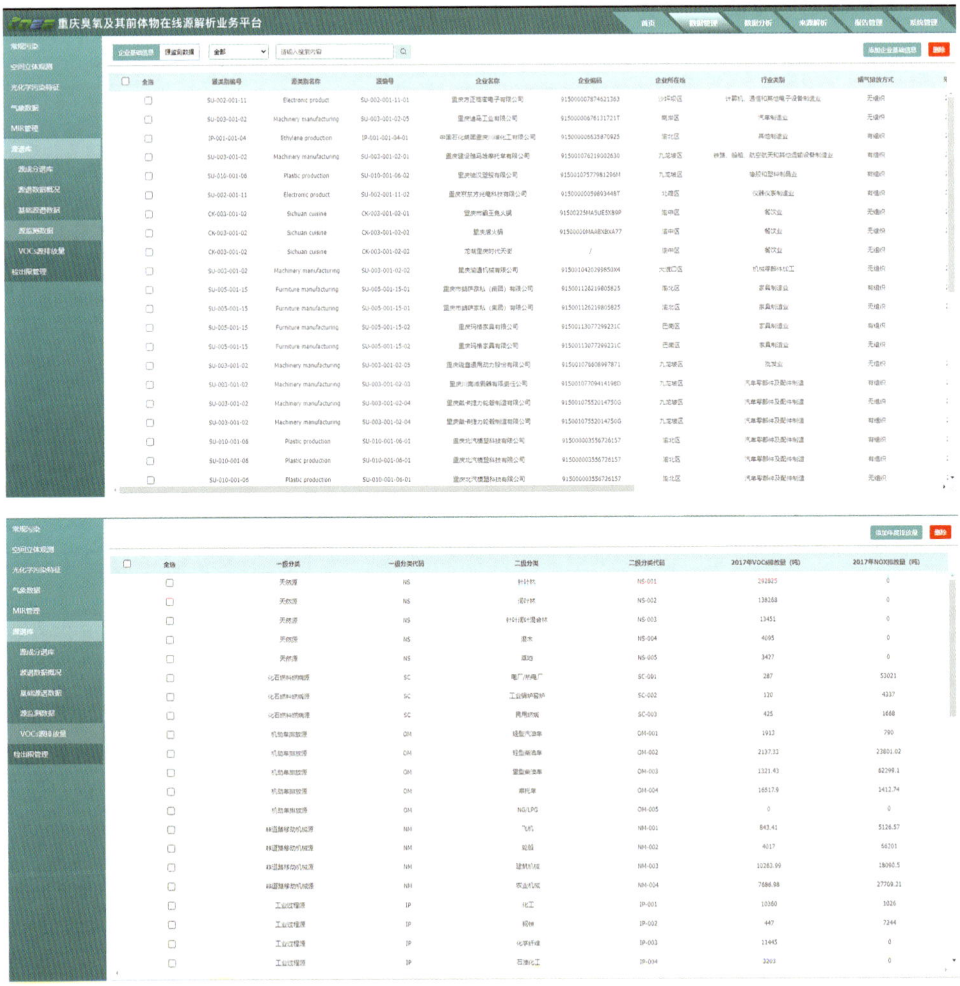

图 7.2-2　VOCs 源排放浓度监测数据及源排放量统计数据页面图

3. 气象数据管理

气象数据一般是指温度、湿度、压强、降水、风向、风速等。气象数据是通过数采服务器上的数采程序，将各个市控点、国控点气象数据定时采集到国网气象数据表中。在需要展示时，再从数据库中进行查询，并在后台进行数据处理，然后通过 Highchars 图的形式展示出来。

4. 其他数据管理

天气形势图是请求数据中心的接口，数据中心通过中央气象台的数据进行图片绘制，然后返回绘制好的全国天气形势图，在前台页面展示。

7.2.2 数据分析模块

1. 环境空气质量状况分析

环境空气质量状况分析模块是指在可选时段的环境监测数据基于相应标准的综合统计和分析。例如，环境空气质量优良天数、优良率、超标率和达标率；环境空气质量指数范围；主要污染物浓度情况等。

2. 臭氧污染分析

1）臭氧日变化分析

日变化分析模块包含臭氧及其前体物在一天 24 小时内的小时变化分析，同时还可以结合气象因子分析气象因子对臭氧浓度生成影响等。

2）臭氧相关性分析

相关性分析是考察两个变量之间线性关系的一种统计分析方法，需要通过计算相关系数来做深入的定量考察。p 值是针对原假设 H_0：假设两变量无线性相关而言的。一般假设检验的显著性水平为 0.05，只需要拿 p 值和 0.05 进行比较：如果 p 值小于 0.05，就拒绝原假设 H_0，说明两变量有线性相关的关系，它们无线性相关的可能性小于 0.05；如果 p 值大于 0.05，则一般认为无线性相关关系。至于相关的程度则要看相关系数 R，其值越大，说明越相关；其值越小，则相关程度越低。偏相关分析是指当两个变量同时与第三个变量相关时，将第三个变量的影响剔除，只分析另外两个变量之间相关程度的过程，其检验过程与相关分析相似。

平台中臭氧相关性分析，包括 VOCs 相关性分析、臭氧与气象相关性分析、PAN 与臭氧相关性分析。VOCs 相关性分析可选择 117 种 VOCs 组分中的一种作为参比元素，与其余 116 种 VOCs 组分中的一种作为对比元素。臭氧与气象相关性分析将臭氧 8 小时滑动平均最大值作为参比元素，对比元素包括温度、相对湿度、降水量、UVA（紫外线 A 段，ultraviolet A）平均值、风速、日较差等气象数据。PAN 与臭氧相关性分析将臭氧 8 小时滑动平均最大值作为参比元素，日最大 PAN 作为对比元素。

3）VOCs 浓度分析

如图 7.2-3 所示，平台对 2020 年 6 月 3 日到 6 月 9 日时间段的 VOCs 浓度数据进行了统计分析，结果对时段内平均水平最高的 10 种 VOCs 组分进行了排名，展示出这 10 种组分在时间段内每个时间点的浓度水平，并统计出浓度排名前十的 VOCs 组分及其浓度值。

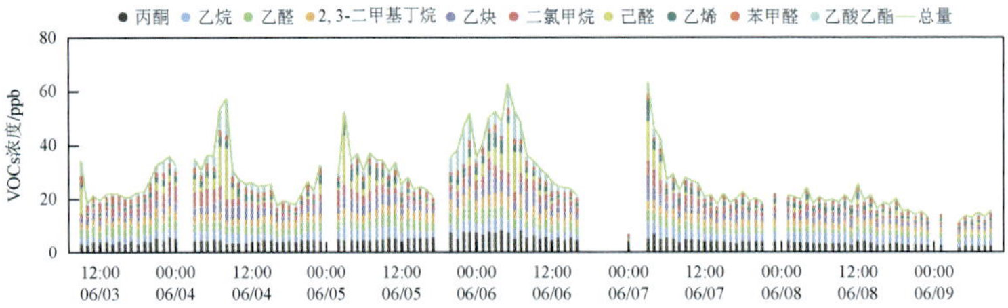

(a) 超级站VOCs前十浓度

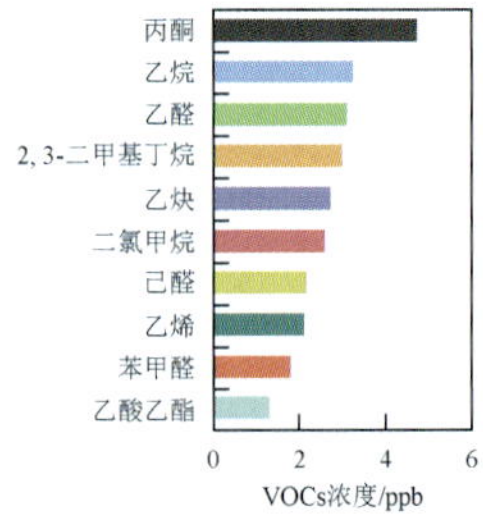

(b) 超级站VOCs排序

烷烃组分	浓度/ppb	烯炔烃组分	浓度/ppb	芳香烃组分	浓度/ppb	卤代烃组分	浓度/ppb	OVOCs组分	浓度/ppb	硫化物组分	浓度/ppb
乙烷	3.267	乙炔	2.745	甲苯	1.589	二氯甲烷	2.621	乙醇	119.305	二硫化碳	0.089
2, 3-二甲基丁烷	3.014	乙烯	2.137	间/对二甲苯	1.019	一氯甲烷	0.833	丙酮	4.777		
异戊烷	1.191	1-丁烯	0.611	苯	0.898	四氢呋喃	0.747	乙醛	3.123		
丙烷	1.166	丙烯	0.466	邻二甲苯	0.834	1, 2-二氯乙烷	0.575	己醛	2.208		
正丁烷	0.887	2-甲基-1, 3-丁二烯	0.271	乙基苯	0.661	氟利昂-12(二氯二氟甲烷)	0.551	苯甲醛	1.814		
异丁烷	0.602	1-己烯	0.255	萘	0.530	三氯甲烷	0.297	乙酸乙酯	1.765		
正戊烷	0.521	1, 3-丁二烯	0.097	1, 2, 4-三甲苯	0.432	四氯乙烯	0.230	2-丁酮	0.798		
2-甲基戊烷	0.349	反-2-丁烯	0.074	苯乙烯	0.361	1, 4-二氯苯	0.206	丙醛	0.775		
正己烷	0.296	顺-2-丁烯	0.069	1-乙基-3-甲基苯	0.221	1, 3-二氯苯	0.190	丙烯醛	0.675		
正十二烷	0.216	1-戊烯	0.064	正丙苯	0.195	六氯丁二烯	0.149	异丙醇	0.547		
总烷烃	13.261	总烯炔烃	6.880	总芳香烃	7.414	总卤代烃	7.669	总OVOCs	137.899	总含硫化合物	0.089

(c) 分类排名结果

图 7.2-3　VOCs 浓度前十的组分和浓度值

4）OFP 浓度分析

臭氧生成潜势（OFP）是综合衡量 VOCs 组分的反应活性对 O_3 生成潜势的指标参数，广泛应用于评估 VOCs 在某一地区 O_3 生成中的作用。

由图 7.2-4 所示，平台对 2020 年 6 月 3 日到 6 月 9 日时间段的 OFP 数据进行了统计分析，结果对时段内 OFP 平均水平最高的 10 种 VOCs 组分进行了排名，展示出这 10 种组分在时间段内每个时间点的 OFP 水平，并统计出 OFP 排名前十的组分及其浓度值，以直观反映各 VOCs 组分对 O_3 生成的相对贡献。

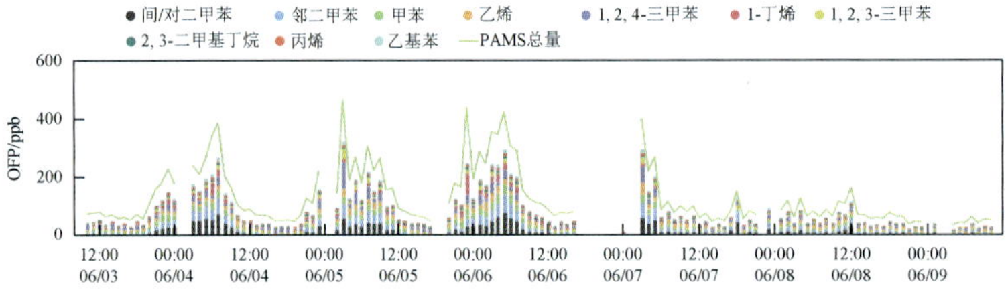

(a) 超级站OFP分析

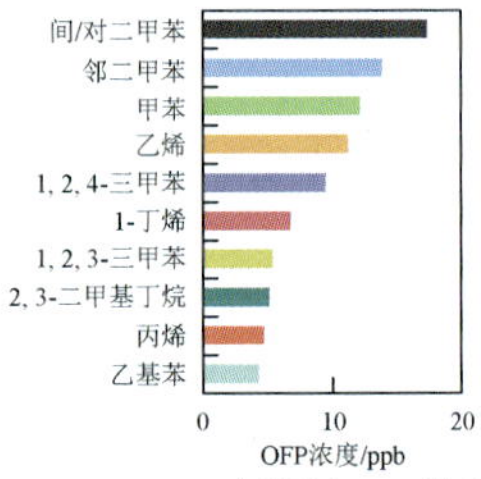

(b) 超级站OFP排序

烷烃组分	浓度/ppb	烯炔烃组分	浓度/ppb	芳香烃组分	浓度/ppb
2, 3-二甲基丁烷	5.239	乙烯	11.242	间/对二甲苯	17.455
异戊烷	2.585	1-丁烯	6.917	邻二甲苯	13.987
正丁烷	1.240	丙烯	4.752	甲苯	12.165
正戊烷	1.023	2-甲基-1, 3-丁二烯	4.092	1, 2, 4-三甲苯	9.590
2-甲基戊烷	0.961	1-己烯	2.459	1, 2, 3-三甲苯	5.500
异丁烷	0.893	乙炔	1.415	乙基苯	4.417
正己烷	0.657	反-2-丁烯	1.313	1-乙基-3-甲基苯	4.078
2, 4-二甲基戊烷	0.652	顺-2-丁烯	1.144	1, 3, 5-三甲苯	3.218
乙烷	0.573	反-2-戊烯	0.729	1-乙基-2-甲基苯	2.024
丙烷	0.525	1-戊烯	0.695	对-乙基甲苯	1.462
总烷烃	19.031	总烯炔烃	35.393	总芳香烃	78.443

(c) 分类排名结果

图 7.2-4　OFP 前十的组分和浓度值

5）LOH 分析

由图 7.2-5 所示，平台对 2020 年 6 月 3 日到 6 月 9 日时间段的 LOH 数据进行了统计分析，结果对时段内 LOH 平均水平最高的 10 种 VOCs 组分进行了排名，展示出这 10 种组分在时间段内每个时间点的 LOH 水平，并统计出 LOH 排名前十的组分及其浓度值。

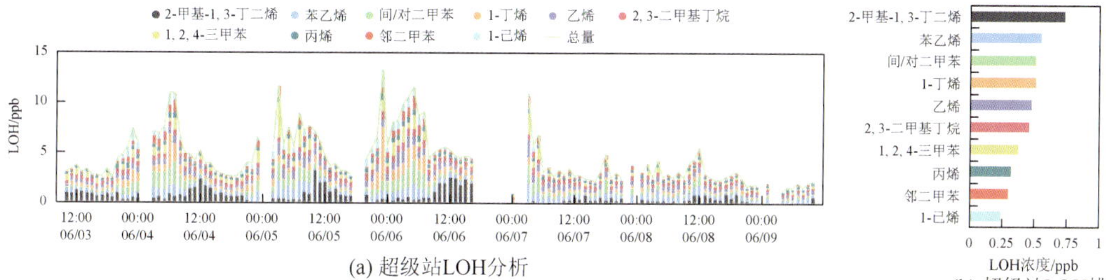

(a) 超级站LOH分析　(b) 超级站LOH排序

烷烃组分	浓度/ppb	烯炔烃组分	浓度/ppb	芳香烃组分	浓度/ppb
2, 3-二甲基丁烷	0.467	2-甲基-1, 3-丁二烯	0.738	苯乙烯	0.561
正丁烷	0.056	1-丁烯	0.513	间/对二甲苯	0.515
正戊烷	0.053	乙烯	0.489	1, 2, 4-三甲苯	0.377
2-甲基戊烷	0.050	丙烯	0.329	邻二甲苯	0.303
正己烷	0.041	1-己烯	0.254	甲苯	0.240
正十一烷	0.036	反-2-丁烯	0.128	1, 3, 5-三甲苯	0.166
正癸烷	0.034	顺-2-丁烯	0.104	1, 2, 3-三甲苯	0.161
丙烷	0.034	反-2-戊烯	0.085	乙基苯	0.124
异丁烷	0.034	顺-2-戊烯	0.073	1-乙基-3-甲基苯	0.070
2, 4-二甲基戊烷	0.026	1-戊烯	0.056	对-乙基甲苯	0.066
总烷烃	1.044	总烯炔烃	2.769	总芳香烃	2.693

(c) 分类排名结果

图 7.2-5　LOH 前十的组分和浓度值

6）光解速率分析

大气光化学污染是当下大气污染研究的重点问题，部分光化学反应的关键物质及自由基（如 O_1D、NO_2、OH、HONO、HCHO 等）的光解速率是分析大气光化学污染状况及程度的重要指标，因此对光解速率的测量是研究光化学污染的必要手段。

图 7.2-6 所示为重庆超级站光解光谱仪 2020 年 6 月 9 日 0:00 到 2020 年 6 月 9 日 23:00 所测量数据。

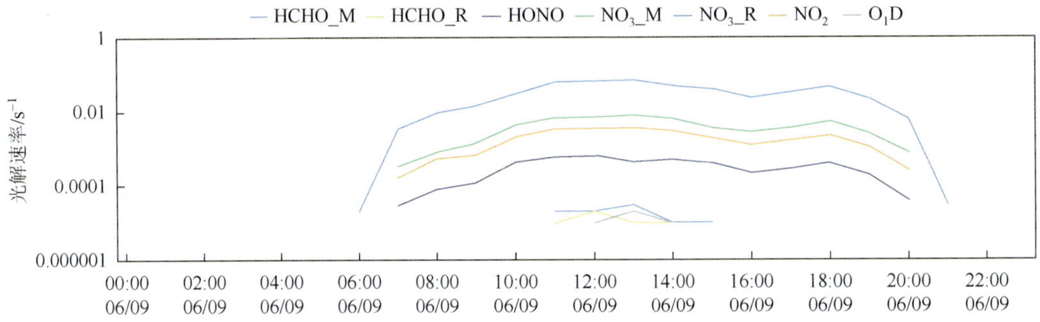

图 7.2-6　光解速率日变化图效果展示

7.2.3　臭氧敏感性分析模块

臭氧生成的敏感性分析方法大致可以分为两大类：一是基于源排放的研究方法；二是基于观测的研究方法，平台可展示两类方法的敏感性分析。敏感性分析模块展示如图 7.2-7 所示。

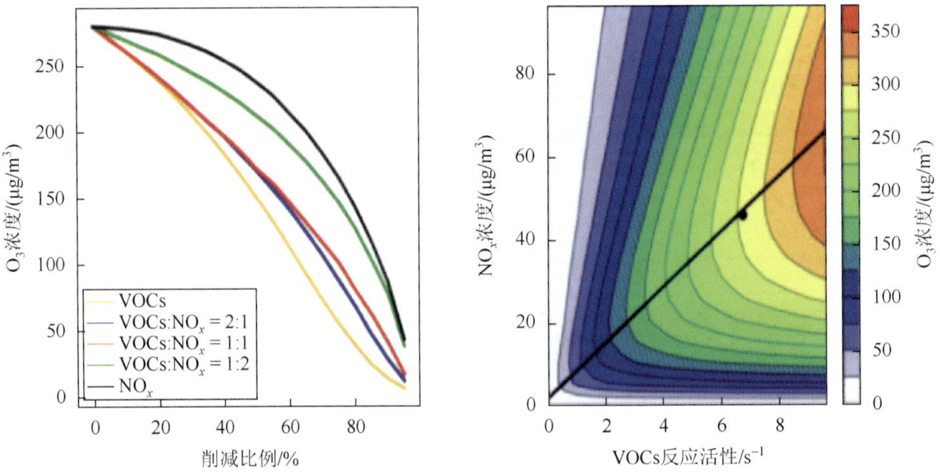

图 7.2-7　敏感性分析模块展示

7.2.4　臭氧及其前体物来源解析模块

1. PMF 来源解析

1）VOCs-PMF 来源解析

基于 PMF 模型基本原理的在线受体来源解析可以实现自动化、业务化地对污染进行快速溯源。在线 PMF 受体模型主要包含平台搭建、数据接入、参数调试、参数查看及结果展示五部分，总体设计流程如图 7.2-8 所示。

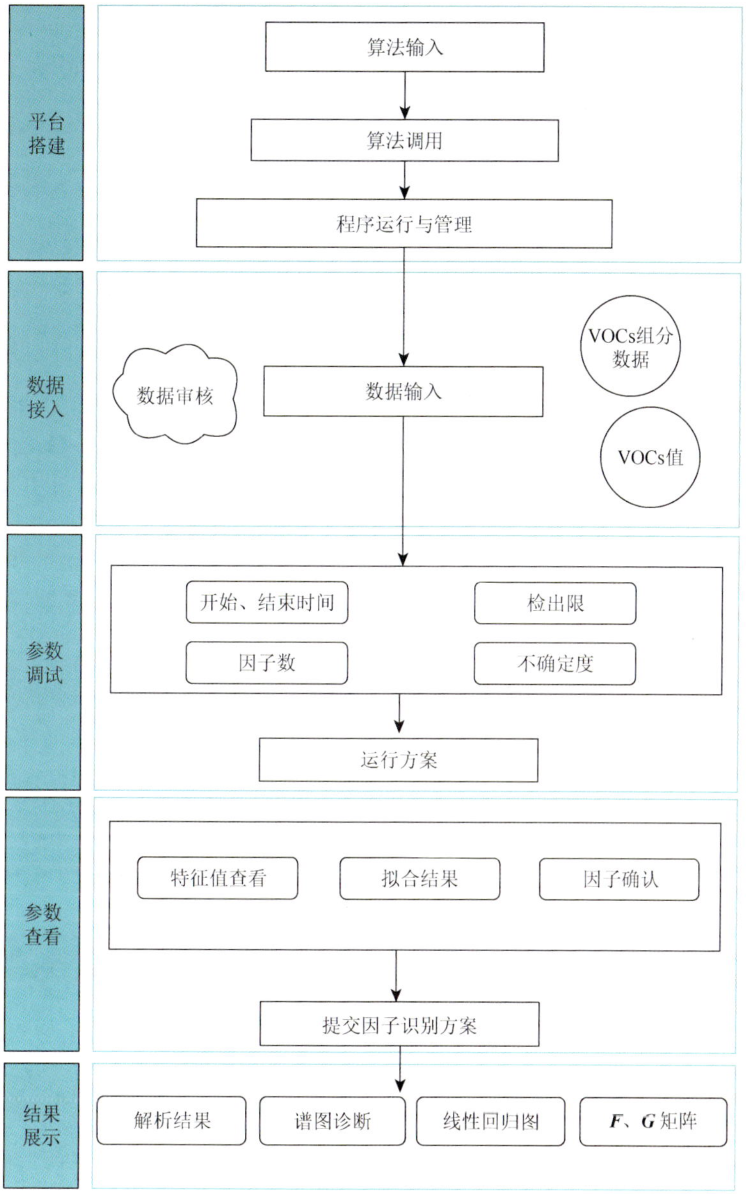

图 7.2-8　在线 PMF 受体模型总体设计流程

（1）模型参数调试。

模型参数调试界面如图 7.2-9 所示。

在线数据成功接入后，需要对主要参数进行调试。涉及的参数如下。

①站点信息。

通过选择监测站点可以调用目标站点的组分监测数据。

图 7.2-9　模型参数调试界面

②起止时间。

起止时间的选择，目的是界定需要纳入模型进行计算的数据的时间范围。起止时间可精确到小时。若不进行起止时间的选择，则系统默认调用当前时段前推一个月时间内的数据进行运算。

③因子数。

因子数指 PMF 模型计算选择的因子个数，即解析出来的污染源的种类数。一般认为因子数为 5～8 较为合理。

④组分。

组分指在线监测数据中 VOCs 组分数据，系统设置组分选择功能，可以对所有组分进行全部选择，也可以根据需要挑选所需组分进行勾选。

⑤检出限。

检出限指样品中的组分按照分析方法的要求进行提取处理并检测，能区分与噪声的最低检出浓度。由于目前市场上用于 VOCs 在线组分检测的仪器种类繁多，各种检测方法对于同一种组分的检出限存在差异，系统设置手动输入检出限的功能，以适应不同用户的使用。检出限的输入格式为数值格式。

⑥不确定度。

不确定度信息是 PMF 模型计算的必要输入条件，目的是对各组分数据的可靠性进行定义。对于不确定度的设定，需根据仪器的监测结果及数据，给每个组分赋予不同的不确定度。由于 PMF 模型对数据的信噪比非常敏感，对信噪比比较小的数据需要赋予更高的不确定度。不确定度的输入格式为百分比形式。

⑦临时方案。

系统将具有特定站点信息、起止时间、因子数、组分、检出限和不确定度的设置，称为一套参数设置方案。完成参数方案设置后便可执行 PMF 运算。待此方案经 PMF 运算完成，系统便自动将该参数设置方案保存为临时方案，并以结束运行的时间来命名。用户可根据临时方案的名称（时间），来对先前的参数设置方案详情进行查询。

⑧历史方案。

临时方案经 PMF 运行计算后，便可输出因子分析结果。因子分析的结果需由专业人员进行源类名称定义和源类识别条件设定，此步骤被称为源识别方案设置。一套源识别方案设置完成后，可通过提交方案选项将其应用于实时产生的在线数据的来源解析中，即后续产生的在线监测数据会依照此源识别的方案进行来源解析。提交此方案时，相应的源判定条件方案便自动保存于历史方案中。

（2）模型参数查看。

PMF 模型法要求样品的数量较多，运行样品的化学组分也较多，因子是数学意义的指标，需要根据源类特征的化学组成信息进一步对 VOCs 源类进行识别。通过对比分析整个运行中拟合优度 Q 值、残差矩阵和因子成分谱的物理意义，选择最优的因子个数，进而对因子进行污染源识别。参数查看模块主要是对 PMF 模型计算结果的合理性进行判断。具体包括以下三部分内容。

①特征值查看。

参数查看界面如图 7.2-10 所示。

图 7.2-10　PMF 模型参数查看界面

Q/Q_{exp}：根据 PMF 模型的原理，残差与不确定度比值的平方和，即 Q 值，是模型非常重要的输出参考依据。模型的计算目标就是要使得 Q 值最小化，而根据模型原理，Q 的理论值，即 Q_{exp}，可以通过下式计算得到

$$Q_{exp} = n \times m - p \times (m + n) \tag{7.2-1}$$

式中，n 为样品数；m 为化学成分数目；p 为因子数。

将 Q/Q_{exp} 和 p 之间的关系作图。一般认为 Q/Q_{exp}-p 曲线的拐点处 p 的值便是合理的因子个数。若 Q/Q_{exp}-p 曲线没有明显拐点，也可根据残差矩阵和因子谱的物理意义对因子个数进行确定。

Profile 残差：每一种化学组分对 Q 值的贡献可以用 Q/Q_{exp} 标识。从 Q/Q_{exp} 的大小可以看出不同组分对最终结果影响的大小。一般认为，所有组分的 Q/Q_{exp} 值均小于 10 较为合理。Q/Q_{exp} 越小，则说明模拟结果越好。

时间序列残差：时间序列残差的大小表示模拟的结果与观测结果在时间序列上的差异性，差异越小说明模拟结果越好。

②拟合结果。

拟合结果界面（图 7.2-11），主要展示 VOCs 及其化学组分的 PMF 模拟浓度与实际观测浓度的相关性情况。R^2 越大、VOCs 残差时间序列越小，说明拟合结果越好，如果 R^2 过小则需重新调整。

图 7.2-11　PMF 模型拟合结果展示图

③来源因子确认。

此部分需要根据因子谱（profile）、因子贡献时间序列（contribution）和因子贡献日变化来对模型计算结果中的因子进行逐一识别，并在“来源”选项中选取合适的污染源类名称。

结合因子谱的实际识别情况，并参考各类源排放颗粒物化学组成基本特征（可通过阅读文献获得），逐一对污染源类的判定条件进行设置，源类的判别条件可设多条。完成因子识别和判别条件确定后，可选择“提交方案”将此方案应用于后续产生的在线监测数据的来源解析中。因子确认界面如图 7.2-12 所示。

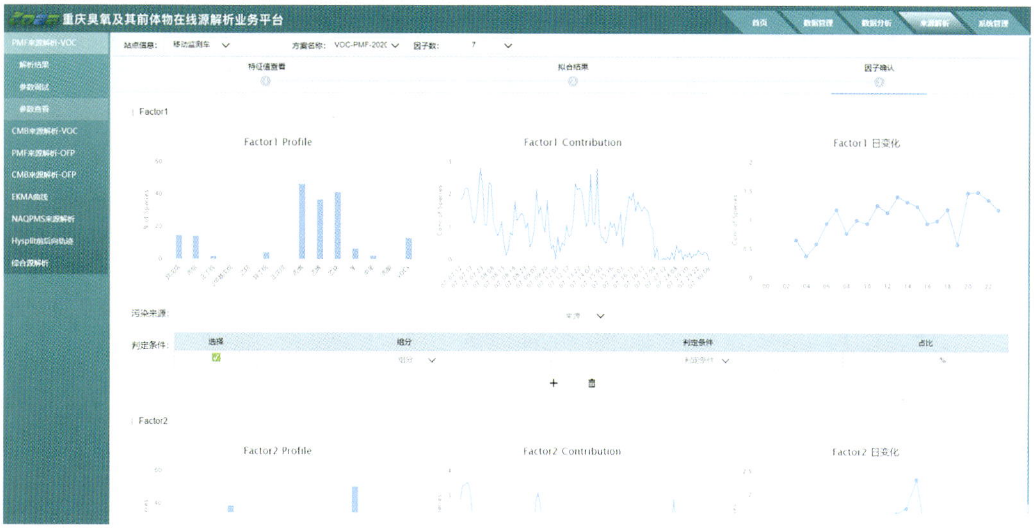

图 7.2-12 PMF 模型因子确认展示图

（3）模型的在线来源解析展示及应用。

根据因子识别方案，对解析结果进行展示，时间分辨率可支持 1h，将每小时结果以时间序列图、百分比图、饼图等形式表达出来，如图 7.2-13 所示。

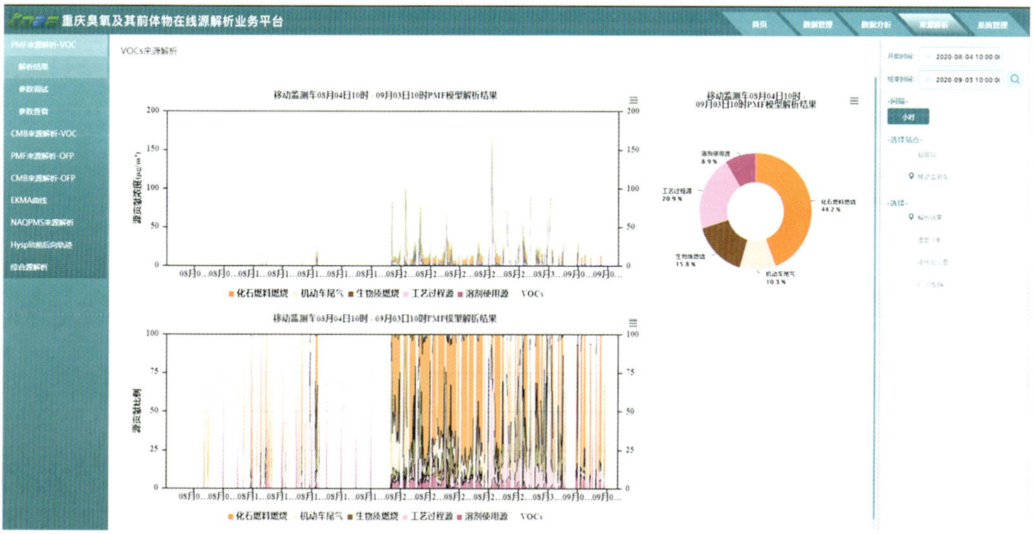

图 7.2-13 PMF 模型解析结果展示

基于 PMF 模型的在线来源解析，受人为经验影响较大，随着时间的推移，需要人工对参数进行调优。平台提供因子谱图、***F*** 矩阵、***G*** 矩阵、相关系数等，供人工调优参考使用，大大提高了解析结果的稳定性和准确性。

因子谱图（图 7.2-14）：通过化学组分在不同因子中的分布特征来进行因子识别。

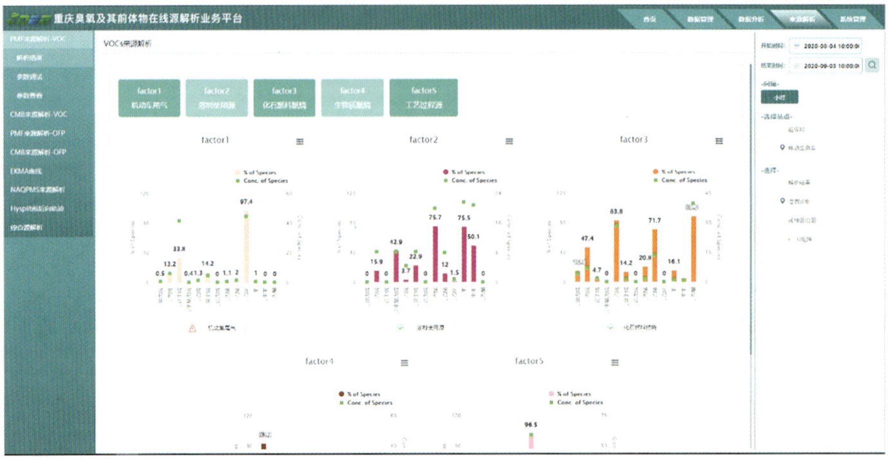

图 7.2-14　PMF 模型因子谱图诊断展示

线性拟合图（图 7.2-15）：展示 VOCs 及其化学组分的观测值与模拟值的拟合程度。

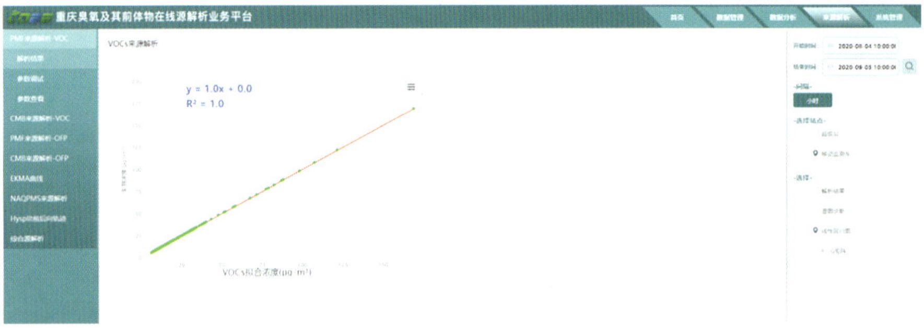

图 7.2-15　线性拟合图展示

F、***G*** 矩阵图（图 7.2-16）：展示因子之间的相关性。

图 7.2-16　***F***、***G*** 矩阵图

2）VOCs-OFP-PMF 来源解析

在 VOCs-PMF 来源解析模块上应用 VOCs-OFP 组分数据输入替代 VOCs 数据，从而获取 VOCs-OFP-PMF 的来源解析结果，展示同 VOCs-PMF 来源解析模块。

2. CMB 来源解析

1）VOCs-CMB 来源解析

（1）源谱选择。

较于 PMF 模型来说，CMB 来源解析多了一个源谱数据，即应用本书研究中 VOCs 源谱数据库开展 CMB 来源解析。CMB 模型源谱展示界面如图 7.2-17 所示。

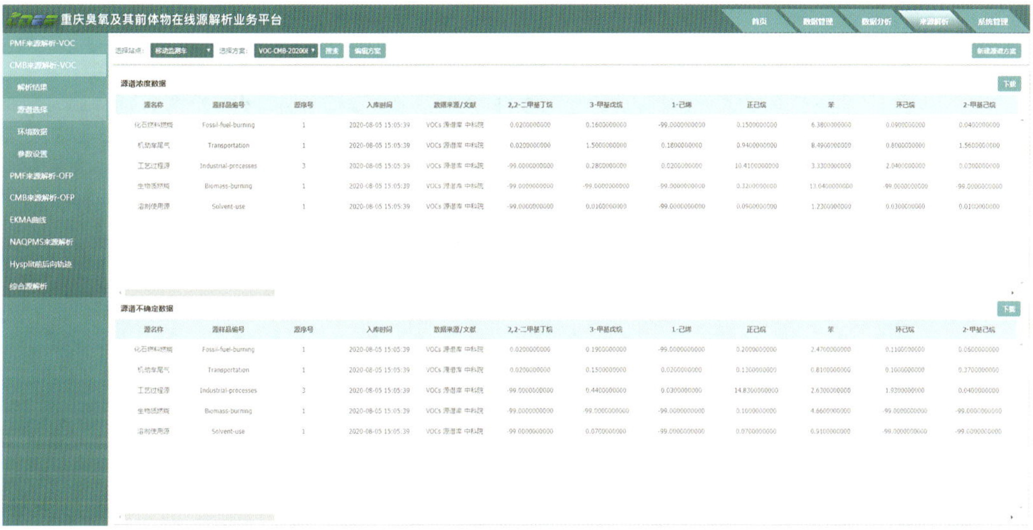

图 7.2-17　CMB 模型源谱展示界面

点击添加源，输入自定义源名称，然后在样品选择中选择将哪条源谱数据作为自定义源名称的源样品，每个源样品都有编号。注意，一个自定义源名称只能选择一条样品数据，以此类推，添加源完成后输入方案名称确定即可生成一个新的方案，当然这只是源谱选择。CMB 模型源谱选择界面如图 7.2-18 所示。

（2）环境数据。

如图 7.2-19 展示的是选择站点下时段的 VOCs 组分数据。

（3）参数设置。

对新建的方案添加 VOCs 组分，左侧一列为环境数据，右侧为源谱数据，每个组分前面带有颜色显示，红色代表数据有效率为 0%，黄色代表 0<数据有效率<100%，绿色代表数据有效率为 100%，环境数据为当前时间往前一个月的数据，源谱数据则是每个组分在源谱库的有效数据/总个数为数据的有效率。CMB 模型参数设置界面如图 7.2-20 所示。

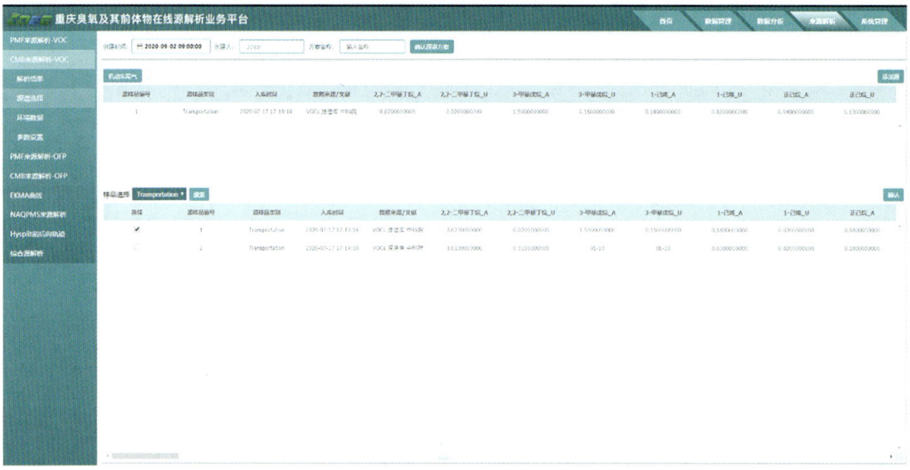

图 7.2-18　CMB 模型源谱选择界面

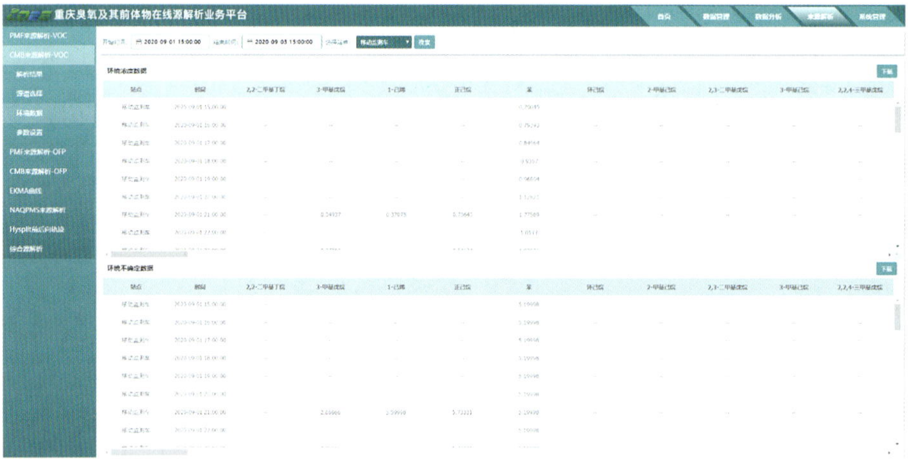

图 7.2-19　CMB 模型环境数据展示界面

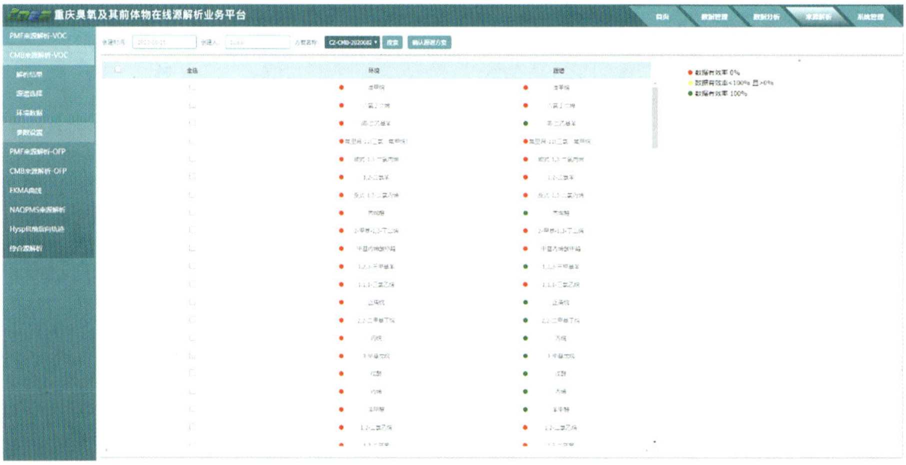

图 7.2-20　CMB 模型参数设置界面

（4）解析结果。

解析结果包含时间序列图及源占比饼图，方便用户直观查看，展示的数据为该站点下时段最新的方案 CMB 源解析的结果（图 7.2-21）。

图 7.2-21　CMB 模型解析结果展示界面

2）VOCs-OFP-CMB 来源解析

在 VOCs-CMB 来源解析模块上应用 VOCs-OFP 组分数据输入替代 VOCs 数据，从而获取 VOCs-OFP-CMB 的来源解析结果，展示同 VOCs-CMB 来源解析模块。

3. NAQPMS 来源解析

NAQPMS 的设计是以我国当前计算硬件条件和业务水平为出发点，结合我国城市群大气复合污染的排放、输送、演变特点，综合评估多个有代表性的数值模式，通过各种分析筛选出合理反映中国区域大气复合污染特征、充分考虑多尺度相互作用和复杂排放源状况的模式表征，设计出规范的区域空气质量模式及评估框架，确保所发展的技术及其软件程序代码具有国际水准的可靠度，同时兼容国内主要硬件平台。

4. Hysplit 前后向轨迹

Hysplit 模式可计算前后 24h、48h 和 72h 的高空 100m、500m 和 2000m 的气象轨迹及气流聚类统计。

5. 综合来源解析

综合来源解析模块，平台将 PMF、CMB 来源解析、EKMA、Hysplit、NAQPMS 前体物解析整合在一起，方便将数据进行整体对比。

利用臭氧综合来源解析模型以及确定的权重系数（表 7.2-1，权重系数可通过相关性分析动态调整），对 PMF、CMB 和 NAQPMS 来源解析进行耦合，并计算基于上述 3 个模型的综合来源解析结果。

表 7.2-1　2021 年 9～10 月各模型臭氧来源解析结果（%）

模型	工艺过程源	化石燃料燃烧源	溶剂使用源	天然源	移动源	生物质燃烧源	餐饮油烟源
PMF	22.1	60.2	40.5	48.9	66.7	20.1	8.9
CMB	32.0	36.8	30.2	12.4	22.8	25.5	23.4
NAQPMS	45.9	3.0	29.3	38.7	10.5	54.4	67.7

7.3　平台开发与系统集成

臭氧实时在线综合来源解析平台硬件基础设施主要包括数据库服务器（为 Web 服务器、数据计算服务器提供数据库服务）、Web 服务器（对外网提供 Web 访问服务，需要为其配置外网访问的网段）以及高性能集群计算（high performance computing，HPC）。在软件方面，实现了面向应用数据、应用逻辑及核心流程的整合，平台应用软件基于 SOA 来构建，以满足应用高效灵活扩展的需求。

高性能集群的多层次结构，使得集群系统同时具备了共享内存和分布式共享内存两种体系结构的特点。实践证明，在很多情况下，其执行效率和可扩展性高于纯消息传递接口程序（message passing interface，MPI）和开放多线程（open multi-processing，OpenMP）程序。根据现代集群多级并行结构的特点，项目将共享内存编程模型与分布式内存编程模型相结合。MPI + OpenMP 的混合编程模型提供了节点间和节点内的两级并行机制，它的优势在于结合了进程级的粗粒度并行（例如区域分解）和线程级的细粒度并行（如循环并行）。

由于项目涉及空间数据等地理信息，所以需要建立地理信息系统（geographical information system，GIS）。首先是要建设地理数据库。建设地理数据库须根据用户的需求，对确定的地理空间数据及相关的属性数据进行采集、输入和编辑。编辑数据的重点是建立空间数据的拓扑关系和实现空间数据与属性数据的链接。其次是要开发系统的应用。地理信息系统最基本的应用有查询、分析及显示输出。其中查询的主要功能为图文查询和文图查询；分析的主要功能为缓冲区分析、叠加分析和网络分析；显示输出的主要功能为矢量图、栅格图和统计图表的显示和输出。

使用平台 + 插件结构进行软件设计会给所开发软件增加新的生命力。平台所完成的功能应为一个软件系统的核心和基础，这些基本功能既可为用户使用，也可为插件使用。也就是说，可以把平台基本功能分为两个部分，即内核功能和插件处理功能。平台的内核功能是整个软件的重要功能，一个软件的大部分功能应由内核功能完成。平台的插件处理功能用于扩展平台和管理插件，为插件操纵平台和与插件通信提供标准平台扩展接口。插件所完成的功能是对平台功能进行扩展与补充，一般插件完成系列化功能，这些功能都有一些共性，可以进行集中管理，并且可以定义出标准的插件接口。

为了实现平台+插件结构的软件设计需要定义两个标准接口，一个为由平台所实现的平台扩展接口；另一个为插件所实现的插件接口。这里需要说明的是，平台扩展接口完全由平台实现，插件只是调用和使用，插件接口完全由插件实现，平台也只是调用和使用。平台扩展接口实现插件向平台方向的单向通信，插件通过平台扩展接口可获取主框架的各种资源和数据，包括各种系统句柄、程序内部数据以及内存分配等。插件接口用于实现平台向插件方向的单向通信。平台通过插件接口调用插件所实现的功能，包括读取插件处理数据等。

平台插件处理功能包括插件注册、插件管理和插件调用，以及平台扩展接口的功能实现。插件注册为按照某种机制首先在系统中搜索已安装插件，之后将搜索到的插件注册到平台上，并在平台上生成相应的调用机制，包括菜单选项、工具栏、内部调用等。插件管理完成插件与平台的协调，为各插件在平台上生成管理信息以及进行插件的状态跟踪。插件调用为调用各插件所实现的功能。平台插件处理功能实现的另一部分功能为平台扩展接口的具体实现。

第 8 章　重庆市臭氧实时在线综合来源解析平台示范应用

根据主导风向、传输路径以及臭氧高值区，本章选取重庆市传输通道上的下风向臭氧高值区作为应用示范区，同时开展臭氧典型污染过程分析。

8.1　示范区所在的中心城区基本情况

8.1.1　中心城区近三年夏季近地面主导风向

因夏季近地面风速较秋冬季有一定增大，所以夏季污染物的传输特征较秋冬季更为明显，下风向区域在本地生成的基础上，叠加上游臭氧前体物以及臭氧的传输影响，容易造成臭氧浓度的快速上升，并且长时间处于较高浓度水平。从 2019～2021 年 4～9 月超级站风廓线雷达中低层（600m）风玫瑰图（图 8.1-1）可以看出，重庆夏季主导风向以偏东风为主。

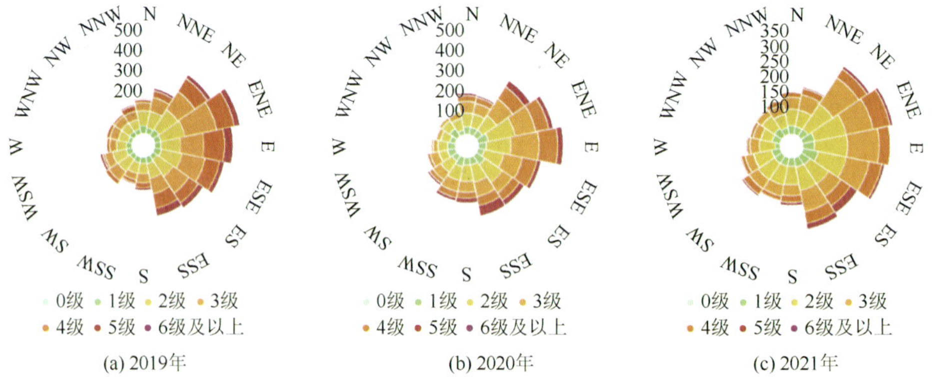

图 8.1-1　重庆市夏季中低层主导风向

按不同月份对臭氧超标日进行后向轨迹计算和聚类分析，不同月份的臭氧污染传输轨迹略有不同。其中，4～6 月以偏北气流为主，轨迹占比 34%～90%，7～9 月以偏南气流为主，轨迹占比 34%～70%。这种不同月份气流轨迹的差异主要与季节交替有关。分析结果与地基观测的中低层主导风向结论一致。

8.1.2　中心城区夏季臭氧浓度分布特征

2018～2020 年重庆市夏季臭氧浓度高值区主要分布在主城都市区的偏西以及偏西北

片区，与主导风向以及传输轨迹的结论一致。因此选取重庆市传输通道上臭氧高值区作为平台应用示范区。

8.2　示范区数据采集与分析

采用 TH-300B 挥发性有机物监测系统对重庆市 VOCs 手工监测样品进行分析。VOCs 分析检测参考《环境空气 挥发性有机物的测定罐采样/气相色谱-质谱法》（HJ 759—2015）及美国 EPA 的 TO-15 方法，利用低温预浓缩技术对大气中的 VOCs 进行富集，加热解析后通过 GC-FID/MS 进行分析测量。设备原理、分析方法、测量组分以及相应质量控制和质量保证同 4.2.3 小节。

8.3　示范区臭氧综合来源解析

8.3.1　VOCs 浓度及组成特征

2020 年示范区 VOCs 化学组成和 OFP 占比情况如图 8.3-1 所示，VOCs 组成以烷烃为主（45.6%），其次是占比 25.1%的 OVOCs，卤代烃、烯烃和芳香烃占比分别为 11.9%、8.7%和 4.7%，炔烃占比最小；对臭氧生成贡献最大的组分为烯烃，占比 43.2%，烷烃、芳香烃和 OVOCs 占比分别为 23.2%、22.2%和 9.3%，卤代烃和炔烃占比较小。

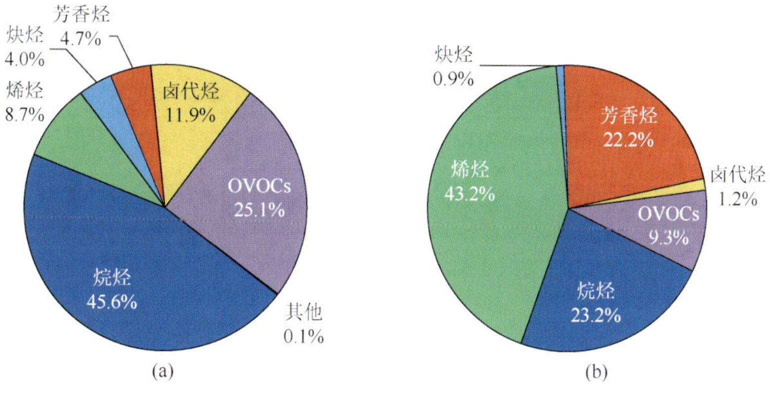

图 8.3-1　示范区 2020 年 VOCs 化学组成（a）和 OFP 占比（b）

根据图 8.3-2 可以看出，对示范区 2020 年 VOCs 体积浓度和臭氧生成潜势进行分析发现，VOCs 组分中丙酮、乙烷、异戊烷、乙炔等组分浓度较高，对臭氧生成潜势贡献排名前十的组分为戊二烯、1, 4 二氧六环、乙烯、邻二甲苯、顺-2-丁烯、反-2-丁烯等组分。从关键组分来看，示范区溶剂使用源、植物源排放和机动车尾气排放对臭氧生成贡献较大。

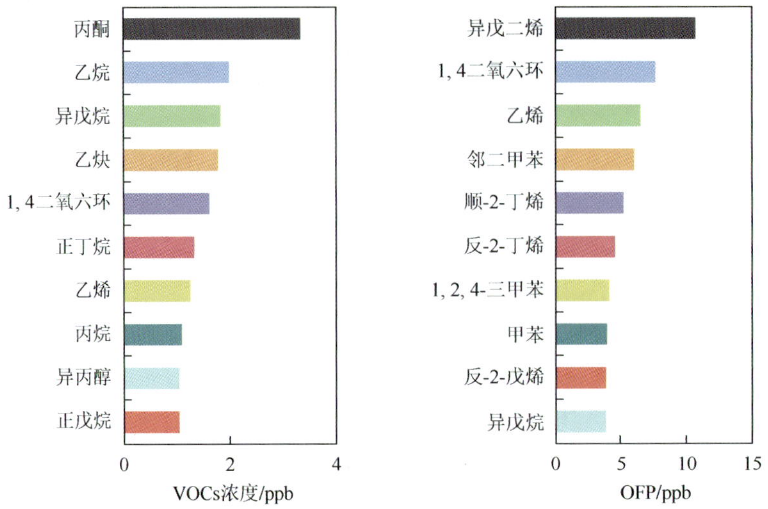

图 8.3-2　示范区 2020 年质量浓度和 VOCs 体积浓度和臭氧生成潜势排名前十的组分

8.3.2　VOCs 示踪组分日变化特征

VOCs 组分在一天中的浓度变化是排放、生成、消耗及气象等因素共同作用的结果，通过计算一段时间内 VOCs 浓度的平均日变化，可以排除一些偶然因素的影响，得到规律性的 VOCs 排放和去除信息。

图 8.3-3 是示范区典型 VOCs 组分的日变化，除异戊二烯外，呈现白天低、夜间高的变化趋势，早晨人类活动、交通排放增加，VOCs 体积分数迅速增加，7:00～9:00 出现高峰，白天随着紫外辐射和湍流加强，大气光化学反应开始，VOCs 体积分数逐渐下降，午后紫外辐射和光化学反应加剧持续消耗 VOCs，随着大气边界层高度的上升，对 VOCs 浓度有一定稀释作用；傍晚光化学反应逐步停止，伴随交通晚高峰的到来，VOCs 浓度开始回升；夜间受污染源排放和大气边界层变低有利于 VOCs 累积的原因影响，使其体积分数维持在较高值范围。具体而言，乙烯、乙炔、苯是重要的燃烧产物，这 3 种物质在 9:00 前后达到峰值，与交通早高峰的时间一致，说明机动车尾气排放是这 3 种 VOCs 的重要来源。正己烷是一种常用的化工溶剂，浓度变化平缓。异戊烷是汽油中的重要组分，浓

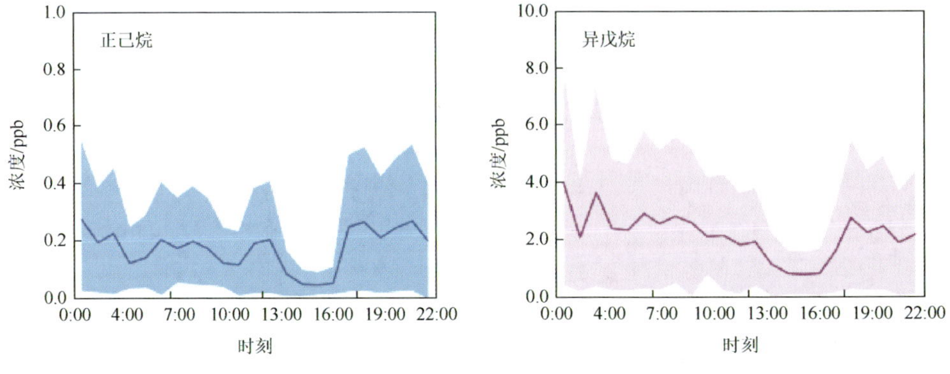

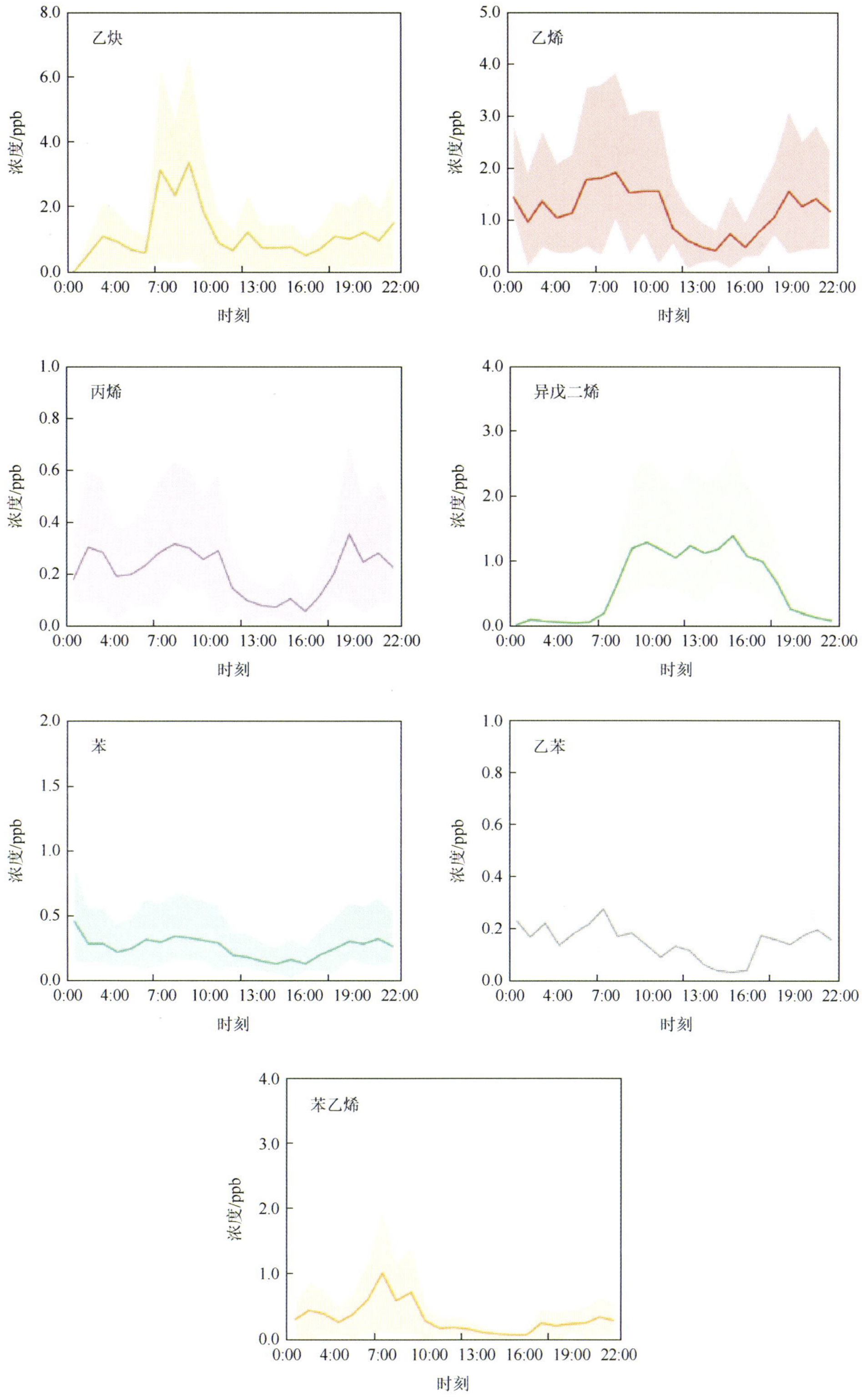

图 8.3-3 示范区示踪组分日变化图

度变化没有明显的早晚高峰，白天浓度略高于夜间浓度，异戊烷除机动车排放外，还受到汽油挥发的影响。异戊二烯日变化呈现单峰结构，夏季环境空气中的异戊二烯主要来自植物排放，正午植物源高强度的植被排放导致了异戊二烯浓度的升高。乙苯和苯乙烯的日变化呈现双峰结构，在 8:00 左右达到峰值，乙苯主要来自工业和溶剂涂料排放的影响，苯乙烯是重要的工业原料，整体浓度偏低，说明受工业企业的排放影响小。

8.3.3　臭氧雷达立体观测结果

2020 年 8 月 22～23 日，通过臭氧激光雷达探测结果（图 8.3-4）得出以下结论。

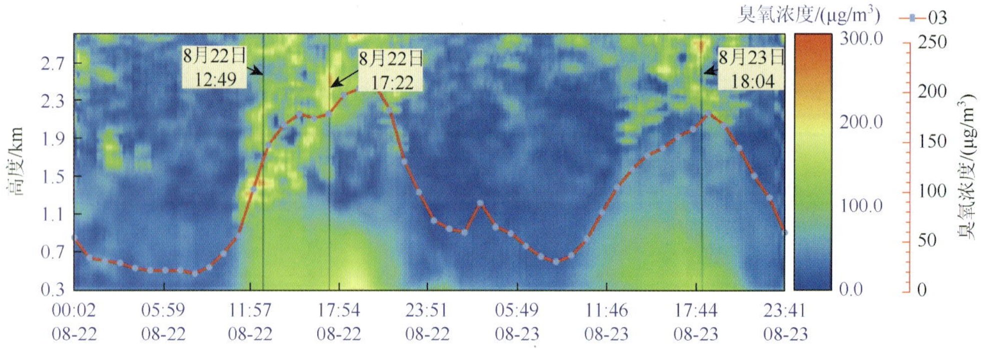

图 8.3-4　臭氧激光雷达监测结果

臭氧空间分布情况：整体上臭氧浓度维持在 20～200μg/m^3，在垂直分布上主要分布在 1km 范围内。

臭氧午后单峰特征：主要受午后温度升高、太阳辐射增强影响，光化学反应加剧，臭氧浓度升高，两日单峰现象明显。午后峰值时段出现在 18:00～19:00，22 日峰值最高，达到 196μg/m^3 轻度污染情况。

臭氧空间特征：在 22 日 12:50 时左右，在 1.5km 高度位置出现了高空臭氧传输过境情况，臭氧浓度超过了 220μg/m^3，呈上升趋势，至 22 日 17:20 左右达到 2.5km 左右高度。经 Hysplit 后向轨迹对两个时间 1.5km、2.5km 高度气流进行溯源，判断此次的臭氧传输主要来自监测点位西南方向，且气流经过低空后上升而来，考虑气流经过近地面携带臭氧所致。同样在 23 日 18:00 左右高空 2.8km 处再次出现臭氧高空传输过境的情况，经 Hysplit 后向轨迹对 2.8km 高度气流进行溯源，判断此次的臭氧传输为西南方向高空臭氧沉降而来。结合地面臭氧浓度分析，22 日示范区臭氧浓度呈现双峰特征，臭氧浓度在 16:00 左右出现略微下降，18:00 则出现较大幅度的升高，小时臭氧浓度增幅达到 18μg/m^3，20:00 臭氧浓度达到全天最高值。18:00 之后无太阳光，光化学反应较弱，此时的浓度高值可能由高空臭氧传输在站点探测范围内的沉降导致，说明臭氧的短距离污染传送对臭氧浓度的升高较为重要。

8 月 22～23 日的臭氧高值主要是由本地生成加短距离输送造成的，传输来源主要为偏南区域。

图 8.3-5 和图 8.3-6 展示了臭氧高空廓线和臭氧高空传输 1.5km、2.5km、2.8km 气流后向轨迹。

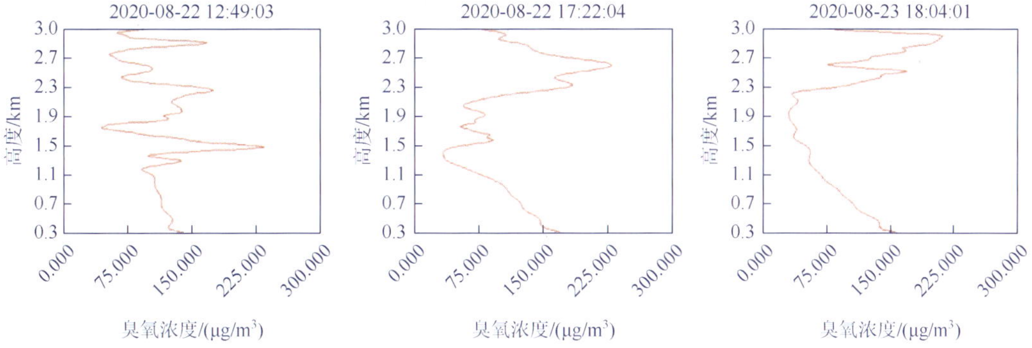

图 8.3-5　臭氧高空廓线图

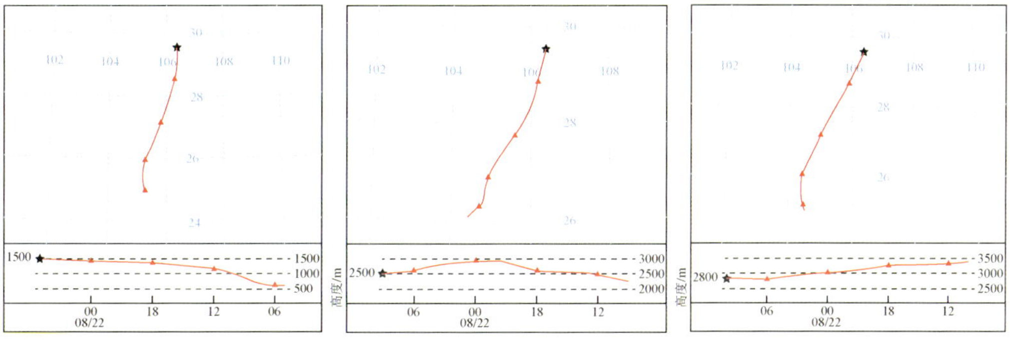

图 8.3-6　臭氧高空传输 1.5km、2.5km、2.8km 气流后向轨迹

8.3.4　臭氧敏感性分析与减排模拟

利用基于观测的模型（OBM）分析示范区臭氧与前体物的关系（EKMA 曲线），观测时段内示范区主要处于 VOCs 控制区，控制 VOCs 能有效降低臭氧浓度。

以 2020 年 8 月 22 日为例，从 EKMA 曲线可以看出，示范区为 VOCs 控制区，结合观测数据设计 5 种减排方案，方案 1～5 分别为：只削减 VOCs、VOCs 和 NO_x 按 2∶1、VOCs 和 NO_x 按 1∶1、VOCs 和 NO_x 按 1∶2、只削减 NO_x。模拟结果显示：①方案 1～3，均能够降低臭氧浓度，方案 1 是达标最快的方案；②方案 4～5，减排反而导致臭氧浓度上升。EKMA 曲线与减排模拟如图 8.3-7 所示。

8.3.5　综合来源解析结果及分析

图 8.3-8 给出了示范区 2020 年观测时段（8 月 12～31 日）基于 OBM 的来源解析

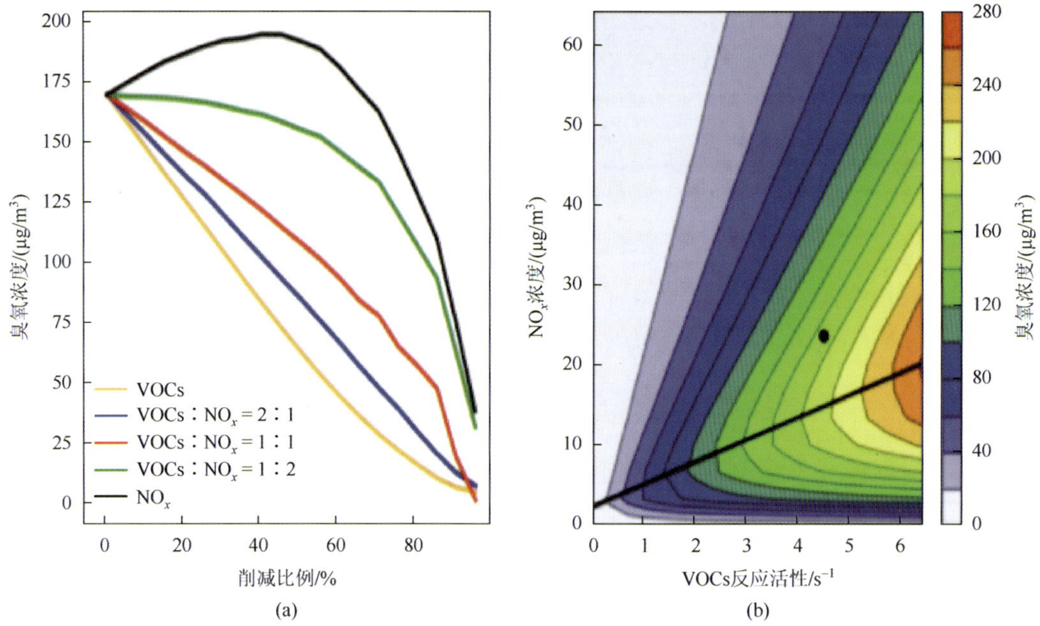

图 8.3-7　EKMA 曲线（a）与减排模拟（b）

结果，其中 PMF-OFP 来源解析显示对臭氧生成贡献率排前三位的分别是餐饮油烟源（26.4%）、天然源（24.3%）和工艺过程源（16.0%）；其次是生物质燃烧源和化石燃料燃烧源，对臭氧生成的贡献率分别为 10.9%、10.5%；溶剂使用源、移动源对臭氧生成的贡献率较小，不到 10.0%；CMB-OFP 来源解析显示，对臭氧生成贡献率排前两位的分别是化石燃料燃烧（57%）和天然源（22%），其次为移动源（8%）和餐饮油烟源（7%），其他源类对臭氧生成贡献率较小，共 6%。

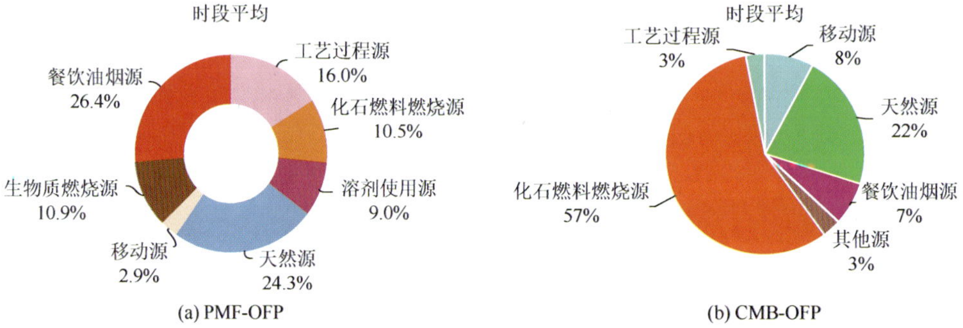

图 8.3-8　示范区 2020 年观测时段（8 月 12～31 日）基于 OBM 的来源解析结果

图 8.3-9 给出了示范区 2020 年观测时段（8 月 12～31 日）基于 EBM-NAQPMS 的来源解析结果，对臭氧生成贡献排前三位的分别是溶剂使用源、工艺过程源和移动源，对臭氧生成贡献率分别为 38.0%、25.5%和 11.8%，此外天然源、餐饮油烟源贡献了 11.7%和 6.5%，化石燃料燃烧源、生物质燃烧源贡献较小。

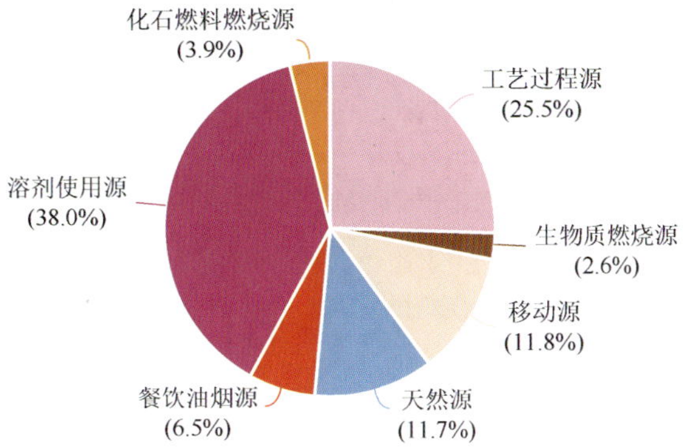

图 8.3-9　示范区 2020 年观测时段（8 月 12～31 日）基于 EBM 的来源解析结果

综合来源解析结果（图 8.3-10）显示，对臭氧生成贡献排前三位的分别是天然源、餐饮油烟源和化石燃料燃烧源，对臭氧生成的贡献率分别为 30.71%、18.46%和 16.51%，此外，生物质燃烧源、溶剂使用源、工艺过程源的贡献率也较大，分别为 10.63%、10.58%、10.38%，其余源贡献率小于 10%。

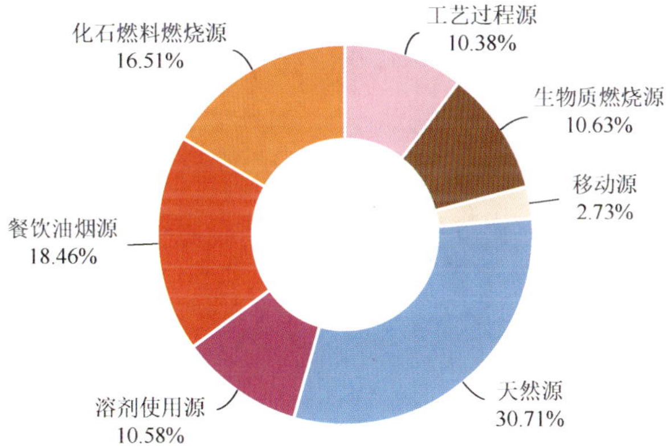

图 8.3-10　示范区 2020 年观测时段（8 月 12～31 日）综合来源解析结果

8.3.6　对策建议

（1）综合 VOCs 组分特点和来源解析结果，示范区臭氧生成重点贡献源为天然源、餐饮油烟源、化石燃料燃烧源和生物质燃烧源，建议重点加强对餐饮油烟源、化石燃料燃烧源和生物质燃烧源的控制，同时也要关注对溶剂使用源和工艺过程源的控制。

（2）敏感性分析结果显示，观测期间示范区为 VOCs 控制区，降低 VOCs 浓度，能显著降低臭氧浓度。

（3）夏季臭氧浓度升高受本地生成和短距离外来传输共同影响，建议加强区域之间臭氧污染联防联控。

8.4 典型臭氧污染过程成因分析

臭氧污染是一个空间且伴随时间积累演变的过程，其浓度可能受多种因素的共同影响，诸多影响可归类为以下 3 类：一是外来输送，即考虑其他区域，或周边、郊区污染源排放、生物源排放等对本地臭氧污染的贡献；二是本地源排放的一次污染物经光化学反应形成臭氧；三是气象条件影响臭氧的生消及浓度的高低。源排放的不确定、大气化学反应的非线性，以及气象条件与大气化学过程间关系的复杂，导致明确臭氧的来源有一定困难，但这 3 类影响因子中最重要的是气象条件对臭氧的影响，因为对于某一区域来说，其污染物分布一般比较固定，短期内静稳、小风、高湿以及逆温等不利的气象条件，会在排放基本相同的前提下导致更加严重的污染。

图 8.4-1 显示，2013～2020 年重庆市臭氧日最大 8 小时平均浓度和平均超标天数逐月变化，重庆市臭氧污染主要集中在 4～9 月。对应同时段的气象监测数据显示（图 8.4-2），随着入春后气温回升，1～5 月臭氧月均浓度不断上升，4 月开始出现臭氧轻度污染现象，5 月开始出现臭氧中度污染现象。6 月副热带高压北跳，重庆市处于副热带高压脊线西北侧，受西南暖湿气流影响，多降水天气过程，降水量达到年内峰值，臭氧月均浓度和月均超标天数有所回落。7～8 月，随着副热带高压进一步西伸北抬，重庆市多处于青藏高压或副热带高压控制区，盛夏时节气温持续攀升，达到年内最高，对应的臭氧月均浓度和月均超标天数也达到年内峰值。9 月入秋后，副热带高压迅速南撤，重庆市气温逐步下降，但受短时高温天气影响，仍有轻度污染现象出现。

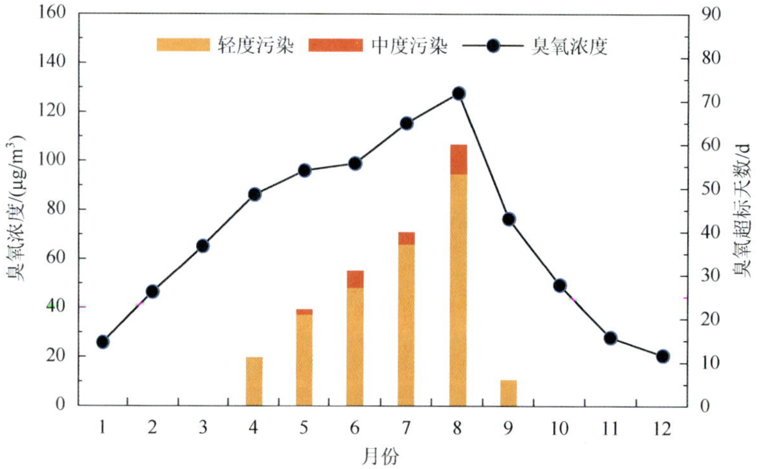

图 8.4-1 2013～2020 年重庆市逐月的臭氧日最大 8 小时平均浓度和平均超标天数

每年 7～8 月重庆市正值盛夏季节，天气炎热，在西太平洋副热带高压和大陆高压等不利天气形势的影响下，成为臭氧超标最为严重的月份。故特对 2019～2021 年 7～8 月 3 次臭氧污染过程进行详细分析，从而帮助掌握重庆臭氧污染过程产生原因，为不利天气条件下的应急工作提供管控方向。

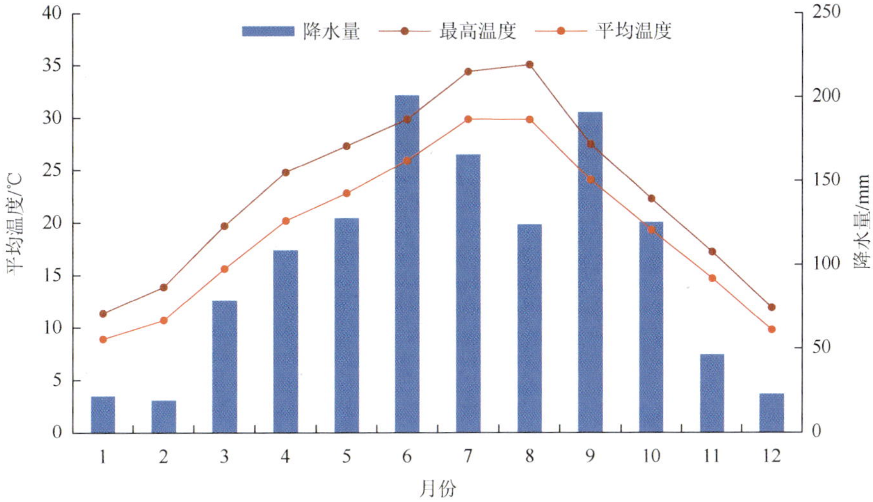

图 8.4-2　2013～2020 年重庆市逐月的平均温度和降水量

8.4.1　2019 年 8 月臭氧污染过程分析

1. 臭氧污染概况

如图 8.4-3 所示，重庆市 2019 年 8 月空气质量共有 7 天优（绿）、11 天良（黄）、9 天轻度污染（橙）、4 天中度污染（红），引起轻度污染及以上污染天的首要污染物均为臭氧。下文将以 8 月 13～18 日和 8 月 19～28 日作为两个污染过程进行深入分析。

2019年8月						
星期日	星期一	星期二	星期三	星期四	星期五	星期六
				1 O_2-8h	2 O_3-8h	3
4	5 O_3-8h	6	7	8 O_3-8h	9	10 O_3-8h
11 O_3-8h	12 O_3-8h	13 O_3-8h	14 O_3-8h	15 O_3-8h	16 O_3-8h	17 O_3-8h
18 O_3-8h	19 O_3-8h	20 O_3-8h	21 O_3-8h	22 O_3-8h	23 O_3-8h	24 O_3-8h
25 O_3-8h	26 O_3-8h	27 O_3-8h	28 O_3-8h	29	30 O_3-8h	31

图 8.4-3　2019 年 8 月重庆市臭氧污染日历图

2019 年 8 月重庆市臭氧浓度逐日分布如图 8.4-4 所示。

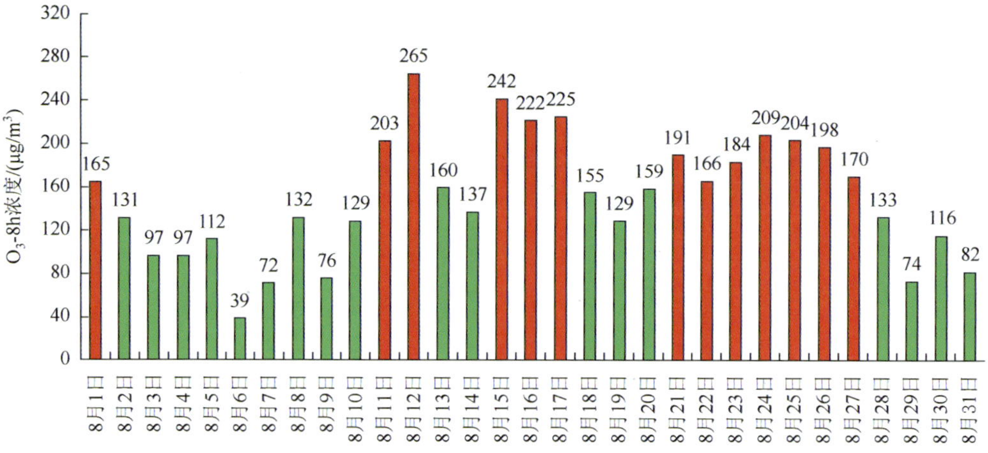

图 8.4-4　2019 年 8 月重庆市臭氧浓度逐日分布

2. 污染特征分析

重庆市 8 月 15～17 日这 3 天超标，臭氧日最大 8 小时浓度滑动平均值分别为 242μg/m³、222μg/m³ 和 225μg/m³。为了更好地把握臭氧污染产生的原因，将污染前（8 月 13 日和 8 月 14 日）、后（8 月 18 日）两个时期加入分析，具体来看，8 月 15～17 日臭氧日变化曲线均大致呈单峰型特征，表明臭氧生成以本地生成为主，其中 8 月 17 日 18:00 前后臭氧变化曲线存在轻微“拖峰”现象，由于此时光化学反应阶段步入尾声，很可能受到传输影响。

图 8.4-5 给出了 2019 年 8 月 13～18 日重庆市臭氧激光雷达图，从图中可以看出 8 月 16 日上午存在臭氧传输，其余时间无明显传输现象。

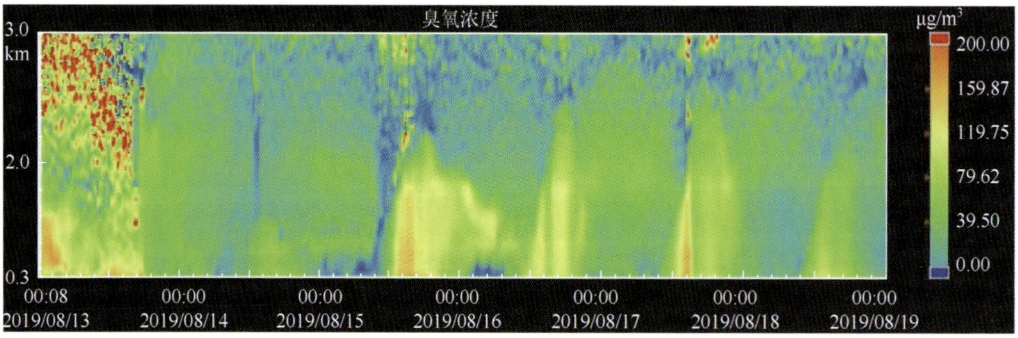

图 8.4-5　2019 年 8 月 13～18 日重庆市臭氧激光雷达图

重庆市 8 月～27 日这 7 天臭氧浓度超标，臭氧日最大 8 小时浓度滑动平均值介于 166μg/m³（8 月 22 日）～209μg/m³（8 月 24 日）。将污染前（8 月 19 日和 8 月 20 日）、后（8 月 28 日）两个时期加入分析，具体来看，8 月 21～27 日重庆市臭氧日变化曲线均大致呈单峰型特征，表明臭氧生成以本地生成为主，其中 8 月 23 日白天臭氧浓度曲线存在双峰型特征，8 月 22 日夜间还存在臭氧浓度反弹现象，很可能存在臭氧传输。

图 8.4-6 展示了 2019 年 8 月 19～28 日重庆市臭氧激光雷达图，从图中可以看出 8 月 22 日上午存在臭氧传输，其余时间无明显传输现象。

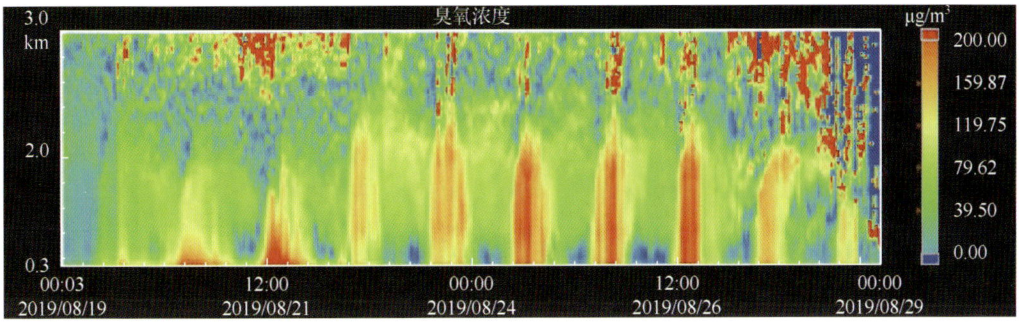

图 8.4-6　2019 年 8 月 19～28 日重庆市臭氧激光雷达图

3. 气象条件分析

8 月 15～17 日，重庆市日最高温度均高于 35℃，平均 UVA 均大于 30W/m^2，日最低相对湿度也均低于 40%，高温低湿、辐射强烈，加上光化学初始阶段前体物 VOCs 和 NO_x 浓度较高，臭氧本地生成显著，浓度较高，而 8 月 13 日和 8 月 18 日相较于 8 月 15～17 日，风速相对较大，扩散条件优于 8 月 15～17 日，同时整体 NO_2 浓度低于这三天，臭氧浓度相较于 8 月 15～17 日低，但也十分接近超标限值，8 月 14 日则是温度和辐射相对较低，湿度相对较高，天气条件不利于光化学反应进行。

2019 年 8 月 13～18 日重庆市各参数分布如图 8.4-7 及表 8.4-1 所示。

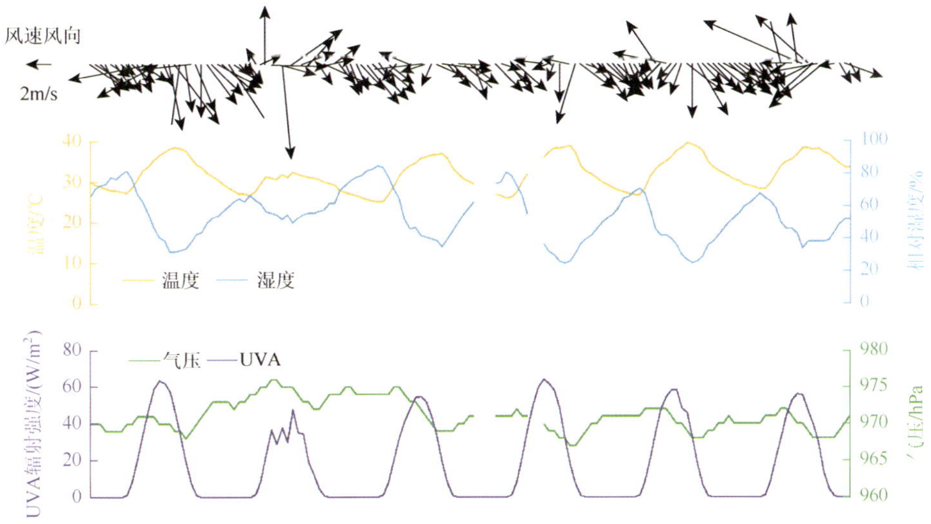

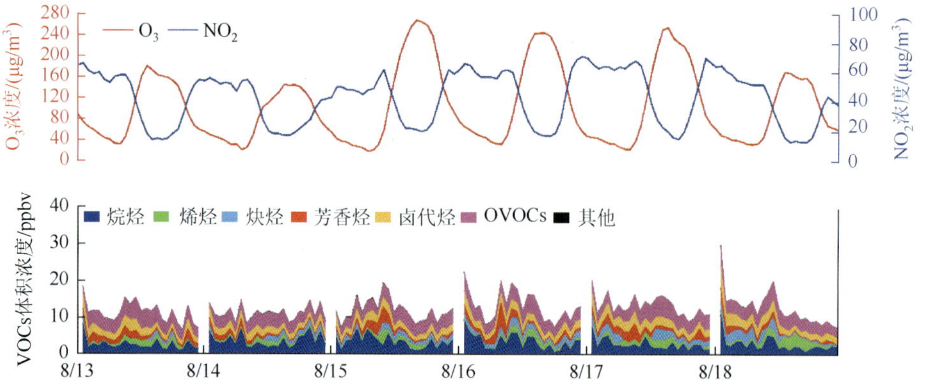

图 8.4-7　2019 年 8 月 13～18 日重庆市各参数时间序列

表 8.4-1　2019 年 8 月 13～18 日重庆市各参数分布表

参数	8 月 13 日	8 月 14 日	8 月 15 日	8 月 16 日	8 月 17 日	8 月 18 日
T_{avg}/℃	32.3	30.2	31.5	32.4	33.4	33.4
T_{max}/℃	38.6	32.5	37	38.9	39.6	38.3
ΔT/℃	11.2	5.7	11.8	12.8	12.8	10
RH_{min}/%	32	50	35	25	25	34
RH 平均/%	55.8	59.5	59.8	48.7	46.6	50.5
风速/(m/s)	2.2	2.2	1.8	1.7	1.9	2.2
主导风向	西北风	西北风	西北风	西北风	北风	北风
气压/hPa	974.5	974.2	971.5	971.8	971.2	972.0
气压差/hPa	5	4	6	5	4	4
UVA 辐射强度/(W/m^2)	35.5	24.7	32.0	36.1	33.4	31.1
NO_2 浓度/($\mu g/m^3$)	42	37	43	48	50	38
VOCs 体积浓度/ppbv	11.2	11.1	11.9	13.1	13.2	12.8

2019 年 8 月 14～17 日污染过程中重庆市受大陆高压控制，天气晴好，太阳辐射强，加之台风“利奇马”北上之后，受外围下沉气流和西南季风影响，持续出现高温天气，有利于光化学反应的发生，加之地面风速较小，大气扩散条件较弱，臭氧发生超标。

8 月 21～27 日这 7 天重庆市日最高温度均高于 35℃，平均 UVA 均高于 25W/m^2，日最低相对湿度也均低于 50%，前体物 VOCs 和 NO_2 在光化学初始阶段浓度也较高，臭氧本地生成显著，臭氧浓度快速上升。8 月 19 日和 8 月 20 日由于风速相对较大以及 NO_2 整体浓度较低，臭氧浓度较低。到了 8 月 28 日，温度下降、相对湿度上升，臭氧生成受到抑制，臭氧浓度下降。

2019 年 8 月 19～28 日重庆市各参数分布如图 8.4-8 及表 8.4-2 所示。

2019 年 8 月 21～27 日污染过程中由于两个大型台风（“利奇马”和“罗莎”）的北

上，击垮了副热带高压，与此同时西风脊在东北以西发展，令大陆暖高压在重庆等地异常发展，持续高温晴好天气，有利于污染物的产生与堆积，从而导致污染发生。到 8 月 28 日前后，受后续新台风和东北冷涡的共同影响，副热带高压和大陆高压将同步减弱，重庆市高温将有所缓解，臭氧污染过程也随之结束。

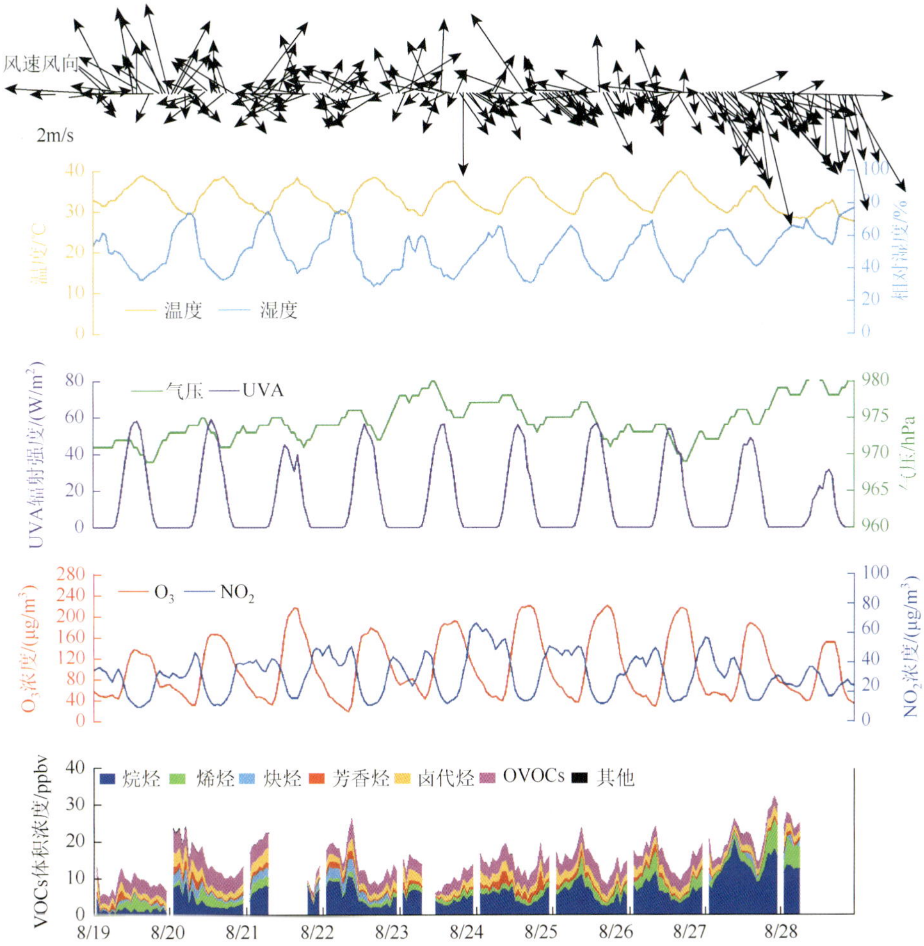

图 8.4-8　2019 年 8 月 19～28 日重庆市各参数时间序列

表 8.4-2　2019 年 8 月 19～28 日重庆市各参数分布表

参数	8月19日	8月20日	8月21日	8月22日	8月23日	8月24日	8月25日	8月26日	8月27日	8月28日
T_{avg}/℃	35.2	33.8	33.6	33.9	33	33.3	34.3	34.5	32	28.4
T_{max}/℃	38.8	38.6	38.3	38.3	37.4	38.3	39.2	39.7	36	32.7
ΔT/℃	7.4	9.3	8.9	9.1	8.5	9.1	10	10.3	6.5	5.4
RH_{min}/%	33	33	37	29	33	31	32	31	41	54
RH 平均/%	45.1	51	53.9	49	45.5	47.3	47.8	48.5	53.6	65.7

续表

参数	8月19日	8月20日	8月21日	8月22日	8月23日	8月24日	8月25日	8月26日	8月27日	8月28日
风速/(m/s)	2.8	2.2	2.1	2.2	2.0	2.1	1.9	1.9	3.5	3.1
主导风向	东风	偏北风	偏西风	偏东风	偏北风	西北风	西北风	偏北风	偏北风	偏北风
气压/hPa	974.4	974.7	975.8	979.2	977.8	976.4	973.8	974.7	979.6	981.5
气压差/hPa	3	4	4	5	5	5	6	5	7	3
UVA 辐射强度/(W/m^2)	33.0	32.1	25.5	30.8	30.9	30.2	31.1	29.5	27.6	14.8
NO_2 浓度/($\mu g/m^3$)	26	29	35	34	32	38	34	34	30	26
VOCs 体积浓度/ppbv	8.5	15.3	15.7	14.1	11.2	14.3	14.5	15.6	21.1	25.0

4. 污染成因分析

利用基于观测的模型（OBM）分析重庆市臭氧与前体物的关系（EKMA 曲线）（图 8.4-9），识别出前后两次过程重庆市均处于 VOCs 和 NO_x 协同控制区，即同时控制 VOCs 和 NO_x 能有效降低臭氧浓度。

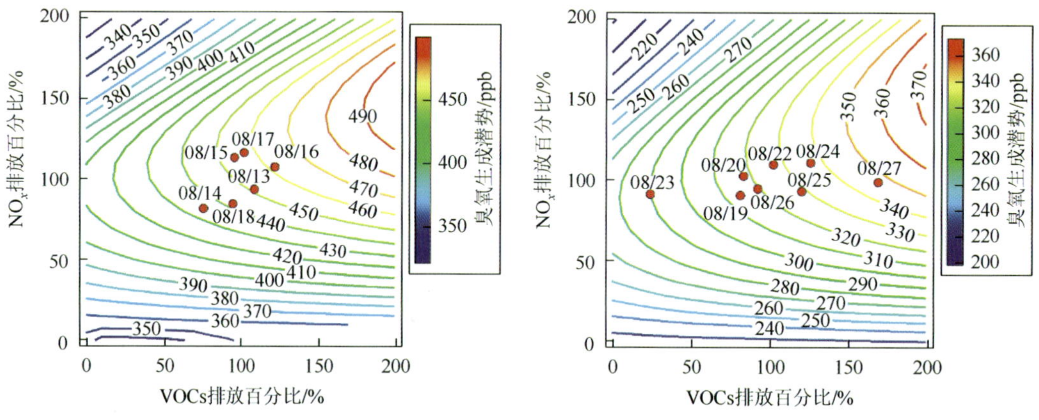

图 8.4-9　2019 年 8 月 13～27 日重庆市 EKMA 曲线

重庆市 2019 年 8 月 15～17 日 VOCs 体积浓度关键组分有丙酮、乙炔、乙烷、丙烷和氯甲烷，受二次生成和机动车尾气等燃料燃烧排放影响较大。从 OFP 关键组分来看，重庆市这段时间 OFP 值较高的组分有间/对二甲苯、异戊二烯、反-2-戊烯、顺-2-丁烯和邻二甲苯，这些活性组分主要来自溶剂涂料、天然源以及机动车尾气排放。

重庆市 2019 年 8 月 21～27 日 VOCs 体积浓度关键组分有乙烷、丙酮、乙烯、丙烷和正丁烷，受二次生成和机动车尾气排放影响较大。从 OFP 关键组分来看，重庆市这段时间 OFP 值较高的组分有乙烯、顺-2-丁烯、间/对二甲苯、丙烯和异戊二烯，这些活性组分主要来自机动车尾气、溶剂涂料和天然源排放。

2019 年 8 月 15～17 日和 8 月 21～27 日，重庆市 VOCs 和 OFP 前十组分如图 8.4-10 所示。

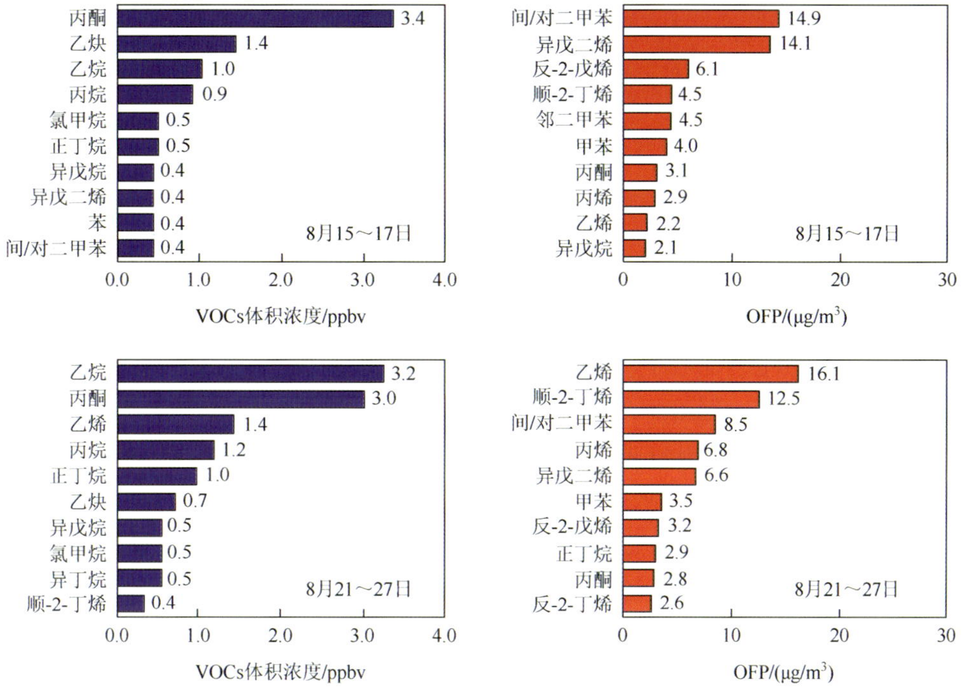

图 8.4-10　2019 年 8 月 15～17 日和 8 月 21～27 日重庆市 VOCs 和 OFP 前十组分

8.4.2　2020 年 8 月臭氧污染过程分析

1. 臭氧污染概况

8 月 25 日以来，重庆市转为受大陆高压脊前的偏北气流影响，中低层为反气旋环流控制，地面为均压场，在持续高温、强辐射和小风等不利气象条件共同影响下，重庆市出现了一次臭氧轻度到中度污染过程。25 日开始，主城都市区臭氧出现大范围超标，当日空气质量指数（air quality index，AQI）达到 123，从优直接跨到轻度污染。26 日，主城都市区臭氧污染呈进一步加重态势，大部分地区出现臭氧轻度到中度污染，沙坪坝更是达到重度污染，国控点臭氧小时峰值浓度高达 245μg/m^3。27 日，重庆市主城都市区臭氧污染程度略有减轻，但四川盆地出现大面积臭氧超标，主要分布在成都平原周边（成都、德阳、眉山）、重庆市主城都市区核心区及川渝交界地区（内江、自贡、泸州、宜宾），当日重庆市臭氧峰值浓度为 238μg/m^3，四川盆地内小时峰值浓度超过 200μg/m^3 的城市分别为成都（228μg/m^3）、眉山（206μg/m^3）、德阳（219μg/m^3）、内江（225μg/m^3）、泸州（253μg/m^3）、自贡（243μg/m^3）、宜宾（232μg/m^3），如图 8.4-11 所示。

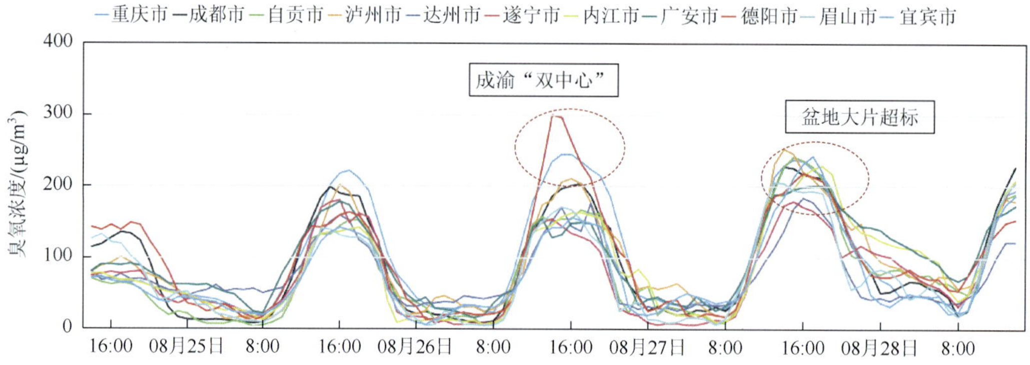

图 8.4-11　重庆及四川盆地部分城市逐小时臭氧浓度变化趋势

2. 污染特征分析

本地污染源排放叠加不利气象条件是导致臭氧污染的主因，尤其是 26 日大部分时段风速在 1m/s 左右，风力很弱，近地面风向呈现由中心城区往外扩散，从图 8.4-12 也可以看出，除上清寺站点外，城郊点位（东部：铁山坪，西部：剑山路、龙井湾，南部：白市驿，北部：天生）当日臭氧浓度变化趋势均呈现出双峰或者三峰，夜间浓度不仅下降较慢，还普遍存在另一个臭氧峰值，说明存在中心城区往周边城郊短距离传输的情况。

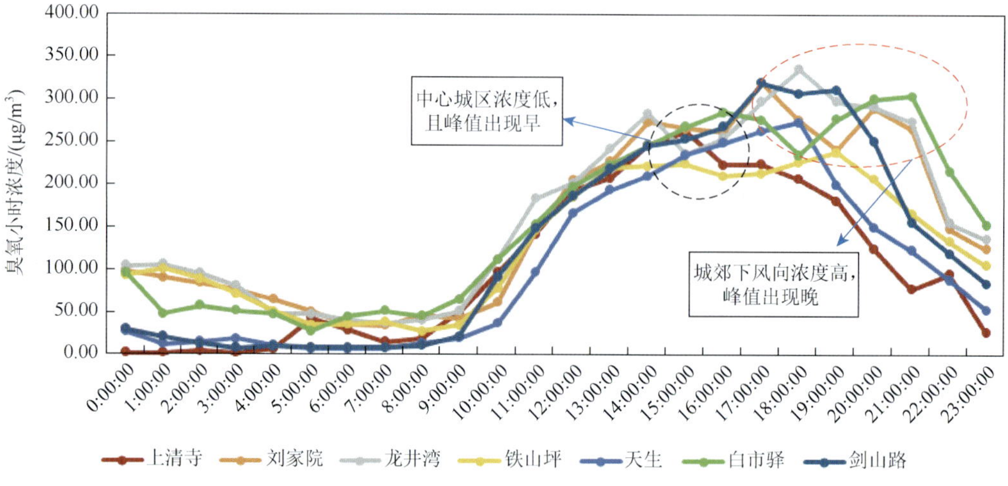

图 8.4-12　8 月 26 日气象要素及部分站点臭氧浓度小时变化趋势

另外，臭氧激光雷达的探测结果（图 8.4-13）显示，从 8 月 25 到 27 日白天时段 1km 以下整层均呈现出较高浓度，尤其是 8 月 26 日白天，1.5km 高度还存在臭氧浓度高值区，与近地面臭氧浓度变化趋势较为一致，也说明存在一定的传输影响。

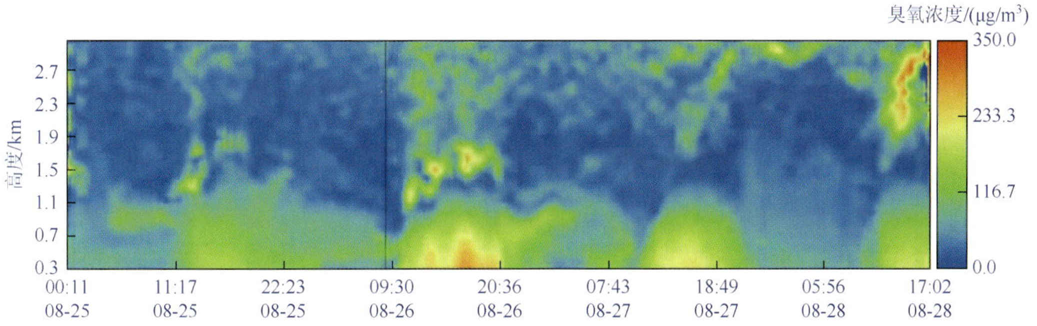

图 8.4-13　2020 年 8 月 25～28 日重庆市臭氧激光雷达图

3. 气象条件分析

从天气形势分析来看，区域整体扩散形势十分稳定。2020 年 8 月 25～27 日，重庆市高空均主要受大陆高压前部强偏北气流控制（与 2019 年 8 月 12 日环流形势较为相似，当日 AQI 为 200），中低层主要受反气旋环流控制，地面整体处于均压场控制，高、低空风速偏小，天气形势十分稳定，不利于大气污染物扩散，十分有利于臭氧生成。

从具体气象要素分析，局地气象条件也非常有利于造成持续的臭氧污染，如图 8.4-14 所示。一是持续高温、强辐射天气有利于臭氧生成。25 日起重庆市气温明显回升，27 日最高气温达到 39.7℃，最高辐射指数均达到 9，持续的高温、强辐射有利于引发光化学反应。二是高、低空地面风速较弱，有利于臭氧生成后的持续累积。气象基本站 8:00 探空数据显示，2020 年 8 月 11～12 日 8:00 1500m 左右高空风速在 6m/s 左右，仅为 10 日同时段的一半。地面观测也显示，11～12 日白天大部时段近地面风速在 2m/s 以下，特别是 12 日地面风速进一步减小，10:00～15:00 地面风速维持在 1.0～1.4m/s，水平扩散条件非常不利。

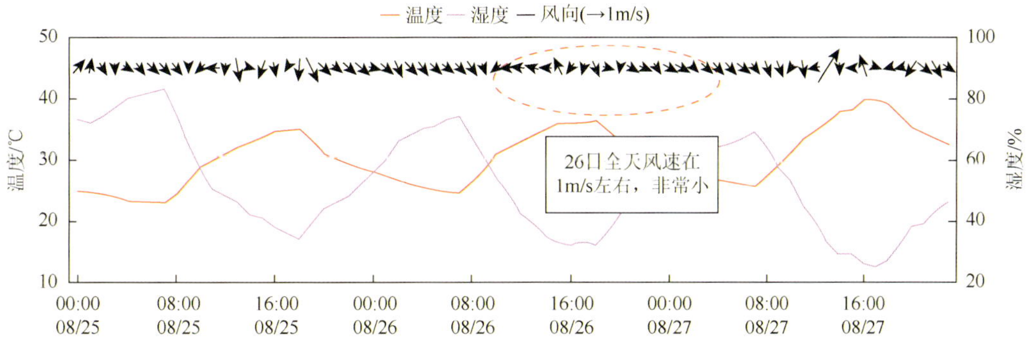

图 8.4-14　2020 年 8 月 25～27 日重庆市各参数时间序列

8.4.3　2021 年 8 月臭氧污染过程分析

1. 臭氧污染概况

2021 年 7 月 28 日～8 月 6 日，受不利气象条件影响，成渝地区出现了一次臭氧轻度到中度的污染过程。此次过程区域性污染特征突出，总体表现为持续时间长、影响范围广、污染程度重等特征。四川盆地内主要城市均出现 5 天及以上超标天，其中成都市超标 9 天（3 天中度污染，6 天轻度污染，日最大 AQI 为 180），眉山市、内江市及重庆市（2 天中度污染，6 天轻度污染，日最大 AQI 为 154）超标 8 天（图 8.4-15）。

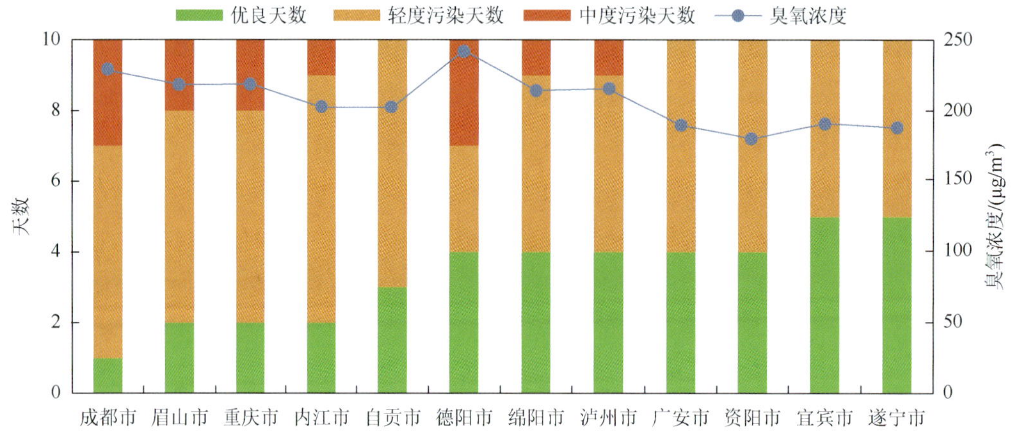

图 8.4-15　2021 年 7 月 28 日～8 月 6 日四川盆地内主要城市臭氧超标天数及平均臭氧浓度

具体来看，重庆市臭氧污染集中分布在主城都市区，污染程度最重的为南岸区、渝北区、渝中区、两江新区、沙坪坝区、高新区，各区均出现 1～2 天重度污染，日最大 AQI 出现在南岸区，渝北区日最大 AQI 为 203；超标天数最多的为南岸区、江北区、巴南区，出现连续 10 天超标（图 8.4-16）。

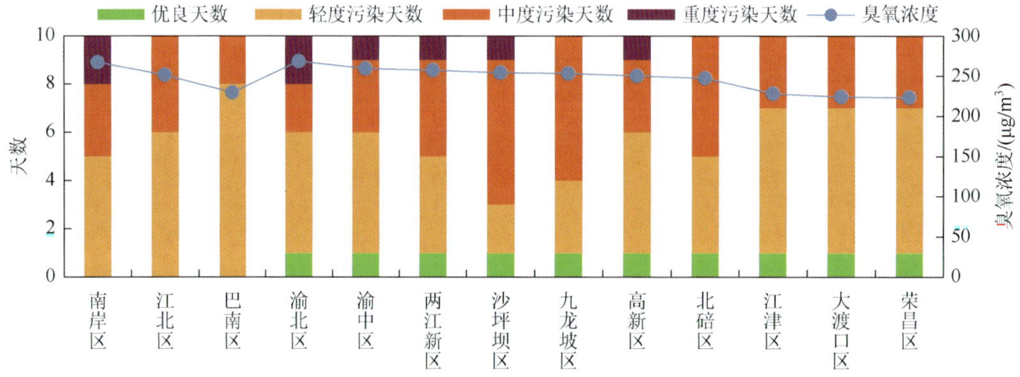

图 8.4-16　2021 年 7 月 28 日～8 月 6 日重庆市部分区臭氧超标天数及平均臭氧浓度

2. 臭氧污染概况

本地生成叠加传输影响，导致部分点位臭氧浓度长时间居高不下。在大陆高压控制影响下，近地面风力较弱，且无明显主导风向，从此次污染期间的主导风向来看，上下午时段主导风向的南北向转变，使得污染气团在主城都市区各区间交叉传输影响，造成部分下风向区域臭氧小时浓度在 13:00～14:00 达到峰值后，再度“拐头”向上或维持高位，全天小时浓度呈“双峰”或“拖尾”特征（图 8.4-17）。

夜间高空持续存在臭氧残留并向地面输送是逐步推高臭氧浓度的助力剂。超级站臭氧激光雷达于 2021 年 7 月 30 日～8 月 2 日连续观测到 500～1000m 高度夜间存在臭氧残留，并于 7 月 31 日明显观测到残留层臭氧向地面沉降，说明污染期间高空存在明显的臭氧区域传输过程，且部分时段高空传输的臭氧直接沉降到了地面，一定程度上助推了次日臭氧浓度的上升。臭氧雷达观测空间臭氧浓度变化如图 8.4-18 所示。

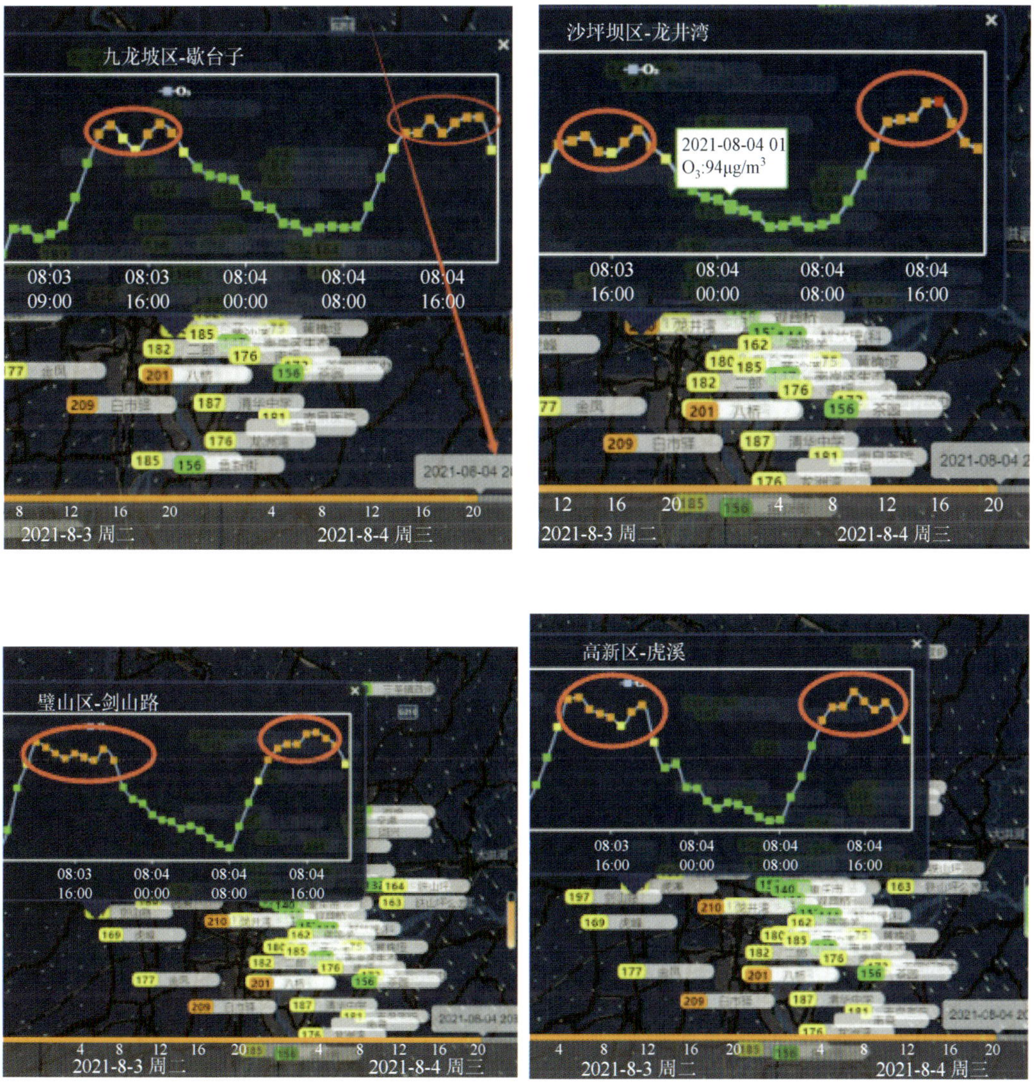

图 8.4-17　重庆市部分站点小时臭氧小时浓度“双峰”或“拖尾”

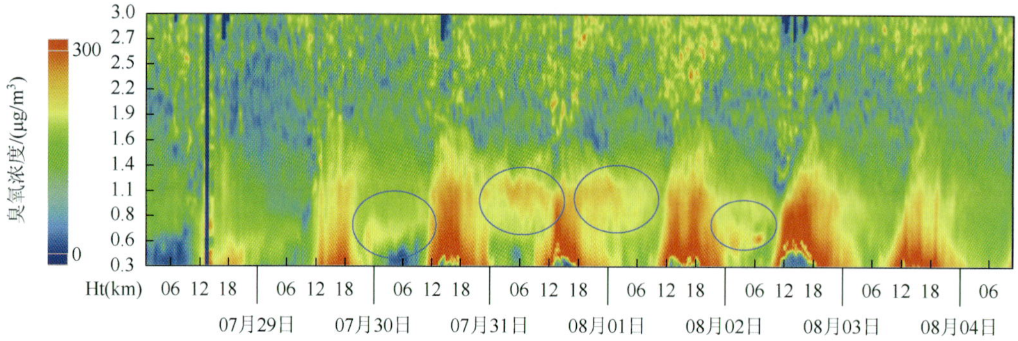

图 8.4-18　臭氧雷达观测空间臭氧浓度变化

3. 气象条件分析

高温、强辐射、小风等多种不利气象条件集中出现是污染形成的重要外部诱因。随着 7 月 27 日降水过程影响结束，气象条件急剧转差，7 月 28 日起，重庆市最高气温普遍高于 38℃，其中 8 月 2～4 日最高气温超过 40℃（图 8.4-19）。紫外辐射强度普遍高于 35W/m^2，其中有 7 天紫外辐射强度高于 45W/m^2（对应辐射指数 9），高温强辐射有助于光化学反应的进行。

另外，污染时段扩散条件总体不利，近地面及中低层水平风场较弱，整体大气静稳。以中度污染的 8 月 1～2 日两天为例，上午及午后光化学反应关键时段超级站风廓线雷达低层 600m 风速仅 1～4m/s，部分时段甚至低于 1m/s，且盛行下沉气流，抑制了近地面污染的垂直湍流扩散（图 8.4-20）。

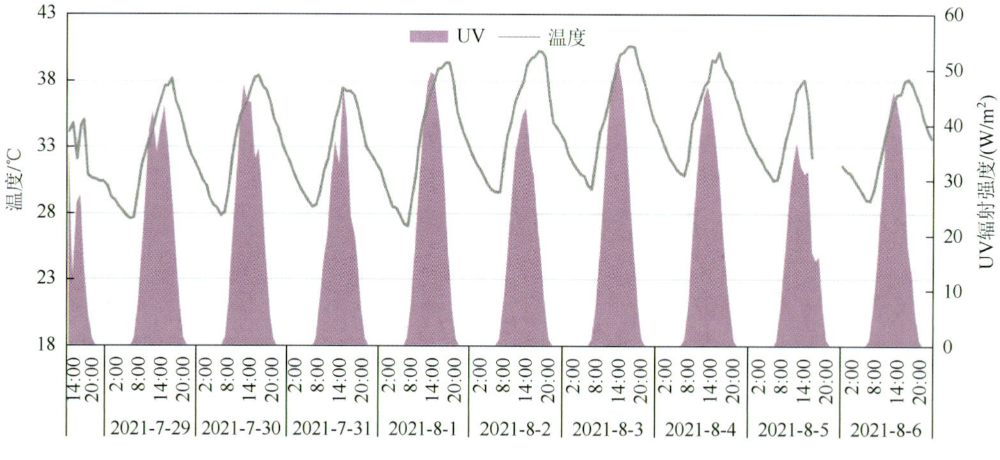

图 8.4-19　2021 年 7 月 28 日～8 月 6 日重庆紫外（UV）辐射及最高气温变化趋势

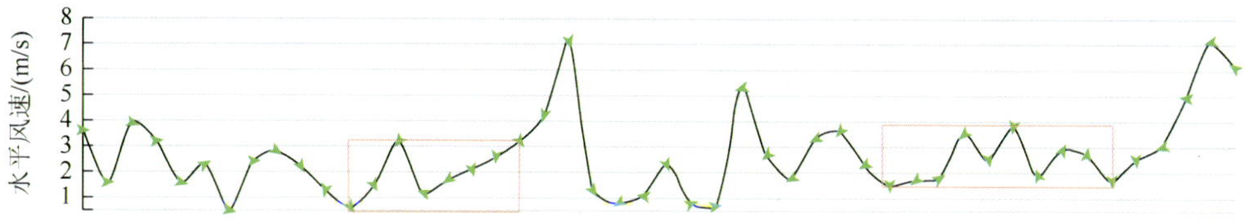

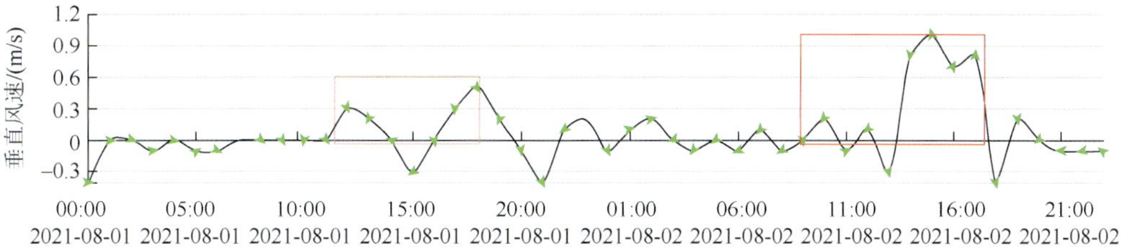

图 8.4-20　2021 年 8 月 1～2 日重庆超级站风廓线雷达 600m 水平及垂直风速

从天气形势场来看，此次污染过程影响重庆市高空的主要天气系统为大陆高压及其前部偏北气流，与往年 8 月臭氧持续污染过程的主要影响系统一致。8 月 1 日重庆市高空受大陆高压控制，中低层为反气旋环流，地面整体处于均压场，风场较弱，天气形势十分稳定，连续多天控制四川盆地，有助于臭氧的生成和累积，与 2019 年 8 月臭氧连续污染过程环流形势较为相似（2019 年 8 月 12 日 AQI 为 200）。

4. 污染成因分析

本次污染过程主要 VOCs 贡献源为溶剂的使用与挥发、交通源和汽油挥发，植被源和二次生成的影响也较为突出。从超级站在线 VOCs 单组分浓度和臭氧生成潜势排名前十的数据来看，污染期间大气中含量较丰富的组分以低碳物质为主，如 C2～C5 的烷烃以及乙烯、乙醛、二氯甲烷、丙酮、一氯甲烷、苯等组分，其中烯烃类和芳香烃类是生成臭氧的主要组分。OFP 前十位的组分为乙醛、乙烯、1-丁烯、异戊二烯、丙烯、丙醛、间/对二甲苯、甲苯、己醛、异戊烷，包括 3 种 OVOCs、5 种烯烃和 2 种芳香烃（图 8.4-21）。乙醛既来自溶剂使用的一次排放，也来自一次排放物的二次生成，乙烯、1-丁烯等主要来自机动车尾气排放，异戊烷等主要来自汽油挥发，而间/对二甲苯、甲苯、丙醛、己醛主要来自溶剂的使用与挥发，异戊二烯主要来自天然源。相较 6 月的污染过程，本次过程 OFP 有明显

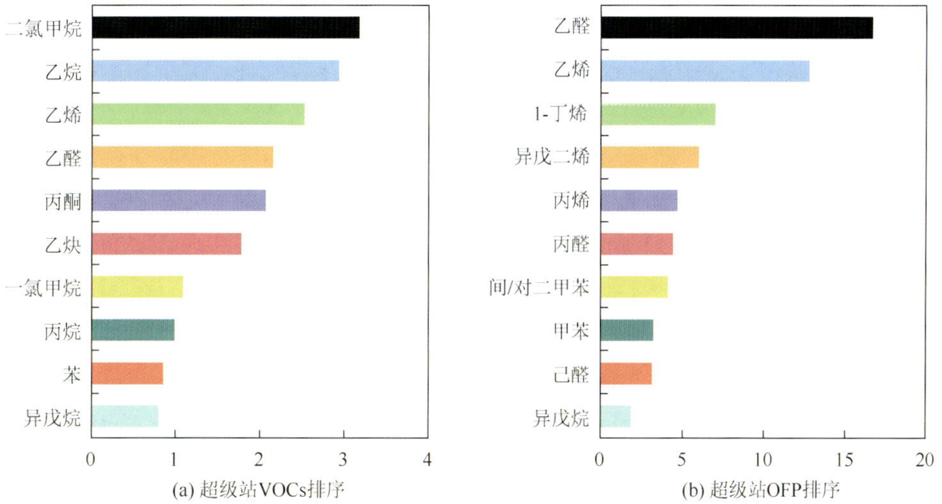

图 8.4-21　污染期间浓度和 OFP 排名前十的 VOCs

增加的组分为乙醛、间/对二甲苯和异戊二烯。可见随着高温天气的增加、大气氧化性的增强，二次生成、溶剂排放和天然源对臭氧生成的贡献在盛夏季节也更为突出。

8.4.4 小结

从 2019～2021 年 7～8 月臭氧污染过程分析来看，影响重庆市盛夏季节的主要天气形势为大陆高压和副热带高压。受高压系统影响，重庆市天气晴好，最高温度超过 35℃，最大辐射强度高于 50W/m^2，有利于臭氧的光化学生成。且近地面风速普遍较小，无明显主导风向，臭氧污染以本地生成累积为主，部分时段存在高空沉降影响和短距离传输影响。因此，建议在日常管控工作中，要对大陆高压天气型进行重点关注，并鼓励企业在此期间错峰减排，降低大气污染物排放水平。同时鉴于臭氧的高传输特性，建议各区在臭氧污染过程中加强联防联控，形成共管合力，降低臭氧及前体物传输通量。

在 2019 年和 2021 年 8 月两次污染过程中，超级站在线 VOCs 监测结果显示，对臭氧浓度贡献较大的组分有来自机动车尾气的乙烯、丙烯等烯烃，来自天然源的异戊二烯和来自溶剂涂料的间/对二甲苯、邻二甲苯等芳香烃。因此，建议进一步提高各类涉及溶剂使用企业的过程管理水平，加快制定污染企业全过程管理规范或指南，减少二甲苯、三甲苯等高化学反应活性物质的无组织污染排放。另外，要以“车、路、油”为管控重点，针对交通污染防控配套长效共性政策措施，并加强对重型柴油车的污染管控力度。

后　记

近地面臭氧是其前体物 VOCs 和 NO_x 发生光化学反应的产物。由于臭氧的化学生成机制复杂，其前体物 VOCs 来源复杂、种类繁多、活性差异大，加之臭氧的大气寿命较长，可以远距离传输，形成区域性污染，臭氧污染控制难度较大。本书建立了重庆市多模式的臭氧在线综合来源解析业务平台，更新并完善了本地 7 大源类不少于 56 种 VOCs 组分的源成分谱库，研究开发了基于 OBM（组分比值法、PMF 和 CMB）和基于 EBM（NAQPMS 和 CAMx）的综合来源解析技术方法，提高了臭氧来源解析结果的可靠性。通过平台的建设和业务化运行，基本实现了臭氧及前体物的多模式小时精度的实时来源解析，为重庆市臭氧污染的及时、精准化管控提供了强有力的平台支持。

近年来重庆市空气质量得到了持续明显的改善，$PM_{2.5}$ 浓度也逐年显著下降，而臭氧污染年际波动比较明显，局部区域有反弹的趋势，没有足够的证据表明重庆市臭氧污染得到有效控制。实践再次证明了臭氧污染控制的难度。根据《“十四五”及 2021 年重庆市生态环境有关指标计划》要求，2025 年重庆市空气质量优良天数比率要到达 92.6%，即年优良天数达到 338 天，达标形势非常严峻。要在 2025 年实现目标，必须在颗粒物污染有效控制的基础上，臭氧污染得到很好的控制。

（1）要充分认识到，臭氧污染防治将是一项长期和艰巨的任务，不可能一蹴而就，要久久为功。臭氧污染控制，要在“碳达峰十大行动”的大背景下，持续实施颗粒物和臭氧的协同控制；通过深化四大结构调整和加强对重点污染源控制，实现 VOCs 和 NO_x 的协同减排，使臭氧污染得到有效控制。

（2）加强监测能力建设，进一步完善臭氧污染监管体系。一是要加强光化学污染立体监测网络建设。尽快构建集 VOCs 组分在线监测、光化学反应速度、大气氧化性指标自动监测、地基臭氧激光雷达观测、空基遥感卫星观测以及臭氧污染综合分析系统平台等于一体的重庆市光化学污染立体监测网络体系，并实现与四川省相关网络体系的互联互通。通过网络体系建设，摸清臭氧污染的时空变化规律和区域传输特点，阐明臭氧的来源，研究提出臭氧污染控制的对策建议。二是加快推进重点污染源、工业园区 VOCs 排放的在线监测能力建设，完善 VOCs 地方排放标准体系建设。

（3）多管齐下，加强对重点企业、重点行业的污染控制，实现 VOCs 和 NO_x 的持续协同减排。一是通过调整运输结构、燃油车辆电动化、岸电改造等措施减少移动源的 VOCs 和 NO_x 的排放；二是协同工业领域碳达峰行动，通过淘汰落后产能、工艺提升改造、末端治理等方式，加强对火电、水泥、建材、钢铁和医药化工等行业企业的污染控制，实现 VOCs 和 NO_x 的协同减排。

（4）继续推进涉 VOCs 重点企业的专项整治。推进汽车制造、化工、医药、电子信息、印染等行业企业的 VOCs 深度治理，实现涉 VOCs 重点企业 VOCs 排放在线监控的全覆盖。

（5）实施区域联防联控。研究表明，臭氧在大气中的寿命长，其本身区域传输明显；同时臭氧前体物 VOCs 和 NO_x 也存在明显的区域传输，且在传输过程中不断进行光化学反应产生臭氧。因此臭氧污染控制更需要区域联防联控。成渝及周边区域要通过统一标准、统一监测监管网络体系、统一行动，实现区域尺度的臭氧污染应急管理。

（6）臭氧污染要因地制宜，实施“一地一策”。研究表明，VOCs 和 NO_x 这两种前体物与臭氧的生成是非线性关系，在不同的地区和不同时间，两者对臭氧生成的影响程度不同，也就是说臭氧生成敏感性不同，不同区域臭氧污染控制对 VOCs 和 NO_x 削减的比例也不一样。削减臭氧前体物排放需符合一定的科学比例，不合理的减排反而可能导致局地臭氧污染的加重。因此不同区域的臭氧污染控制应采取不同的策略，要实行“一点（区）一策”，并根据随时间变化规律情况适时进行调整。各区县应根据各自的臭氧敏感性分析和溯源结果，制定适合本地的臭氧污染控制策略。

（7）臭氧污染要提前管控。典型污染过程分析显示，臭氧高污染日上午时段的 VOCs 浓度非常高；高 VOCs 浓度叠加不利气象条件的影响导致臭氧超标风险增加。因此，应提前实施臭氧前体物的排放管控，争取在光化学反应之前将臭氧前体物浓度降低，减少参与光化学反应的前体物量，以降低环境臭氧浓度。

（8）加强科学研究，为臭氧污染控制提供有力的技术支撑。要研究分析大气颗粒物和臭氧之间的相互影响机制、臭氧生成潜势高的 VOCs 组分的主要来源，定量确定对臭氧污染贡献较大的行业；分析确定臭氧污染控制区类别，提出因地制宜的臭氧污染控制策略；研究建立并完善臭氧污染综合分析的业务化平台，实现臭氧污染的实时溯源，及时提出不同区域的两种前体物削减科学比例，为臭氧污染控制实时提供技术支持。